# 复杂断块油藏 $CO_2$ 驱油与封存关键技术与应用

姚红生　何希鹏　陈兴明　陈祖华◎等著

石油工业出版社

## 内容提要

本书聚焦复杂断块油藏的 $CO_2$ 驱油与封存技术，全面阐述其研究现状、技术机理及应用效果。理论部分分析了 $CO_2$ 驱油与封存的国内外发展现状、提高采收率机理，并对华东油气田矿权内油藏、咸水层以及 $CO_2$ 气藏的 $CO_2$ 封存潜力进行了评价。实践部分介绍了 $CO_2$ 捕集、运输、回收循环注气、防气窜技术的应用实践，展现了 $CO_2$ 驱油与封存技术在复杂断块油藏中的显著效果及发展前景。

本书可供从事二氧化碳捕集、利用与封存工作的管理人员及工程技术人员使用，也可作为石油企业培训用书、石油院校相关专业师生参考用书。

## 图书在版编目（CIP）数据

复杂断块油藏 $CO_2$ 驱油与封存关键技术与应用 / 姚红生等著 . -- 北京：石油工业出版社，2025.3. -- ISBN 978-7-5183-7412-0

Ⅰ . TE347

中国国家版本馆 CIP 数据核字第 2025GF4970 号

---

出版发行：石油工业出版社

（北京安定门外安华里 2 区 1 号　100011）

网　　址：www.petropub.com

编辑部：（010）64253017　　图书营销中心：（010）64523633

经　　销：全国新华书店

印　　刷：北京中石油彩色印刷有限责任公司

---

2025 年 3 月第 1 版　2025 年 3 月第 1 次印刷

787×1092 毫米　开本：1/16　印张：14.25

字数：310 千字

---

定价：150.00 元

（如出现印装质量问题，我社图书营销中心负责调换）

版权所有，翻印必究

# 前言

为实现"双碳"目标，在坚持绿色低碳发展的进程中，碳捕集、利用与封存（CCUS）技术的重要性日益凸显。对石油工业而言，$CO_2$驱油与封存技术是一种集提高原油采收率与减少温室气体排放于一体的CCUS创新技术，特别是在复杂断块油藏领域，取得了一系列重要成果。但由于复杂断块油藏构造复杂、储层物性差异大等，给$CO_2$驱油封存技术的应用带来了诸多挑战。因此，针对复杂断块油藏的$CO_2$驱油封存技术需要充分考虑油藏特性，制订有针对性的技术方案。

苏北盆地油藏类型丰富，地质情况复杂，是典型的复杂断块油藏。自1984年黄桥$CO_2$气田发现并开发利用以来，中国石化华东油气田历经四十年技术攻关和实践，在国内第一次走通CCUS产业全链条技术流程，建成中国石化首个$CO_2$驱油封存示范基地（草舍油田）和江苏省首个$CO_2$地质封存示范工程（西边城油田）；形成了十项$CO_2$驱油与封存技术系列，包括四项开发技术和六项配套工艺技术。同时，在常规油创新应用的基础上，不断拓展了在页岩油、页岩气等非常规领域的应用。实践证明，$CO_2$驱油与封存技术在复杂断块的应用前景广阔，本书从$CO_2$驱油与封存研究现状、技术概况、$CO_2$地质封存潜力、防气窜技术、$CO_2$驱油技术应用实践以及未来展望等方面对该技术进行了全面介绍和探讨，为相关领域的研究和实践提供有价值的参考和启示。

本书由姚红生主持编撰技术思路，何希鹏负责统编全书，陈兴明、陈祖华负责统揽定稿。第一章第一节至第三节由姚红生和汤勇撰写，第四节由姚红生、王军和汤勇撰写；第二章第一节由陈祖华、王军和汤勇撰写，第二节、第四节、第五节由陈祖华、邱伟生和王军撰写，第三节由陈祖华和王军撰写；第三章由何希鹏、任文婧、王海妹和汤勇撰写；第四章第一节由姚红生、吴公益、姬洪明和汤勇撰写，第二节、第三节由姚红生、唐人选、吴公益、汤勇和韩敏撰写，第四节由姚红生、王波、曹力元和林刚撰写，第五节由姚红生、林刚、王波和曹力元撰写；第五章第一节由陈兴明、顾锋、钱明和何志山撰写，第二节由陈兴明、李有刚、徐骞、刘方志和钱洋慧撰写，第三节由陈兴明、张旭、韩敏、钱洋慧、王刚和曹力元撰写，第四节由陈兴明、曹胜江、钱明和钱洋慧撰写；第六章第一节由姚红生、唐人选和姬洪明撰写，第二节由姚红生、徐骞和丛轶颖撰写，第三节、第四节由何希鹏和王军撰写。

在此，特别感谢西南石油大学汤勇、孙雷等教授，是他们在 CCUS 方面深厚的理论造诣和复杂断块油藏 $CO_2$ 驱油与封存方面深入而卓越的研究成果，为本书的撰写提供了重要的参考，并提出了许多宝贵的修改意见。感谢沈志军为本书提供珍贵的现场图片，感谢曹亚芹等为清绘本书插图所做的工作。

回首华东油气田四十载驱油封存探索之路，从蹒跚起步到矫健前行，是众多科技尖兵的漫漫求索，披荆斩棘的结果。正是他们的努力，才铸就了今日的累累硕果。谨以此书采撷沿路的缤纷落英，献给一代又一代孜孜不倦、勇于实践的石油人。

# 目 录

## 第一章　国内外 $CO_2$ 驱油与封存现状 ··········· 1
第一节　$CO_2$ 驱油与封存发展现状 ··········· 1
第二节　$CO_2$ 驱油与封存机理研究现状 ··········· 5
第三节　$CO_2$ 驱油配套工艺现状 ··········· 10
第四节　苏北盆地复杂断块油藏 $CO_2$ 驱油与封存发展现状 ··········· 16
参考文献 ··········· 28

## 第二章　复杂断块油藏 $CO_2$ 驱油与封存提高采收率机理 ··········· 32
第一节　低渗油藏 $CO_2$ 混相驱提高采收率机理 ··········· 32
第二节　中高渗油藏 $CO_2$ 水气交替驱提高采收率机理 ··········· 41
第三节　大倾角油藏 $CO_2$ 重力驱提高采收率机理 ··········· 44
第四节　小断块型油藏 $CO_2$ 驱吐结合提高采收率机理 ··········· 56
第五节　页岩油藏 $CO_2$ 压驱增能吞吐机理 ··········· 74
参考文献 ··········· 82

## 第三章　$CO_2$ 地质封存潜力评价技术 ··········· 84
第一节　油藏 $CO_2$ 封存潜力评价 ··········· 84
第二节　咸水层 $CO_2$ 封存潜力评价 ··········· 104
第三节　气藏 $CO_2$ 封存潜力评价 ··········· 112
参考文献 ··········· 119

## 第四章　改善 $CO_2$ 驱油效果的防气窜技术 ··········· 121
第一节　优势通道表征及识别 ··········· 121
第二节　井网调整防气窜技术 ··········· 139
第三节　气水交替防气窜技术 ··········· 148

  第四节 气溶性发泡剂封窜技术 ········· 154
  第五节 高气液比举升工艺技术 ········· 156
  参考文献 ········· 159

## 第五章 $CO_2$ 捕集、运输、回收循环注气工艺技术 ········· 160
  第一节 捕集技术 ········· 160
  第二节 运输技术 ········· 167
  第三节 注采及监测技术 ········· 173
  第四节 回收循环注入技术 ········· 191
  参考文献 ········· 205

## 第六章 $CO_2$ 驱油技术在华东地区的应用效果及发展前景 ········· 207
  第一节 $CO_2$ 驱油与封存应用效果 ········· 207
  第二节 $CO_2$ 管网建设 ········· 209
  第三节 $CO_2$ 驱油与封存经济效益评价 ········· 213
  第四节 $CO_2$ 驱油与封存推广应用前景 ········· 217
  参考文献 ········· 219

# 第一章 国内外 $CO_2$ 驱油与封存现状

近年来，温室气体的大量排放导致全球气候变化以及气温升高，碳捕集、利用与封存（carbon capture, utilization and storage，CCUS）是缓解温室效应的关键技术之一。这项技术涉及将 $CO_2$ 从工业过程、能源利用或大气中分离出来，然后直接加以利用或注入地层，以实现 $CO_2$ 的永久减排。目前，$CO_2$ 驱油与封存是响应国家"双碳"政策，应对全球气候变化的关键技术。$CO_2$ 驱油与封存技术主要包括碳捕集、碳运输、碳利用和碳封存等环节。

本章围绕 $CO_2$ 驱油与封存的发展背景、$CO_2$ 驱油与封存技术全流程、矿场应用等方面，介绍了国内外 $CO_2$ 驱油与封存的发展趋势、$CO_2$ 驱油与封存机理、$CO_2$ 驱油配套工艺现状，以及苏北盆地复杂断块油藏的 $CO_2$ 驱油与封存技术发展历程。

## 第一节 $CO_2$ 驱油与封存发展现状

将 $CO_2$ 注入衰竭的油藏，可提高原油采收率，已成为世界许多国家石油开采业的共识。油藏是 $CO_2$ 地质封存最有前景的场所。油藏进行 $CO_2$ 地质封存时，更重要的是可以大幅度提高原油采收率和资源利用率，同时也为提高 $CO_2$ 的封存潜力提供更大的储存空间。实践已经证明，注 $CO_2$ 提高采收率技术可延长油田寿命 20 年。因此，如果 $CO_2$ 地质封存技术与提高石油采收率技术（enhanced oil recovery，EOR）相结合，可以带来经济效益。

### 一、国外 $CO_2$ 驱油与封存发展现状

在过去几十年中，国外关于 $CO_2$ 驱油与封存技术已经积累了丰富的研究成果和实践经验，在各个环节也已经形成了许多成熟的技术。国外 $CO_2$ 驱油与封存技术的发展主要分为探索、试验以及推广应用三个阶段。

1. 探索阶段

20 世纪中叶，美国大西洋炼油公司（The Atlantic Refining Company）发现其制氢工艺过程的副产品 $CO_2$ 可改善原油流动性；Whorton 等于 1952 年获得了世界首个 $CO_2$ 驱油专利授权，这是 $CO_2$ 驱油较早的技术，标志着全球开始进入 $CO_2$ 驱油与封存产业探索阶段。1956 年，美国二叠（Permain）盆地首次进行了注 $CO_2$ 混相驱试验，结果表明注 $CO_2$ 不仅是一种有效提高采收率的方法，还具有很高的经济效益，此时 $CO_2$ 驱以及捕集技术处于探索发展阶段。

1958年，Shell公司率先在美国二叠系储层成功实施了$CO_2$驱油试验。1972年Chevron公司的前身加利福尼亚标准石油公司在美国得克萨斯州Kelly-Snyder油田SACROC区块投产了世界首个$CO_2$驱油商业项目，初期单井产量平均提高约3倍，该项目的成功标志着$CO_2$驱油技术走向成熟。加拿大$CO_2$驱油技术研究开始于20世纪90年代，最具代表性的是国际能源署温室气体封存监测项目资助的Weyburn项目。该项目年产油量约为$150×10^4$t，气源为煤化工碳排放。通过综合监测，查明地下运移规律，建立$CO_2$地下长期安全封存技术和规范。

2. 试验阶段

1970—1990年发生的三次石油危机使人们认识到石油安全对国家经济的重要作用。1972年，雪佛龙公司在美国二叠盆地Kelly-Snyder油田ACROC区块实施了$CO_2$提高采收率项目，这是全球第一个商业化$CO_2$-EOR项目，其碳源最初来自Val Verde天然气处理厂，目前该区块的碳源还包括McElmo Dome高浓度天然$CO_2$气藏，该项目也是目前最大的$CO_2$气混相驱项目之一。1979年，美国通过了石油超额利润税法，促进了$CO_2$驱等EOR技术的发展。1982—1984年美国大规模开发了Mk Elmo Domo和Sheep Mountain等多个$CO_2$气田，建设了连接$CO_2$气田和油田的输气管线。1986年，美国$CO_2$驱油项目数达到40个。

1991年，挪威政府开始征收$CO_2$排放税，随后欧盟和美国也相继发布了关于气候安全与低碳经济的政策与法案。此时，国外$CO_2$工业捕集能力开始缓慢提升，工业碳源仍以天然气厂废气处理项目为主，而其他碳源的占比也在逐渐增大。在碳税以及相关政策的驱动和影响下，更多的石油公司开始使用来自工业碳源的$CO_2$提高石油采收率，咸水层$CO_2$封存项目也开始启动。据2014年数据，美国已有超过130个$CO_2$驱油项目在实施，$CO_2$驱年产油量约为$1600×10^4$t，超过70%的碳源来自$CO_2$气藏。1996年，挪威艾奎诺公司在北海运营的Sleipner咸水层封存项目开始投入生产，这是全球首个规模化商业运营的$CO_2$咸水层封存项目，该项目每年可封存$100×10^4$t $CO_2$。

3. 推广应用阶段

目前，巴西有4个$CO_2$驱油项目，特立尼达$CO_2$驱油项目数为5个。北美地区$CO_2$驱提高采收率幅度为7%～18%，平均值为12.0%。根据目前资料判断，中东和北非两个地区$CO_2$驱油技术的大规模商业化应用将于2025年前后获得突破。

Dame等于2007年指出，在整体煤气化联合循环发电系统（IGCC）电厂采用碳捕集、利用与封存技术后，$CO_2$捕集和压缩成本占整个$CO_2$驱油与封存全流程成本的65%～90%，到2030年通过碳捕集、利用与封存技术可封存$2000×10^4$t $CO_2$。Hasan等（2014）提出了一个优化$CO_2$驱油与封存供应链网络的多尺度框架，以最大限度地降低成本，同时设计了一种$CO_2$驱油与封存网络，通过利用$CO_2$增强石油采收率来实现经济利益。

Vikara等（2019）对$CO_2$驱油与封存经济模型和分析方法进行了全面回顾，评估影响整个$CO_2$驱油与封存价值链的$CO_2$捕获，封存和运输成本因素，指出技术进步将使

$CO_2$ 驱油与封存价值链每个组成部分的成本降低。Chan 等（2011）估算了 2030 年的资本成本，为实现成本降低要求，建议到 2030 年，美国联邦投资资金每年平均增加到 23 亿美元。

McCoy 和 Rubin（2009）强调了与碳捕获和封存（CCS）成本估算相关的方法论问题，并归纳了 CCS 成本中所应包括和排除的项目，对比即将拥有 CCS 的工厂与没有 CCS 的"参考工厂"，量化 1t 大气 $CO_2$ 排放的平均成本，同时分析归纳了 CCS 技术过程中不确定性所带来的偶然性成本。

可以看到，国外有关 $CO_2$ 驱技术飞速发展，对 $CO_2$ 驱油与封存技术的各方面研究已经相对成熟，且定量研究陆续出现，为全球 $CO_2$ 驱油与封存研究提供了数据参考。但有关 $CO_2$ 驱油与封存的技术成本较高，需要大量的能源和资金投入，对于某些企业和项目来说可能存在经济效益的问题。因此，未来需要考虑降低相关技术成本，提高其经济效益。

## 二、国内 $CO_2$ 驱油与封存发展现状

近年来，我国高度重视 $CO_2$ 驱油与封存技术发展，相关技术成熟度快速提高，系列示范项目落地运行，呈现出新技术不断涌现、效率持续提高、能耗成本逐步降低的发展态势。与此同时，政府出台了许多"双碳"政策，明确将 $CO_2$ 驱油与封存技术作为重大示范项目进行引导支持。能源企业积极响应国家号召，加强基础研究、关键技术攻关以及项目集成示范。石油行业高度重视 $CO_2$ 驱油与封存产业发展，大力推动 $CO_2$ 驱油技术攻关，形成 $CO_2$ 驱油与封存全产业链技术体系。同国外一样，国内 $CO_2$ 驱油与封存技术的发展也分为探索、试验以及推广应用三个阶段。

1. 探索阶段

20 世纪 60 年代，国内石油企业和相关高校就开始探索 $CO_2$ 驱油技术。1965 年，大庆油田率先开展小井距单井采油试注试验，拉开了中国探索 $CO_2$ 驱油的序幕。1984 年，胜利油田对 $CO_2$ 混相以及非混相驱进行了研究。1985 年，西南化工研究设计院开始研究变压吸附 $CO_2$ 回收技术。在中原油田、大庆油田和华北油田也进行了相关试验。1987 年，华北石油勘探设计研究院开始首次关注 $CO_2$ 膜分离技术，随后，浙江大学、中国科学院大连化学物理研究所、天津大学等单位陆续开始研究 $CO_2$ 膜分离技术。1988 年，大庆油田在高含水油田萨南葡 12 开展注 $CO_2$ 提高采收率试验，矿场试验结果表明，$CO_2$ 驱降低了水油比和水驱剩余油饱和度，采收率提高了 6 个百分点左右。

1989 年，中国石化在苏 88 井开展了 $CO_2$ 单井吞吐试验，累计注入 $CO_2$ 116t，提高原油采收率 5 个百分点以上。1995 年，华中科技大学等单位率先启动富氧燃烧基础研究和技术开发，为后续开展富氧燃烧小试、中试研究打下基础。1994 年，吉林油田在万金塔气田开展了液态 $CO_2$ 吹气、发泡和泡沫压裂实验。1996 年，江苏油田和富民油田 48 口井进行了 $CO_2$ 吞吐试验，累计增产 1500t，其中 7 口井取得了较好的效果。1998 年，中国石化南京化工研究院在传统化学吸收法的基础上，开始研究 $CO_2$ 分离技术。2000 年，天

津大学 $CO_2$ 膜分离研究取得突破，研制出具有促进传递作用的聚乙烯胺新型气体分离膜材料。

2. 试验阶段

21 世纪后，国家及石油企业相继设立了许多 $CO_2$ 驱油与封存示范工程项目，有效推动了 $CO_2$ 驱油与封存关键技术的突破。2005 年，中国石油与中国科学院等单位联合发起了主题为"温室气体的地下埋存及在提高油气采收率中的资源化利用"的香山科学会议。随后中国石油先后牵头承担了多项 $CO_2$ 驱油与封存方面的国家重点基础研究发展计划、国家高技术研究发展计划项目和国家科技重大专项。经过几十年的探索和实践，$CO_2$ 驱油与封存核心技术取得突破，为其工业化推广奠定了良好基础。

2005 年，草舍油田开展 $CO_2$ 边部试注，两年后开展主体部位先期注气，试验区注 $CO_2$ 后日产油量从 30.72t 最高上升到 86.9t，取得了较好的增产成果。2006 年，吉林油田开展 $CO_2$ 驱油与封存全产业链技术体系试验，完整实践了 $CO_2$ 规模捕集、输送、注入全流程。2008 年，中国石油吉林油田建成我国第一个 $CO_2$ 捕集与驱油示范项目，$CO_2$ 注入规模为 $25 \times 10^4$t/a，$CO_2$ 捕集规模达到 $60 \times 10^4$t/a。同年，胜利油田在正理庄高 89 块启动 $CO_2$ 驱油先导试验。

2011 年，国务院发布《"十二五"控制温室气体排放工作方案》，明确提出在火电、煤化工、水泥和钢铁行业开展碳捕集试验项目；科技部也首次发布中国 $CO_2$ 驱油与封存技术发展路线图。同年，神华集团在鄂尔多斯建成亚洲首个 $CO_2$ 捕集与深部咸水层封存全流程示范项目。

2015 年，延长油田建成了国内第一个全流程 $CO_2$ 驱油与封存示范项目，该项目具备每年 $5 \times 10^4$t 的 $CO_2$ 封存能力。长庆油田编制了千万吨级 $CO_2$ 驱油与封存中长期发展规划，构建起油气业务与新能源全面融合发展的"低碳能源生态圈"，2017 年在采油五厂建成了一期先导试注工程，次年建成了 9 注 37 采试验规模，2020 年建成了国家级 $CO_2$ 驱油与封存示范工程，形成了集 $CO_2$ 捕集、驱油与封存（$CO_2$ 驱油与封存）为一体的项目循环模式。

3. 推广及应用阶段

2020 年 9 月，中国宣布了碳达峰碳中和目标：二氧化碳排放力争于 2030 年前达到峰值，努力争取 2060 年前实现碳中和。并由此出台了一系列的应对气候变化的政策。2021 年 2 月，国务院发布了《关于加快建立健全绿色低碳循环发展经济体系的指导意见》，确保实现碳达峰碳中和目标。

自中国宣布"双碳"目标以来，中国石化积极响应国家发展战略，持续推进化石能源洁净化、洁净能源规模化、生产过程低碳化，助力实现碳达峰碳中和目标。2022 年 8 月，中国石化建设的全国最大碳捕集、利用与封存全产业链示范基地、首个百万吨级碳捕集、利用与封存项目——齐鲁石化—胜利油田 CCUS 项目正式在山东淄博投产，项目年减排 $CO_2$ 百万吨。中原油田实施绿色企业行动计划，扎实推进化石能源洁净化、洁净能源规模化、生产过程低碳化；持续推进油区管网治理、钻井液集中处理站建设。江苏油田聚焦无废油田建设目标，深化$CO_2$驱油与封存合作项目和示范区建设，加快清洁低碳转型步伐，不断提升绿色企业竞争力。

2022年，中国海油制订并实施《中国海油"碳达峰、碳中和"行动方案》，力争实现"双碳"目标。目前，中国海油已经在广东惠州启动国内首个千万吨级碳捕集与封存集群项目，通过管道运输等方式输送到珠江口盆地海域进行封存。国内首个海上$CO_2$封存示范工程项目已经在恩平15-1油田成功投用，初步建立海上$CO_2$捕集、注入、封存和监测技术及装备体系，填补了中国海上$CO_2$封存技术的空白。

中国石油以"双碳"目标为引领加快布局清洁生产和绿色发展，明确将绿色低碳纳入集团公司发展战略，提出了企业绿色低碳发展的"时间表"和"路线图"，聚焦$CO_2$驱油与封存规划目标和主要问题开展原创技术攻关，为推动实现"双碳"目标作出新的贡献。2022年6月，中国石油正式发布《中国石油绿色低碳发展行动计划3.0》，努力成为实现我国"双碳"目标与保障能源安全的中坚力量，旨在从油气供应商向综合能源服务商转型，为中国"碳达峰、碳中和"及全球应对气候变化做出积极贡献。

## 第二节　$CO_2$驱油与封存机理研究现状

$CO_2$驱油与封存技术应用于油气田开发领域的目标主要有两个，即进一步提高油气采收率和实现$CO_2$的安全高效封存。国外$CO_2$驱油与封存的相关研究较之国内更早开展，其中美国走在世界碳捕获与封存研究及发展的前列，研究始于20世纪70年代，文献研究集中在技术研究、技术经济性评价、衡量成本方法等方面。早期对$CO_2$驱油与封存经济性的研究主要借助传统的净现值（NPV）方法对其进行静态分析，而后大量文献研究开始考虑$CO_2$驱油与封存技术的不确定性、碳价格的不确定性以及政府补贴政策的不确定性等条件，继而大量有关$CO_2$驱油与封存不确定条件下的相关研究涌现。随着$CO_2$驱油与封存技术在国内的热度持续增高，我国学者对$CO_2$驱油与封存技术的各项研究也陆续展开。国内第一篇有关$CO_2$封存的文章于2007年出现，随后中国政府正式将碳减排事业列入国家发展规划序列中，并且向世界作出了碳减排的庄严承诺，2008—2019年，我国有关$CO_2$驱油与封存技术的文章数量年增长率达到24%。

### 一、$CO_2$驱油机理及研究现状

注$CO_2$提高采收率技术（$CO_2$-EOR）已经广泛应用于许多油田，$CO_2$提高采收率的机理主要有：溶解膨胀、降低界面张力、抽提轻质组分、降黏效应等（图1-1），各种$CO_2$驱油机理发挥的效果主要取决于$CO_2$在原油中的溶解能力以及$CO_2$—原油界面之间的相互作用。

降低原油黏度（图1-1中①）：原油黏度越高，$CO_2$可使原油黏度下降的幅度也就越大，原油的黏度降低后流动能力大大增加，原油的产量自然就提高了。

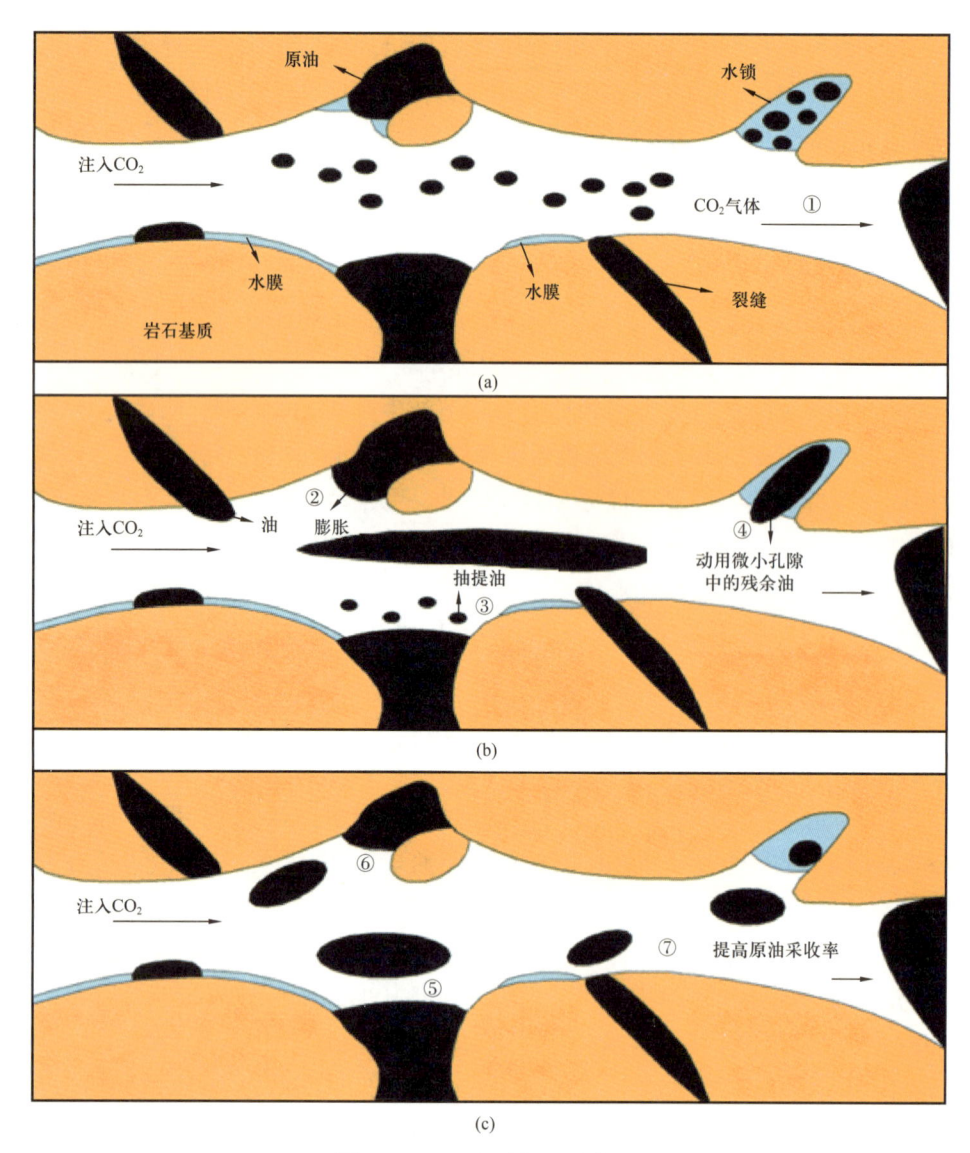

图 1-1 CO₂ 驱油机理示意图

原油体积膨胀（图 1-1 中②）：CO₂ 溶解于原油，体积系数增加，原油体积膨胀，增加了对应地层油的可流动饱和度以及弹性能量，有利于膨胀后的剩余油脱离地层水以及岩石表面的束缚，增加驱油效率，提高原油采收率。

改善油水流度比（图 1-1 中③）：CO₂ 溶于原油后，使原油碳酸化，从而降低原油黏度，也降低了水的流度，改善油水流度比，扩大波及面积。

提高渗透率作用（图 1-1 中④）：CO₂ 溶于原油和水，碳酸化后，可溶解油藏中的钙质胶结物或白云岩，提高岩石的渗透率。

分子扩散作用（图 1-1 中⑤）：CO₂ 通过分子的扩散溶于原油，分子注入油藏储层后，水相阻碍了 CO₂ 分子向油相中的扩散并完全抑制了轻质烃从油相释放到 CO₂ 中，使 CO₂ 分子充分扩散到油相中。

降低油水界面张力（图 1-1 中⑥）：CO₂ 溶于原油和水，大大降低了油水界面张力，原油的流动性能变强，从而提高了原油采收率。

萃取原油中轻烃（图 1-1 中⑦）：$CO_2$ 注入油藏后，有一部分未溶解于油水中的 $CO_2$，能萃取原油中的轻烃，使原油黏度降低，提高原油的流动性，有利于开采。

### 1. 国外研究现状

1984 年，Klins 对注入 $CO_2$ 提高原油采收率、采油机制、$CO_2$ 与原油相互作用对采收率的影响、油藏模拟方法以及现场筛选应用等进行了详细的描述。

1994 年，Chaback 和 Williams 通过室内实验，在凝析气藏中研究注 $CO_2$、$N_2$ 和烟道气的相态特征。研究结果表明，$CO_2$ 驱效果比其他气驱方式好。

2002 年，Oldenburg 和 Benson 通过对位于美国加利福尼亚州 Rio Vista 气田进行数值模拟研究，研究结果表明，注 $CO_2$ 过程中，$CO_2$ 和 $CH_4$ 混合缓慢，$CO_2$ 的密度大于 $CH_4$，在垂向上能形成驱替 $CH_4$ 的动力，从而提高气藏采收率。

2009 年，Radaev 等构建了一个实验装置，模拟真实油层中的温压、地质和物理化学条件以及驱替剂的参数，在温度为 313~353K、压力为 7~12MPa 以内，对模型中的超临界 $CO_2$ 驱替原油进行实验，实验结果表明，低黏度油品的超临界 $CO_2$ 回收效率很高。

2017 年，Kamali 等通过实验和数值研究，描述了水气交替（WAG）和水气同步（SWAG）注入方案中 $CO_2$ 封存和提高石油采收率的协同优化，研究了各种混溶条件和注入方案。

2021 年，Syah 等通过室内实验研究评估渗透率和水饱和度对超临界 $CO_2$ 注入过程中提高气体采收率、$CO_2$ 储存能力和 $CO_2$ 含量的影响，实验结果表明，在低渗透岩心样品中，超临界 $CO_2$ 在气体耗尽驱动机制下具有较高的采收率。

### 2. 国内研究现状

2006 年，郝永卯等基于 $CO_2$ 驱油实验，明确了通过细管实验可确定原油 $CO_2$ 驱最小混相压力，并且在不同的最小混相压力确定方法中，细管实验最为准确、方便、经济。

2011 年，刘学利等开展了注 $CO_2$ 驱油实验和数值模拟研究，采用物理模拟与理论模拟相结合的方法，研究地层流体与 $CO_2$ 的增溶膨胀性及最小混相压力，模拟并对比了衰竭开采、注水开采、注烃类气体开发以及注 $CO_2$ 开发的效果。

2013 年，乔红军等设计实验探究混相与非混相下的注气驱有何区别，并得出结论：非混相情况下，孔隙中的油无法有效动用；混相情况下，孔隙中的油有效动用率高，采收率提高幅度较大。

2015 年，汤勇等在高温高压条件下，开展了 $CO_2$ 驱替天然气的长岩心实验，研究了影响 $CO_2$ 提高采收率及封存效果的几种主要因素，如渗透率、注入速度、地层倾角及地层水。

2017 年，赵腾进行了 $N_2$、$CO_2$、复合气、干气、空气五种介质注气膨胀试验。

2018 年，张本艳等为了改善部分油田水驱效果差等情况，在渭北油田 WB-2 井区利用核磁共振技术开展水驱和 $CO_2$ 驱微观机理方面的研究。

2019年，朱桂良等研究发现轻质油最小混相压力较小，重质油最小混相压力较大，随着油藏温度升高，最小混相压力升高，$CO_2$比例大于50%的复合气才能与原油混相。

2020年，张海龙以吉林油田黑59区块为对象，开展岩心驱替实验和岩心核磁共振检测实验，从而明确影响$CO_2$混相驱提高石油采收率的原因。

2021年，郭永伟等通过开展$CO_2$驱替长岩心实验，研究了$CO_2$非混相和混相驱过程中沥青质和无机沉淀对储层的伤害特征。

## 二、$CO_2$封存机理及研究现状

$CO_2$的地下封存机理可以分为两大类（图1-2）：物理封存和化学封存。其中物理封存包括构造地质静态封存、束缚气封存和水动力学封存，化学封存包括溶解封存和矿化封存。

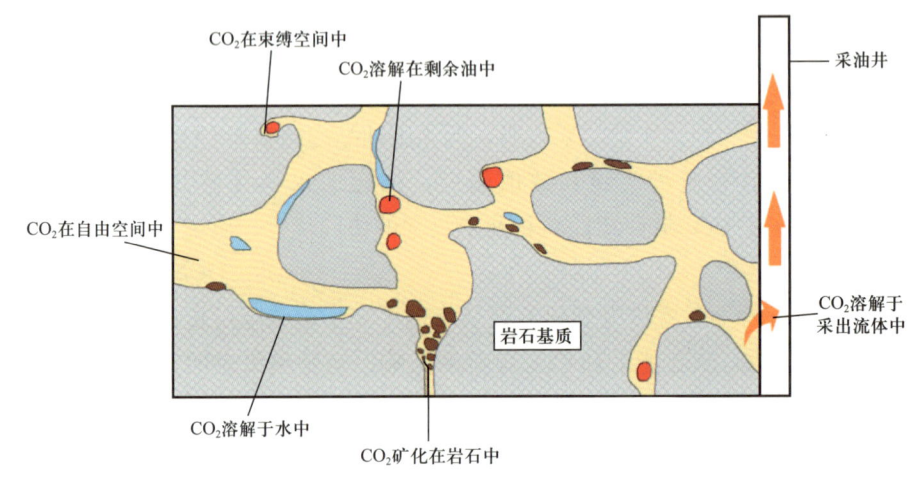

图1-2　$CO_2$封存机理示意图

（1）构造地层封存机理：当气相或者液相中的某一相流体因为遇到不渗透层无法继续运移而滞留在不渗透层下，就形成了构造地层圈闭。不渗透层的隔挡作用使$CO_2$无法进行横向和侧向的运移，就形成了$CO_2$构造封存。

（2）束缚气封存机理：$CO_2$在地层运移过程中，一部分$CO_2$因为气液相界面张力的作用被长久地滞留在岩石颗粒的孔隙中，这就是$CO_2$的束缚封存机理。

（3）溶解封存机理：当$CO_2$在岩石孔隙中运移并与地层水或原油相接触时就会溶解在其中，即发生了溶解封存。

（4）矿化封存机理：矿化封存主要是指$CO_2$与岩石及地层水发生化学反应从而产生碳酸类矿物沉淀。封存作用时间尺度为100～10000年。

（5）水动力封存机理：当渗透过程地层水的流动压力与$CO_2$运移的浮力方向相反、大小大致相等时，可阻挡和聚集$CO_2$，形成水动力圈闭。

（6）页岩吸附机理：煤层、页岩对$CO_2$的吸附能力要比存在于煤层、页岩中甲烷和其他烃类气体高得多（至少两倍以上），因此，煤层、页岩具有很强的$CO_2$地质封存能力。

1. 国外研究现状

2003 年，Heddle 等对 $CO_2$ 的管道运输成本和封存成本进行了分析。2004 年，Gale 对 $CO_2$ 地质封存的研究现状的情况进行了总结和分析，并提出了各类型地质封存的不确定性。

2006 年，Damen 等对 $CO_2$ 地质封存可能存在的健康风险、安全风险和环境风险进行了总结。同年，Li 等对枯竭油气田的封闭性问题进行了探讨，指出由于 $CO_2$ 与水的界面张力小于油气与水的界面张力，因此枯竭的油气储层若用于封存 $CO_2$ 其封闭性能会大大下降，在封存前必须对储层的临界封闭压力进行计算。

2009 年，McCoy 和 Rubin 运用美国已有封存项目的数据，通过统计的方式建立了 $CO_2$ 运输和封存成本估算模型。

2013 年，Hovorka 提出 $CO_2$ 地质封存的同时可以根据地层的不同地质情况对地层多层存储，亦可同时驱咸水和进行 $CO_2$-EOR，结合 $CO_2$ 提高石油采收率（$CO_2$-EOR）的原理和盐水存储类型在提高采收率是可能的，它提供了一个有吸引力的市场，不仅仅是单独的 $CO_2$ 实现减排目标。

2017 年，Mosleh 等基于一系列岩心驱油实验，研究了南威尔士煤田无烟煤样品中 $CH_4$ 与 $N_2$ 或 $CO_2$ 的竞争置换，这项研究提供了一个全面的实验数据集，可用于测试预测模型的准确性，通过这种方法也可以实现深层地质构造中长期 $CO_2$ 封存方案。

2023 年，Mwakipunda 等利用数值模拟软件对不同 $CO_2$ 封存机制在低孔隙渗透深盐含水层中封存 $CO_2$ 气体的能力进行了评价和预测，分别模拟了四种 $CO_2$ 封存机制：地层圈闭机理、残余捕集机理、溶解度捕集机理和矿物捕集机理。

2. 国内研究现状

2006 年，郝永卯等通过机理分析、数值模拟和经济效益评价，证明了气藏注 $CO_2$ 不仅能提高采收率，还能实现 $CO_2$ 地质封存。

2009 年，沈平平等提出 $CO_2$ 在油藏中的封存潜力可用类比法和物质平衡法计算，并指出用物质平衡法计算封存量时 $CO_2$ 在原油中溶解量占有较大比例，用类比法计算封存量的关键问题是确定 $CO_2$ 利用系数。

2012 年，胡珊等通过数值模拟研究了超临界 $CO_2$ 封存在硅酸盐地质层中的传质问题。结果表明，注入 $CO_2$ 十年后，盐水层 pH 值沿着远离注入井方向呈增大趋势，气体饱和度沿径向逐渐降到 0，$HCO_3^-$ 的变化趋势与 $CO_2$ 气体和 $CO_3^{2-}$ 浓度的变化密切相关，这些结果有益于认识 $CO_2$ 封存机理。

2016 年，姜凯等通过对已有封存量评价方法的局限性的分析，根据地层特征和勘探开发现状给出了考虑各种因素的封存潜力新方法。

2019 年，郭平等通过数值模拟手段，重点研究了扩散、吸附、天然裂缝、井型对于 $CO_2$ 突破时间气藏采收率及封存的影响。结果表明，在气藏废弃压力 3MPa 时注入 $CO_2$ 采收率仅能提高 2.2%，但是 $CO_2$ 封存量可提高至 1.44 倍；在低渗气藏中，扩散吸附对 $CO_2$ 驱影响不大。

2023年，陈秀林等研究利用核磁共振技术结合数值模拟手段，分析了不同岩心饱和油气驱后$CO_2$封存形态及分布特征，结果表明，核磁共振技术结合微观气驱油数值模拟方法可以分析$CO_2$的微观封存形态。$CO_2$驱替原油时，首先进入大孔道驱油，大孔隙中的压力达到一定程度后，原油向小孔喉流动，气体不断驱动原油，直到小孔压力达到一定值时小孔隙内原油才被驱走。

目前，国内外对$CO_2$驱油和封存机理的研究已经形成了较为成熟的理论与技术。但是，驱油机理与封存机理在不同的油藏条件和不同的地层流体中有不同的表现，因此需要针对特定油藏开展$CO_2$驱油及封存机理研究，明确该油藏注$CO_2$提高采收率机理。

## 第三节 $CO_2$驱油配套工艺现状

$CO_2$驱油配套工艺主要包括捕集、运输和驱油工艺技术。油田企业是$CO_2$驱油产业的主力军，推动捕集、运输、驱油与封存全产业链技术进步、快速效益发展。

### 一、捕集

目前，$CO_2$捕集来源有两种：一是煤制气产生的高浓度$CO_2$，主要通过物理方法捕集；二是燃煤电厂产生的浓度为8%～12%的$CO_2$，主要采用化学方法捕集。目前碳捕集技术主要有燃烧前捕集、富氧燃烧捕集和燃烧后捕集。

燃烧前捕集：利用预燃烧过程产生的$CO_2$具有高压的特点，在低功率条件下进行压缩和液化，用于封存或运输。作业过程促进了$H_2$的生产，可用于燃料电池（进一步纯化后）、运输或作为生产增值化学品的构件。

富氧燃烧捕集：使用富氧燃烧可以在现有或新的发电厂中使用，同时使用各种类型的燃料，如城市固体废弃物或木质纤维素生物质。化学链方法的使用可以提高净电厂效率3%，发电厂的资本成本和电力成本将分别下降10%～18%和7%～12%。

燃烧后捕集：$CO_2$捕集联合循环系统在捕集$CO_2$的集成过程中，综合效率从50.9%下降到45.8%，能耗需求低，平准化度电成本（LCOE）值从37%增加到41%。燃烧后捕集主要分为吸收分离法、吸附分离法、膜分离法以及低温分离法。但化学吸收法存在设备腐蚀速率高、胺降解、再生能耗高、$CO_2$负载量低等缺点。目前，膜分离法被认为是从混合物中捕获或者分离$CO_2$的新方法。Polaris、PolyActive™等膜材料以及固定位点载体、气体—溶剂膜接触器和薄膜复合材料等膜类型，已在燃煤或燃气电厂的$CO_2$捕集中进行了试验性规模的应用。

目前，国外典型大型燃烧后碳捕集项目主要有加拿大Boundary Dam项目以及美国Petra Nova项目。Boundary Dam项目是世界上第一个大型商业燃烧后碳捕集项目，截至2018年3月，该项目已捕获$200×10^4$t $CO_2$。Petra Nova项目每年可针对240MW的燃煤电厂捕集$140×10^4$t $CO_2$。国内燃烧后碳捕集技术与国外相比还存在一定差异，能耗和成本还较高，捕集技术还存在一定的局限性。国内典型示范项目大致有齐鲁石化—胜利油田百万吨级 CCUS 项目、国家能源集团泰州发电有限公司 $CO_2$ 驱油与封存以及国华电力锦界电厂碳捕集示范项目等。

## 二、运输

$CO_2$ 运输主要有公路运输、铁路运输、船舶运输以及管道输送四种方式。在大多数情况下，管道输送是最经济性的运输方式；船舶运输是由运输液化天然气（LNG）衍生出的技术，是较为经济和理想的选择；公路和铁路运输一般适用于小规模的 $CO_2$ 运输。

为了选择可靠、安全、经济的运输方式，需要对 $CO_2$ 的运输数量、运输距离、运输过程的地形等进行综合考虑。在 $CO_2$ 管道输送过程中，$CO_2$ 主要以气态、液态和超临界状态存在：以气相输送时，一般管道所占空间较大；以液相输送时，相态易发生变化，且黏度较大；以超临界状态输送时，$CO_2$ 具有密度大、黏度小、压缩系数小且比热小等优点，有利于在输送过程中保持单一相态，故长距离 $CO_2$ 输送多采用超临界状态输送。

国际上 $CO_2$ 管道输送技术已有多年和大量的工程实践，其中大部分工程位于美国。目前，美国正在运行的 $CO_2$ 输送管道超过 50 条，管道长度超过 7200km，总输量达到 $6.8×10^8$t/a，已建管道中近 80% 采用超临界输送工艺。

在管道输送安全技术研究方面，Zhou 等（2016）通过在实验室模拟 $CO_2$ 在管道运输时的流动情况建立数学模型，通过对管道压力和泄漏流量的分析可以得出 $CO_2$ 超临界输送的裂缝泄漏规律。Cui 等（2016）提出研究 $CO_2$ 管道泄漏检测的低频声发射传感器，该装置利用 $CO_2$ 泄漏后在管道中的流动和流量不同，通过不同频率的声波频率可以定位泄漏源的位置、判断泄漏点的大小和距离。

杂质也是影响管道安全输送的主要因素。Baik 和 Yun（2019）以实验方法研究海底输送条件下，$CO_2$ 输送管道中杂质 $N_2$ 和 $CH_4$ 对管道内传热、压降的安全性影响。Peletiri 等（2019）研究单一杂质对管道内 $CO_2$ 流体流动影响时，将 $CO_2$ 和杂质混合构成最大浓度的二元混合物，研究杂质对管道输送性能的影响，结果显示摩尔分数为 10% 的 $N_2$ 对管道压力损失、密度和临界参数等影响最大，其次是 4% 的氢气，影响最小的是 1.5% 的硫化氢。

## 三、驱油

根据气源流态的不同，$CO_2$ 驱油地面注入工艺有液态注入、超临界态注入、干冰升华注入等工艺，而国内 $CO_2$ 驱油技术主要采用液态、超临界态注入方式。

液态注入：其主要工艺流程为，储存的液态 $CO_2$ 经喂液泵增压后，通过柱塞泵增压达到注入压力，然后配送到注气井井口。液相泵注具有运输方式灵活、运行平稳、维护方便等优点，在国内运用广泛。

超临界态注入：超临界 $CO_2$ 注入技术是指将从气态压缩至超临界态后注入地下。超临界态注入是一种切实可行且经济性良好的酸气回注技术。该技术的关键在于相平衡控制和除杂以及脱水处理满足多级压缩的要求。

干冰升华注入：针对偏远吞吐井源汇无法有效匹配、长距离液态 $CO_2$ 吨运输成本与风险高的问题,该技术基于干冰体积小、常压存储安全、吨运输经济性高等特点,将干冰运输到注气现场后,通过加热、升华形成气态 $CO_2$,随后经压缩机升压注入注气井,适用于远离气源的分散式油田。

聚合物辅助 $CO_2$ 驱:随着聚合物在 $CO_2$ 中的溶解度的增加,$CO_2$ 增溶降黏性能也随之增加,而溶解度的增加又取决于压力和温度条件、聚合物的分子量、弹性特性、分子结构以及聚合物骨架上某些部分的存在或不存在。因此,在设计和合成此类聚合物时,除了任何可能的经济和环境成本外,还应考虑这些参数。

表面活性剂驱:表面活性剂的优势主要在于通过改变黏性力和重力的大小来减轻黏性指进、重力分离和早期 $CO_2$ 突破。当 $CO_2$ 以气泡的形式被表面活性剂溶液捕获时,它被转移到油藏的富油区,随后,与 $CO_2$ 接触的剩余油开始膨胀、黏度降低,最终提高采收率。

纳米颗粒强化 $CO_2$ 驱油:纳米颗粒(NPs)通常通过润湿性改变、界面张力(IFT)降低、孔隙堵塞和施加分离压力等机制来提高原油采收率。此外,纳米颗粒通过改变流度比和增加 $CO_2$ 泡沫的稳定性来影响 $CO_2$-EOR 过程。

## 四、回收循环利用

目前,$CO_2$ 利用技术主要有地质利用、化学利用、生物利用、物理利用等。利用 $CO_2$ 驱提高采收率和咸水层 $CO_2$ 高效地质封存是 $CO_2$ 封存与利用主要途径。超临界 $CO_2$ 注入后能够提升地层压力,降低残余油气饱和度;同时,储层中油品混入 $CO_2$ 后黏度降低,油品更易流动,可以提高油气采收率。注入油层的 $CO_2$ 有 50%~60% 封存于地下,剩余部分随采出液采出,经分离后可循环注入油层。

产出气中 $CO_2$ 回收技术主要有化学吸收法、膜分离法、变压吸附法和低温分馏法。化学吸附法适用于低浓度产出气回收,变压吸附法适用于中浓度产出气回收,低温分馏法适用于高浓度产出气回收。$CO_2$ 驱油过程中产出的 $CO_2$ 气组分变化复杂,$CO_2$ 含量一般为 10%~90%,将产出气进行循环注入至地下油藏,必须满足油藏回注气的指标要求,采用单一的回收方式经济性会较差。因此,需要根据油田实际工况对采出气 $CO_2$ 回收工艺进行优化。

史博会等(2021)提出了四种多法联用的 $CO_2$ 捕集提纯工艺方案。研究结果表明:产出气中 $CO_2$ 浓度低时,可先投产两级醇胺循环工艺实现天然气脱酸工艺,同时须外购纯 $CO_2$ 气按一定比例掺混后才能满足回注气 $CO_2$ 纯度要求;产出气中所含 $CO_2$ 浓度增加时,宜在两级醇胺循环工艺前投用膜分离技术,可满足富集提纯气直接回注 $CO_2$ 纯度的要求。

张宗檩等(2011)认为,当产出气中 $CO_2$ 含量小于 10% 时,考虑作为燃料气使用;当 $CO_2$ 含量介于 10%~30% 时,采用化学吸收法;当 $CO_2$ 含量介于 30%~70% 时,采用"变压吸附法+低温分馏"组合工艺;当 $CO_2$ 含量大于 70% 时,采用"低温分馏法+变压吸附法"组合工艺。

李阳等(2021)针对产出气的规模和产出气中 $CO_2$ 的含量,研发了 4 种不同的产出

气中 $CO_2$ 回收工艺并进行了现场试验。矿场试验表明，研发的产出气回收系统 $CO_2$ 捕集率大于80%，$CO_2$ 纯度大于95%。

$CO_2$ 在压注驱油过程中，约有85%被永久封存于地下，剩余的15%则随着原油流出地表层形成穿透气返回地面。为循环利用驱油产出气中的 $CO_2$，实现 $CO_2$-EOR 全流程的 $CO_2$ 零排放，华东油气田开展采出井 $CO_2$ 回收工艺研究，并利用产出气回收装置回收的 $CO_2$ 继续作为注气驱油的气源，搭建了 $CO_2$ 闭环系统。

根据草舍油田泰州组油藏 $CO_2$ 驱油产出气的特点，华东油气田研发了利用精馏和低温提馏耦合分离技术，建成了 $CO_2$ 驱油产出气精馏与低温提馏耦合分离回收装置。整套装置运行经济效益好，同时实现了系统零排放和无操作成本运行。在固定式产出气回收工艺的基础上，针对 $CO_2$ 驱单井或小井组产出气气量小，现场建立回收装置和通过管网接入回收装置较困难的特征，研制出模块化、橇装式安装的小型橇装装置，其采用吸附及低温提馏相结合的工艺，日处理量为20t，分离过程无污染，达到零排放，纯度大于90%，达到回注要求，占地面积小、装置简单、投资小。

对 $CO_2$ 驱油与封存各模块技术的归纳总结中可以发现，$CO_2$ 低浓度排放源相较于高浓度排放源成本更高。高浓度排放源的 $CO_2$ 捕获成本更低是因为 $CO_2$ 驱油与封存技术所涉及的高浓度排放源有部分化学加工厂，诸如环氧乙烷、生物乙醇等加工厂，以及 IGCC 发电厂、制氢厂、天然气加工厂等。目前由于燃煤电厂 $CO_2$ 排放量大，全球先行布置 $CO_2$ 驱油与封存技术的大多为燃煤电厂。

$CO_2$ 捕获模块中，燃烧前捕获技术与燃烧后捕获技术已经成熟，到达经济可行阶段，但是仍存在成本高的缺点，影响 $CO_2$ 驱油与封存技术的部署。化学循环燃烧由于技术难度大，对其研究较少，但是该技术不需燃烧前进行空气分离，经济效益好，是捕获技术未来研究领域中的重点技术之一。目前阶段捕获过程中较为成熟的分离技术主要是化学吸收法，且基于单乙醇胺（MEA）的吸收技术效益最佳。膜分离技术由于无须添加化学品和吸收剂，捕获效率不高。

$CO_2$ 运输模块中，除船舶运输受天气等影响具有较大的不确定性外，管道运输与罐车运输技术都已成熟，受投资和环境安全评估影响，目前国内车船运输占比较高，但管道运输是目前全球范围内推广力度最大的 $CO_2$ 运输方式，未来建设管网式的管道运输将大幅降低 $CO_2$ 驱油与封存技术的运输成本。

$CO_2$ 封存方式中，海洋封存由于其不可逆性以及可能导致海洋生态破坏，没有实际应用。出于经济考虑，目前的 $CO_2$ 封存主要选择驱油封存（$CO_2$ 驱油），由于煤层存储潜力大，并且可以替换出甲烷提高经济效益，在煤层进行物理封存的研究近年愈发受到重视，研究力度不断加大。由于深部咸水层规模巨大，深部盐水层 $CO_2$ 物理封存是未来主要发展方向。

$CO_2$ 利用技术中，目前最普遍应用的是地质利用，其中 $CO_2$ 强化采油（EOR）技术已大范围开展，在特定条件下可以产生收益。未来 $CO_2$ 利用技术应该重点关注化学利用和生物利用，这两种技术带来的收益更可观，应用的领域也更广泛。

对 $CO_2$ 驱油与封存技术各模块目前与未来的最优选择总结见表1-1。

表 1-1　$CO_2$ 驱油与封存技术各模块目前与未来的最优选择

| $CO_2$ 驱油与封存技术组成部分 | | 状态 | 最优选择 |
|---|---|---|---|
| 排放源 | | 目前 | 大型燃煤电厂、钢铁厂 |
| | | 未来 | 化学加工厂、IGCC 发电厂、制氢厂、天然气加工厂 |
| $CO_2$ 捕获模块 | 捕获技术 | 目前 | 燃烧前捕获技术、燃烧后捕获技术 |
| | | 未来 | 化学循环燃烧技术 |
| | 分离技术 | 目前 | 化学吸收法、变压吸附 |
| | | 未来 | 膜分离技术 |
| $CO_2$ 运输模块 | | 目前 | 管道运输 |
| | | 未来 | 管网式管道运输 |
| $CO_2$ 封存模块 | | 目前 | 深部盐水层物理封存 |
| | | 未来 | 煤层物理封存 |
| $CO_2$ 利用模块 | | 目前 | 地质利用 |
| | | 未来 | 化学利用、生物利用 |

## 五、典型案例

$CO_2$ 驱油项目主要分布在美国、加拿大等国家，其中美国已经形成了较为成熟的 $CO_2$ 驱油工业体系，有 142 个 $CO_2$ 驱油项目，每年注入 $CO_2$ $6000 \times 10^4$t。目前世界最大的 $CO_2$ 驱油与封存项目在加拿大的韦本油田，近两年每年注入 $CO_2$ $160 \times 10^4$t。近年来，在国家战略规划和政策大力支持下，我国 $CO_2$ 驱油与封存技术发展迅速，目前处于工业化示范阶段，正在积极筹备全流程 $CO_2$ 驱油与封存产业集群。

1. 美国

截至 2022 年，埃克森美孚 Shute Creek $CO_2$ 驱油与封存项目是世界上最大的碳捕集项目（图 1-3）。其碳源来自 La Barge 油田的天然气，经处理后再输送到科罗拉多州的 Rangely 油田、Fleur de Lis 能源公司的 Salt Creek 油田、德文郡的 Big Sand Draw 油田、怀俄明州的 Denbury's Grieve 油田和蒙大拿州的 Bell Creek 油田。每年注入 Shute Creek 项目的 $CO_2$ 约 $740 \times 10^4$t，捕获的 $CO_2$ 中约有 $114 \times 10^6$t（95%）被用于提高采收率（图 1-4）。

2. 加拿大

艾伯塔碳干线（Alberta Carbon Trunk Line）项目其碳源为 Nutrien（前身为 Agrium）化肥厂和 North West Redwater Sturgeon 炼油厂，捕集的 $CO_2$ 用于加拿大艾伯塔省 Clive 附近油田提高采收率，该项目施工于 2019 年开始并基本完成，设计其捕集能力为 $190 \times 10^4$t/a，管输距离为 240km，运输能力达 $1460 \times 10^4$t/a，是目前容量最大的 $CO_2$ 运输基础设施。

图 1-3　Shute Creek 项目 CO$_2$ 排放、捕集和封存趋势

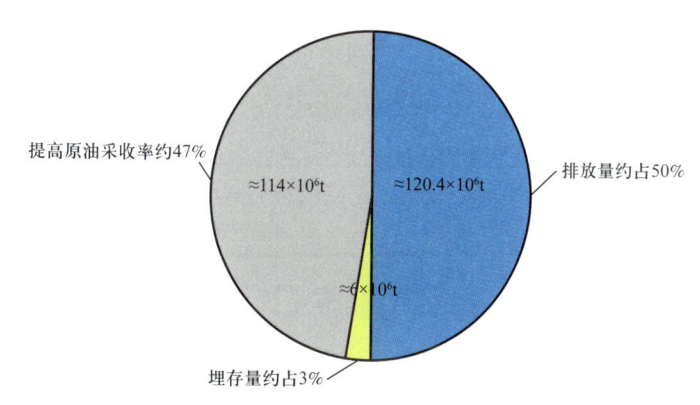

图 1-4　Shute Creek 项目 CO$_2$ 驱油与封存全周期 CO$_2$ 捕获情况

## 3. 中国

（1）华东—南化：2021 年 12 月，中国石化华东油气田华东液碳在中国石化南京化学工业有限公司（以下简称南化公司）的煤制氢尾气捕集项目正式投产运行，这标志着长三角地区首个 20×10$^4$t CO$_2$ 驱油与封存示范项目正式建成。该项目年回收 20×10$^4$t CO$_2$，全部用于油田驱油用气，助力油田企业常规油三次采油，进一步提高原油采收率，预计未来 5 年，可累计注入 CO$_2$ 100×10$^4$t，可实现增油 33×10$^4$t。

（2）胜利油田：齐鲁石化—胜利油田百万吨级 CCUS 项目是国内最大的碳捕集、利用与封存全产业链示范基地，国内首个百万吨级碳捕集、利用与封存项目，该项目于 2022 年 8 月 25 日正式注气运行，标志着我国 CO$_2$ 驱油与封存产业进入成熟的商业化运营阶段。在输送环节，齐鲁石化至胜利油田的 CO$_2$ 输送管道已于 2023 年 7 月正式投运，这条管道是我国首条百万吨输送规模、百公里输送距离、超临界压力下 CO$_2$ 密相输送管道。

（3）吉林油田：吉林油田历时 30 余年自主研发了 CO$_2$ 驱油与封存全产业链、全流程技术体系，建成了国内首个安全零排放，CO$_2$ 捕集、利用与封存全流程工业化应用科技示范工程（图 1-5）。2022 年，吉林油田 CO$_2$ 驱油与封存专项工程建设取得突破性进展，年

注入 $CO_2$ 能力达 $80×10^4t$，年产油能力达 $20×10^4t$。截至 2024 年 4 月 23 日，吉林油田的 $CO_2$ 驱油与封存专项工程已累计注入 $CO_2$ $330×10^4t$，提高原油采收率 25% 以上，相当于发现一个同等规模产量的新油田。

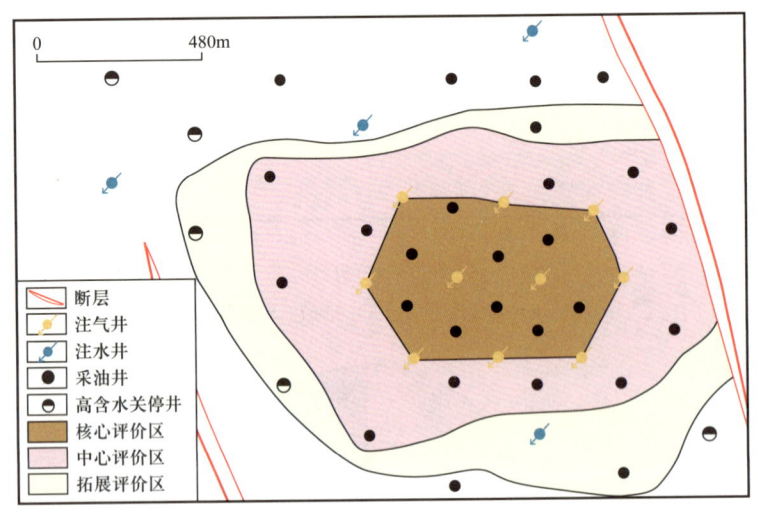

图 1-5　吉林油田黑 79 北区块小井距 $CO_2$ 混相驱井网示意图

# 第四节　苏北盆地复杂断块油藏 $CO_2$ 驱油与封存发展现状

苏北盆地油藏类型丰富，涵盖了低渗油藏、中高渗油藏、大倾角油藏以及极小断块油藏，区域内油藏地质情况复杂，开发难度大。华东油气田、江苏油田等单位地处苏北盆地，从 20 世纪 80 年代开始利用 $CO_2$ 驱油提高原油采收率，拉开了 $CO_2$ 利用的帷幕，2015 年开始捕集工业尾气中的 $CO_2$ 用于驱油的同时实现碳封存。经过四十年的实践，华东油气田先后在 17 个区块，不同类型油藏开展 $CO_2$ 驱/吞吐，形成了十种注气开发模式，建成全国首个 CCUS 调峰中心、江苏省首个 $CO_2$ 地质封存示范工程，年注入能力达到 $100×10^4t$。

## 一、地质概况

苏北盆地位于苏北—南黄海盆地的陆上部分，其南北以苏南隆起鲁苏古陆为界，西至郯庐断裂，东与南黄海盆地相接，它包括盐阜涟坳陷、建湖隆起和东台坳陷，面积约 $3.5×10^4km^2$。

1. 区域地质概况

该盆地内油气主要富集在高邮、金湖、溱潼和海安凹陷。盆地内发育三套古近系生油层系，它们分别是：泰二段 $Et^2$、阜二段 $Ef^2$、阜四段 $Ef^4$ 灰黑色泥岩。由此形成多套含油组合，在空间上常形成叠合连片的复式油气聚集带。油藏类型较多，滚动背斜、断鼻、断块构造油藏，亦有构造与砂岩上倾尖灭、火成岩裂隙体、生物灰岩体等复合的油气藏。

储盖组合为好的油气藏，如 $Es^1$、$Ed^1$、$Et$ 油藏大多为块状油藏，具有高丰度、高产能特点，是重要的油气富集组合。其次，阜宁组 $Ef^3$、$Ef^2$、$Ef^1$，以层状中低渗油藏为主。该盆地内油气主要富集在高邮、金湖、溱潼和海安凹陷，目前已发现50多个中小型油气田，单个油气田的探明储量小于 $2000×10^4t$，其中大于 $1000×10^4t$ 的油田1个（真武油田），绝大多数为超小型油田（$50×10^4$～$200×10^4t$）。规模较大的油气田主要分布在高邮、溱潼、金湖凹陷的断阶带上。油田（藏）的储层及含油性横向变化极大，且含油断块之间分割较强。不同油田（藏）的开发地质特征差异极大，以三垛组—戴南组为主的中高渗透油藏，边底水活跃，能量充足，初期产量高，但无水采油期短。阜宁组—泰州组以中低渗油藏为主，一般均为弹性—弱边水驱动，能量不足，自然产能低。近年来在苏北盆地页岩油勘探开发取得了新突破，四个凹陷均有丰富页岩油资源，是未来苏北盆地原油产量接替的主战场，也是 $CO_2$ 驱油与封存应用的主要潜力区。

华东油气田苏北盆地主要分布在溱潼凹陷、金湖凹陷、海安凹陷，油藏具有"小、碎、低、薄、深"的特点：单个油藏面积小于 $0.5km^2$ 的复杂—极复杂断块油藏占76.3%；油藏储量小于 $50×10^4t$ 的占86.1%；低丰度和特低丰度占比84.2%；低渗—特低渗和致密储量占比47.3%；油层厚度一般只有0.5～3m，占比59.0%；埋藏深度大于2000m的中深层占比74.0%。

1）溱潼凹陷

溱潼凹陷位于苏北新生代盆地东台坳陷中部，呈北东走向，长轴约70km，短轴约20km。凹陷东南部以北倾控凹同生断裂带与泰州凸起相接，西北部以缓坡渐向毗邻的吴堡—博镇低凸起及江都隆起过渡呈现曲形的南断北起、南深北浅的箕状凹陷。凹陷由南向北分为断阶、深凹、斜坡三带。该凹陷新生界发育。受同沉积断层活动影响，深凹部位新生界陆相河湖碎屑沉积厚达6000m，层序完整。凹陷古近系厚逾4000m，具有完整的成油气地质条件。生油层累计最大厚度1800m，主力生油层为阜宁组二段、四段和泰州组二段，次为戴南组一段。油气储层发育于泰州组一段，阜宁组一段、三段，戴南组一段、二段和三垛组一段。由仪征运动、吴堡运动、三垛运动形成的三个不整合面将新生界分为上、中、下三个构造层，在中、下构造层赋存各具特色的油气藏。

2）金湖凹陷

金湖凹陷位于苏北新生代盆地东台坳陷，呈北东、近东西走向，起自凹陷南西的旧铺，经泥沛、官塘、金南、石港、腰滩等，止于凹陷北东的黄浦，全长约78km，紧邻西部郯庐断裂。凹陷纵贯一条区域性断裂——石港断裂带，由北东走向各主断层以及与之斜交的一系列北东东走向的次级断层组成，多呈雁列式、羽状分布。断裂带分布一系列以断鼻和断块构造为主要类型的圈闭。主断层分为南北两盘，对凹陷沉积油气生成和运移及油气圈闭的形成诸方面起决定作用。受同沉积石港断裂活动影响，下盘深凹部位新生界陆相河湖碎屑沉积厚达4000m，层序完整。凹陷古近系厚逾300m，具有完整的成油气地质条件。生油层累计最大厚度600m，比上升盘相应层位厚度大得多。主力生油层为阜宁组二段、四段。油气储层主要发育于阜宁组一段、二段、三段（下部砂泥岩互层，上部近200m厚的灰黑色泥岩或泥灰岩）和戴南组一段（下部砂岩，上部约150m厚的灰黑色泥岩）。由三垛组运动、周庄运动、真武和吴堡运动形成的四个不整合面将新生界分为上、中、下三个构造层，油气主要富集在中、下构造层。

3）海安凹陷

苏北盆地为苏北—南黄海盆地陆上部分，其内部可划分为三个呈近东西向展布的二级构造单元，由南向北分别为东台坳陷、建湖隆起、盐阜坳陷。海安凹陷位于东台坳陷东南部，是一个晚白垩世发育起来的箕状断陷，北邻小海凸起，南接通扬隆起，西至梁垛低凸起、泰州凸起，东部向海区延伸与南黄海南部盆地相连，西北以北西向的鼻状隆起与溱潼凹陷相隔，面积约为3200km²。凹陷内发育中—新生界沉积，最大厚度约为5200m。根据断裂和地层发育特征，海安凹陷可划分为孙家洼次凹、丰北次凹、富安次凹、新街次凹、海北次凹、曲塘次凹和海中断隆七个次级构造单元。华东油气田登记区块位于海安凹陷南部，包括曲塘次凹和海北次凹。曲塘次凹北以泰县大断层与泰州低凸起相邻，呈北东向，次凹呈北深南浅、北断南超、北厚南薄特点，发育白垩系上统浦口组、赤山组，古近系泰州组、阜宁组、戴南组、三垛组，新近系盐城组及第四系东台组等地层，泰州组最大埋深可达5500m以上。海北次凹北以北凌大断层与新街次凹相邻，南以海安—南巷大断层与通扬隆起接壤，呈近东西向展布，次凹呈北深南浅、北断南超、北厚南薄特点，发育有浦口组、赤山组、泰州组、阜宁组、戴南组、三垛组、盐城组及东台组等地层。

2. 典型注气区块地质概况

2005年，草舍油田泰州组块状油藏开展了$CO_2$混相驱试验，2012年起陆续在张家垛油田阜三段大倾角油藏、草舍油田草中阜三段层状油藏等实施$CO_2$混相驱开发。以上区块均具有油藏埋深大、渗透率低、原始地层压力下能混相等特点。其主要地质特征如下：

1）草中区块

草舍断阶构造位于溱潼凹陷南部断阶带中段东端，分为南、中、北三个断块，阜三段油藏位于草中断块。草中断块为南部Ⅱ号断层（F2）与北部Ⅲ号断层（F3）夹持的自西向东抬升的断块构造，Ⅱ号断层为草南断块与草中断块的分界断层，Ⅱ号、Ⅲ号断层在草中断块东部交切。断块内部被7条北北东和近东西走向正断层切割形成5个小断块，分别为草中1断块、草中2断块、苏198断块、草中1-7断块和苏115断块，表现为东高西低、南高北低的构造格局（图1-6）。含油面积1.7km²，探明储量125.2×10⁴t。

纵向上划分为四个砂组，21个小层；各小层砂体横向分布稳定，厚度1.5~7.1m，油层单层厚度1~4.7m。含油层7个，主要集中在下砂组，主力小层为Ⅲ-1、Ⅲ-3、Ⅲ-5（图1-7）。阜三段属三角洲前缘亚相，Ⅲ油组发育中部和东部两条河道，两条河道之间以河口坝沉积为主，Ⅲ-3小层沉积微相以水下分流河道和河口坝为主，Ⅲ-2小层以河口坝和席状砂为主。

-18-

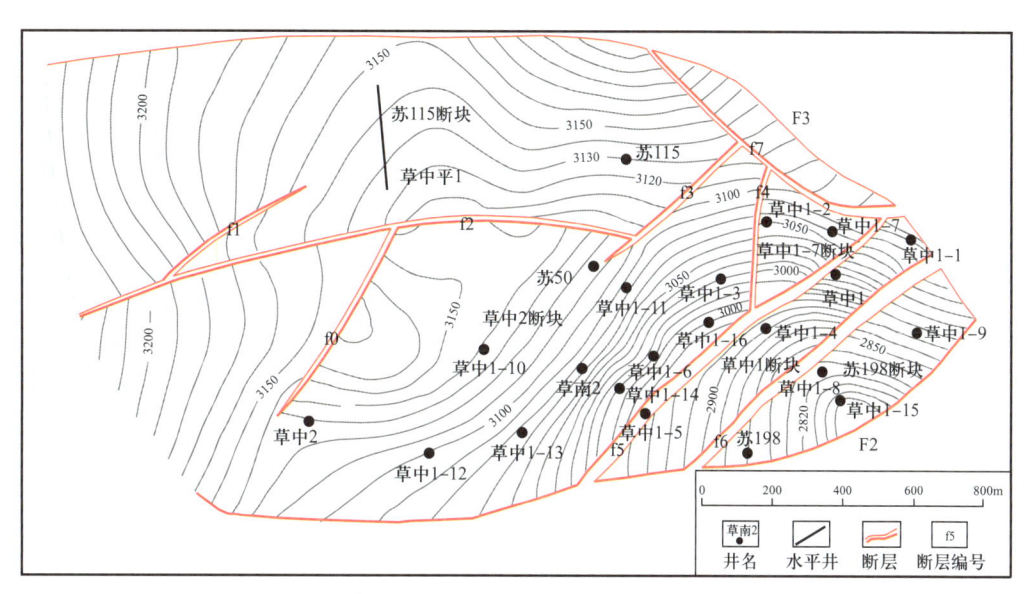

图 1-6 草中区块阜三段油藏顶面构造图（顶面构造等值线单位为 m）

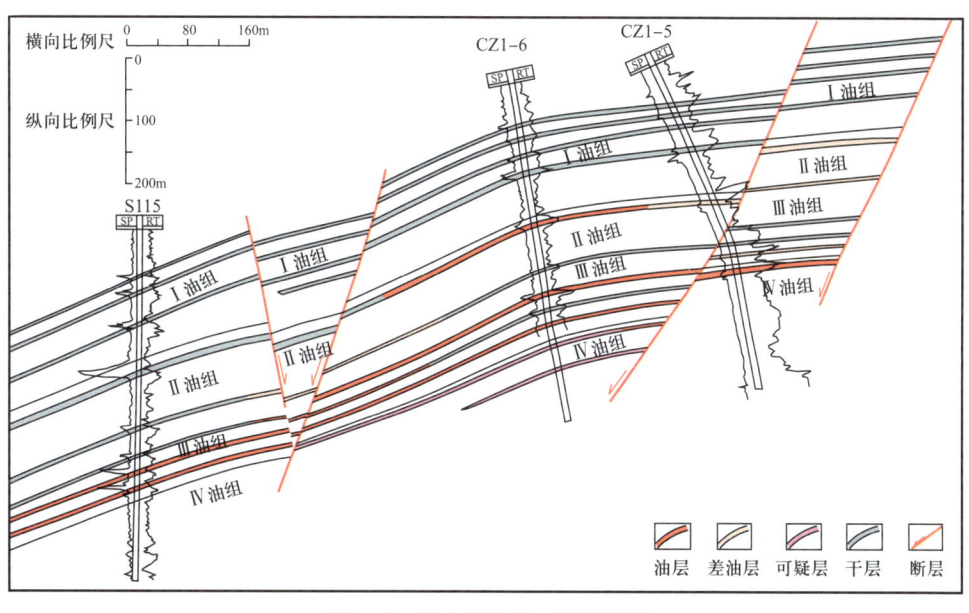

图 1-7 草中区块阜三段剖面图

阜三段岩性以细砂岩为主。成分以石英为主，含量为 60%～75%；长石含量为 20%～23%；岩屑含量为 6%～9%，分选好—中等，磨圆次棱角状—次圆形，以孔隙式胶结为主，杂基成分为高岭石、绿泥石，含量约为 10%。胶结物成分为方解石、白云石，少量硅质，含量为 20%～25%。储层各小层内非均质性较强，层间渗透率差异较大，平均孔隙度为 19%，平均渗透率为 30.95mD。阜三段样品具有弱水敏、弱盐敏、强速敏、中等偏强酸敏等特点。

阜三段原油具有高蜡、高凝固点、低硫等特征；属正常压力系统；油藏类型受构造、岩性双重控制，为层状弱边水油藏。

2）草南区块

草南断块构造为一被北东—北东东向 F1、F2 主断层夹持的高断阶构造，南部的 F1 号断层与泰州凸起相邻，北部的 F2 断层与中断块相接。F1、F2 断层与派生的北东东向断层横向切割南断块，形成南北、南中和南南三个北东东向延伸的次级断阶状断块（图 1-8），其中南中断块为主要开发对象，目前已完钻井主要分布在南中断块上，即通常所说的草南断块。

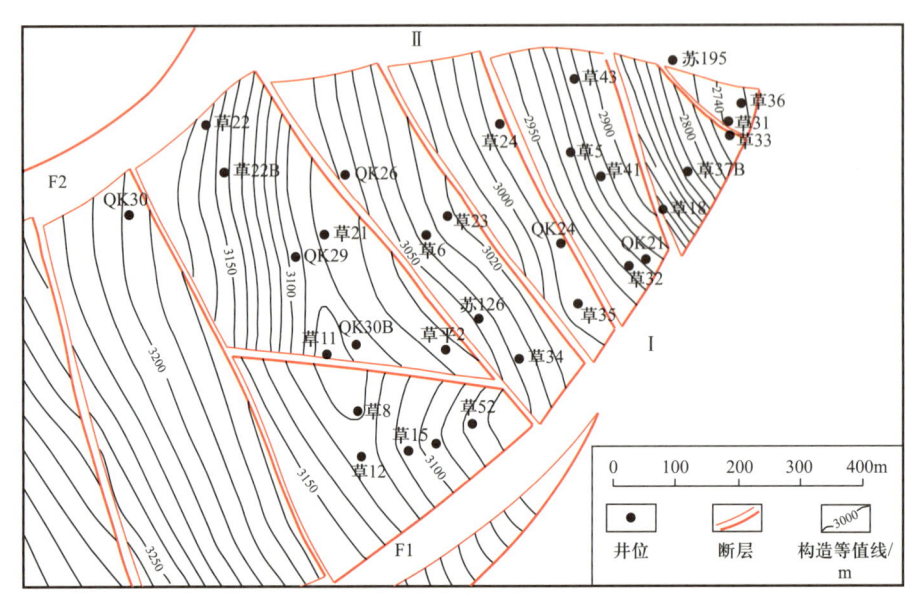

图 1-8　草南区块泰州组Ⅲ油组顶面构造图

南中断块（即草南断块）夹于 F1、F2 断层之间，面积大于 5km²，其内部被一组走向 NNW—N、倾向 SWW—W 的次级小断层切割成一组西低东高的阶梯状小断块，各断块地层倾向 W—SWW，地层倾角 10°～15°。目前探明的含油气断块为Ⅰ～Ⅴ断块（即南中Ⅰ～Ⅴ）。F1、F2 断层是草南断块成藏最重要的油气垂向运移通道和侧向封闭条件。F1 断层走向 NE—NNE，倾向 NW—NNW，倾角 35°～60°，是由泰州凸起内部的古生界—中生界内幕的一组断层组成，最靠北部的位置，落差大于 1500m，是草舍构造南部边界断层，也是溱潼凹陷最大的控盆同生断层，断层活动时间长，结束晚，断层延伸长度达上万米。F2 断层是控制草舍构造发育的最主要的一条二级断层，断层走向 NNE，倾向 NNW，倾角 30°～55°，最大断距超过 1000m。F2 在草舍构造东端分支成数条较小的断层，在草舍高断阶和中断阶间形成数个破碎的长条状断层夹片。F2 断层在草舍构造东部和深部与 F1 断层相交。

F3～F9 断层分布于南中断块（即草南断块）上，将南中断块切割为八个小断块。f3～f9 断层倾向 SWW—W，倾角 60°～70°，断距 20～100m。

阜一段自上而下划分为Ⅰ、Ⅱ、Ⅲ三个油组，下部Ⅲ油组和中部Ⅱ砂组底部为主要含油层段。厚度变化从 230m（QK30B 井）到 276m（草 13 井），一般厚度大于 240m。上部盖层段在草 15 井阜一段盖层完整厚度为 238m，其余井因断层断失，地层多不完整。

阜一段储层物性较差，储层类型主要为中—低孔、低渗—特低渗砂岩储层。孔隙度与渗透率两者呈正相关关系，相关系数0.84。

草舍油田泰州组储层在垂向上划分成Ⅰ、Ⅱ、Ⅲ三个油组，在此基础上，三个油组进一步细分成14个小层。Ⅱ油组、Ⅲ油组是泰州组的主力油层。Ⅱ油组油层主要分布在2～4小层，Ⅱ-2油层平均厚度13.7m，Ⅱ-3油层平均厚度7.2m，Ⅱ-4油层平均厚度10.9m；Ⅲ油组油层主要分布在2～5小层中，Ⅲ-2油层平均厚度8.5m，Ⅲ-3油层平均厚度7.2m，Ⅲ-4油层平均厚度8.9m，Ⅲ-5油层平均厚度6.4m（图1-9）。

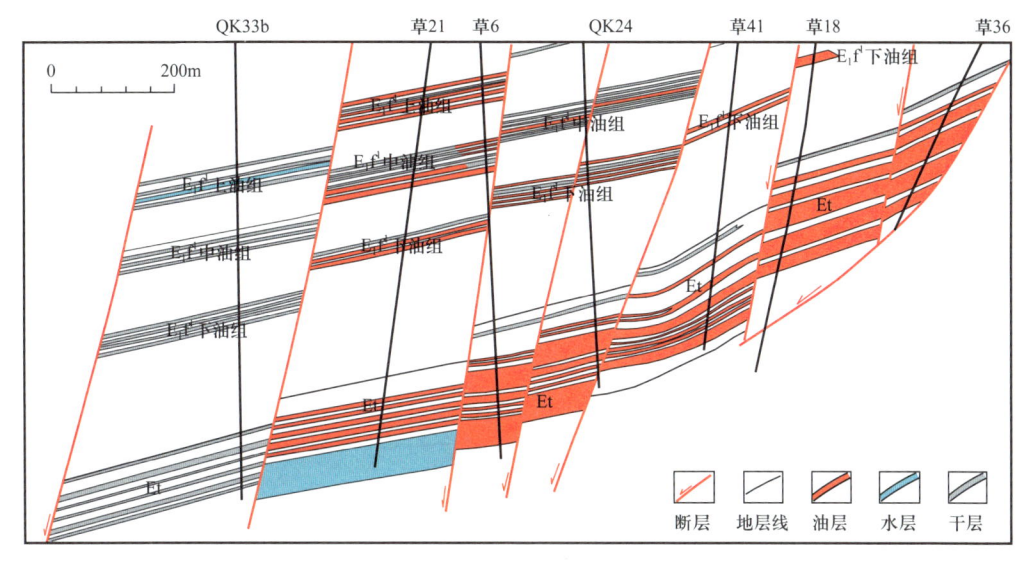

图1-9 草南区块泰州组油藏剖面图

泰州组岩心分析孔隙度6.3%～21.86%，平均值13.21%；渗透率0.22～342.4mD，平均值24.77mD。渗透率值平面变化较大，平均级差达10倍以上，渗透率变异系数为0.98。纵向上，泰州组Ⅱ油层组平均孔隙度普遍好于Ⅲ油组，渗透率呈相反变化趋势，级差可达2.02～14.11倍，变异系数为0.96～0.967，反映储层的纵向非均质性强。泰州组砂岩属于中孔、中低渗储层。

阜一段原油具有高蜡、高盐、高凝固点、低硫等特征，正常温度压力系统。

泰州组原油性质具有中等密度、黏度高、变化快、较低饱和度特征；正常温度压力；系统油藏类型受构造、岩性双重控制，属层状弱边水油藏。

草中阜一段油藏含油面积0.82km$^2$，石油地质储量126×10$^4$t，泰州组油藏含油面积0.7km$^2$，石油地质储量142×10$^4$t。

3）张家垛油田

张家垛油田位于海安凹陷曲塘次凹北部斜坡带，为一北部受张家垛断裂（F1）遮挡，构造轴向近南北，呈近东西向展布的大型断鼻构造。由其内部派生的次级小断层切割形成多个断块构造，由西向东呈阶梯式下掉形态，可划分为三个井区：张2井区、张1井区、张3井区。目前勘探发现油气赋存于阜宁组和戴南组砂岩储层中，阜三段构造地层西陡东缓，西部地层倾角40°～50°，东部25°～35°。主要含油区块为张3区块阜三段油藏，主要含油层段为Ⅲ砂组，阜三段Ⅲ砂组纵向上划分为四个含油小层（Ⅲ-1、Ⅲ-3、Ⅲ-4、Ⅲ-5）（图1-10），主力小层为Ⅲ-4小层。储层孔隙度平均值为18.2%，渗透率平均值为6.5mD，渗透率平均值为6.5mD，渗透率为1~5mD的占31.9%，大于5mD的占36%，属于中孔—低渗储层。黏土矿物含量60%左右，主要以伊/蒙混层为主。前期研究表明，阜三段储层总体表现为中等偏强水敏、强速敏、中等偏强碱敏、无酸敏到弱酸敏特征。

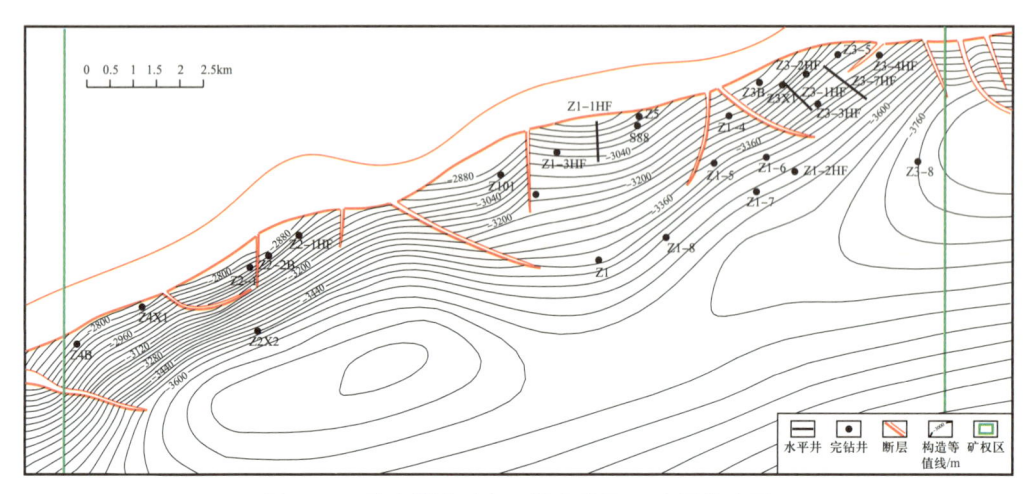

图1-10 张家垛油田阜三段油藏Ⅲ-1小层构造图

阜三段油藏Ⅲ砂组储层厚度分布不均。北东向砂体厚度较厚，向低部位的北西向有砂体分布但变薄、局部变厚；张3井区块低部位砂体厚度较大，厚度22~30m，油层分布在Ⅲ-1—Ⅲ-5小层。油层单层有效厚度1.6~4.5m，平均2.8m，为中—薄层（图1-11）。

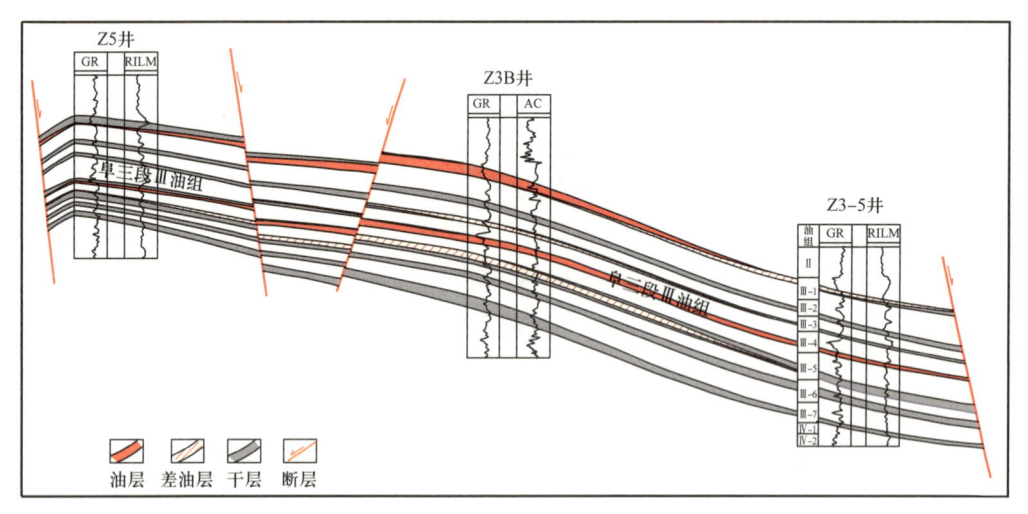

图1-11 张家垛油田阜三段油藏剖面图

张家垛油田阜三段油藏原油属于低—中含硫轻—中质油，正常温度压力系统，油藏类型为层状弱边水驱动的构造—岩性复合油藏。

## 二、开发历程

自 20 世纪 50 年代开始在苏北盆地勘探找油，70 年代初在东台坳陷戴南构造获得突破，从而揭开了苏北盆地勘探开发的序幕。1975 年，S59 井获得高产工业油流，由此进入油田开发阶段。

华东油气田苏北盆地大致可划分为以下三个开发阶段：依靠天然能量试采阶段、一次上产+注水开发及稳产阶段、二次上产阶段。随着页岩油产能大幅增长，未来可能进入以非常规油气为主导的增储上产开发阶段。

（1）天然能量试采阶段（1975—1990 年），勘探初期，苏 20 井日产油 14.5t，实现了苏北盆地勘探突破，阶段末动用地质储量 $112×10^4$t，可采储量 $36.8×10^4$t，采油井 20 口，注水井 1 口，年产油 $2.922×10^4$t，年产液 $9.13×10^4$t，年综合含水率 68%，累计产油 $44.71×10^4$t，采油速度 2.61%，采出程度 39.92%，苏北盆地无水采油期短，油井见水早，含水率上升快，导致自然递减率较高，阶段末自然递减率 26.34%。

（2）一次上产+注水开发及稳产阶段（1991—2009 年），储家楼、角墩子等构造油藏发现以及广山、台兴等油田细分层系注水开发，产量从 $5.1×10^4$t 逐年上升，最高年产油 $19.6×10^4$t，之后稳产在 $13×10^4$~$17×10^4$t，阶段末动用地质储量 $2046×10^4$t，可采储量 $480.3×10^4$t，采油井 228 口，注水井 51 口，年产油 $13.02×10^4$t，年产液 $75.57×10^4$t，年综合含水率 82.8%，累计产油 $314.51×10^4$t，采油速度 0.64%，采出程度 15.37%。

（3）二次上产阶段（2010 年至今），帅垛油田评建一体化规模上产，$CO_2$ 驱扩大应用以及南华、吉沟浅层岩性勘探开发突破，产量从 $13×10^4$t 逐年上升，最高年产油 $46.71×10^4$t，且最近 4 年均稳产在 $45×10^4$t 以上，自然递减率稳定在 10% 左右。阶段末（2022 年）动用地质储量 $6028.7×10^4$t，可采储量 $1141.46×10^4$t，采油井 624 口，注水井 149 口，年产油 $46.71×10^4$t，年产液 $139×10^4$t，年综合含水率 66.4%，累计产油 $766.9×10^4$t，采油速度 0.77%，采出程度 12.72%。注气井 71 口，开井 27 口，年注气量 $16.74×10^4$t，累计注气量 $127.3×10^4$t，见效总井数 64 口，持续见效井数 42 口，年增油 $2.68×10^4$t，累计增油 $29.97×10^4$t，阶段采收率提高 1.74 个百分点。

### 1. 草南区块开发现状

草南区块目前处于二次注气开发阶段，主要措施有转注气、水气交替、封堵重射。草南区块目前动用地质储量 $268×10^4$t，可采储量 $68.55×10^4$t，采油井开井 17 口，注气井井 2 口（图 1-12，图 1-13），日产液水平 68t，日产油水平 23t，综合含水率 66.6%（图 1-14），累计产油 $62.11×10^4$t，采油速度 0.31%，采出程度 23%。日注气 60t，累计注气 $31.35×10^4$t，累计增油 $12.76×10^4$t，累计换油率 0.41t 油/t $CO_2$。

二次注气阶段生产特征：注采井网调整后 2018—2019 年为明显见效期，2020 年后气窜严重，气水交替频繁，油井水淹严重，产量下降。位于主渗流通道的井压力高。V-2 区块因无注水（气）井，油井地层能量低。与早期对比，目前 I 区块油井压力均高于原始地层压力，北部靠断层 QK26—苏 198 井区的油井地层能量下降明显，南部靠断层 QK21-草 34 井区油井地层能量略有上升。

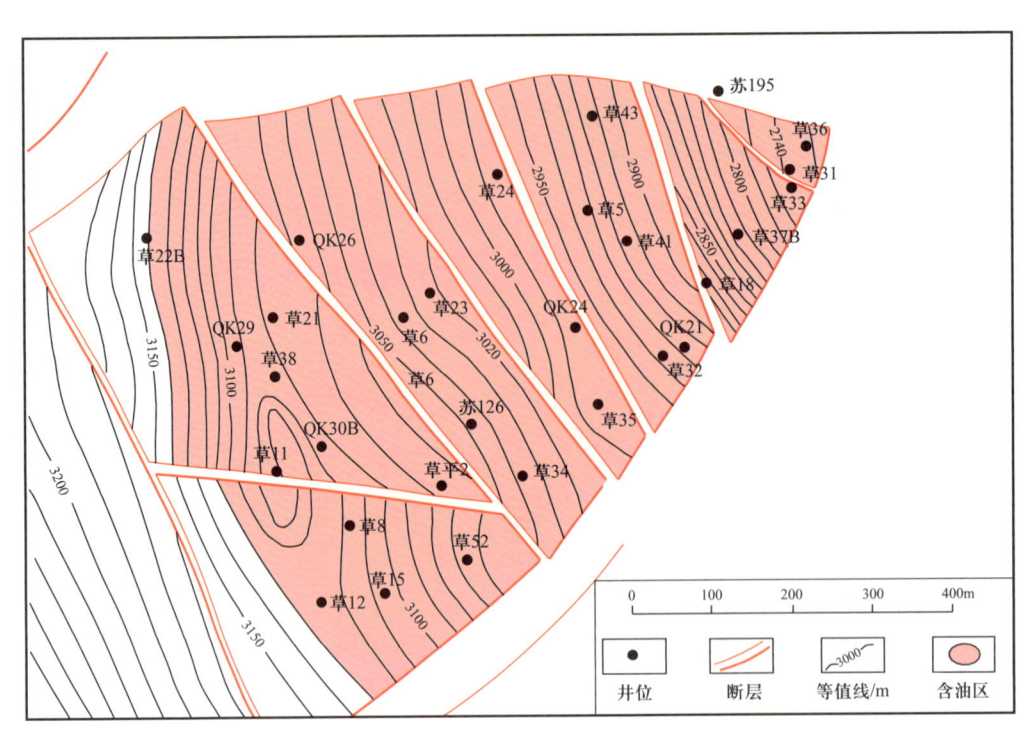

图 1-12 草舍油田南块泰州组油藏井网图

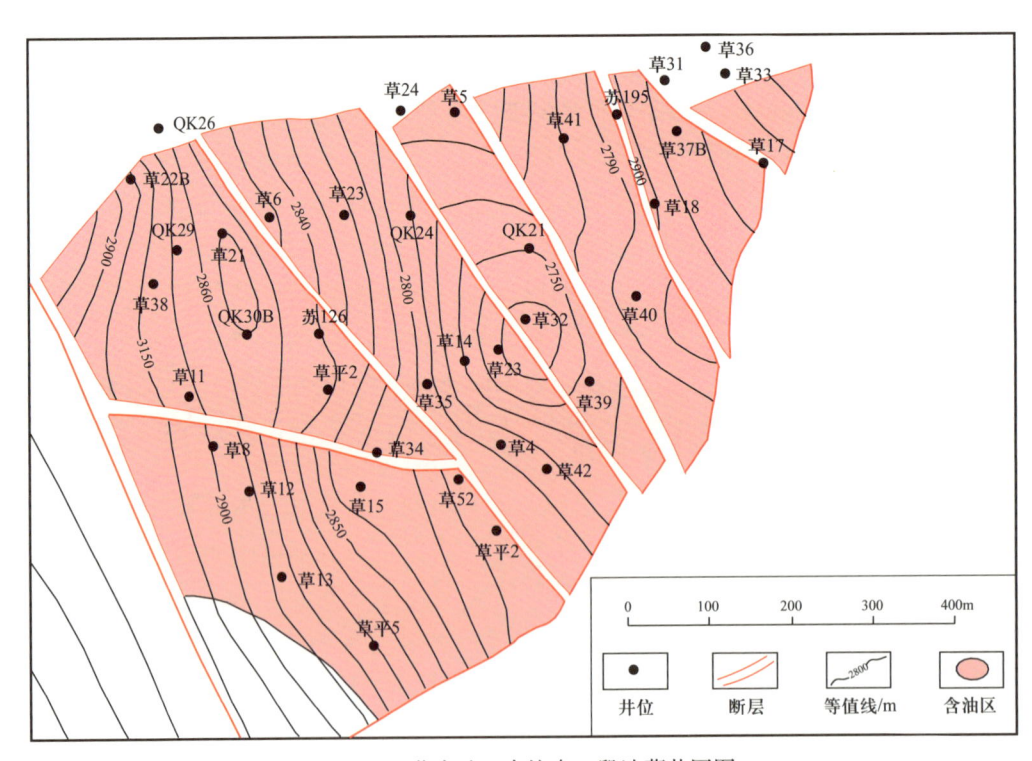

图 1-13 草舍油田南块阜一段油藏井网图

## 2. 草中区块开发现状

草中区块阜三段油藏动用地质储量 $125.2×10^4t$，可采储量 $14.77×10^4t$，目前处于低产稳产的开发初期阶段。目前注气井 5 口，开井 3 口，采油井 14 口（图 1-15），开井 9 口。单井日产油量 0.6~3.4t，区块日产油水平 14.8t，高产井主要集中在油藏中部，与高渗透率分布相关性较强（主要是Ⅲ-3 小层）。综合含水率 17%（图 1-16）。累计产油 $10.44 \times 10^4$t，采油速度 0.4%，采出程度 8.3%，累计注水 $0.61 \times 10^4 m^3$。阜三段油藏尚处于低产稳产的开发初期阶段。

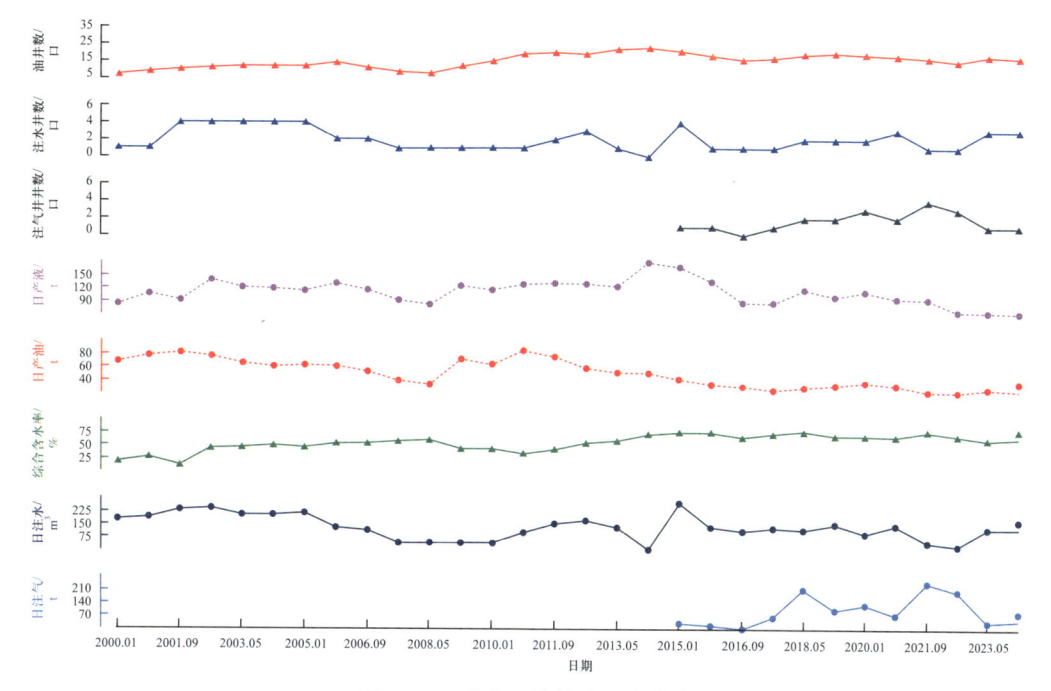

图 1-14 草南区块综合开发曲线

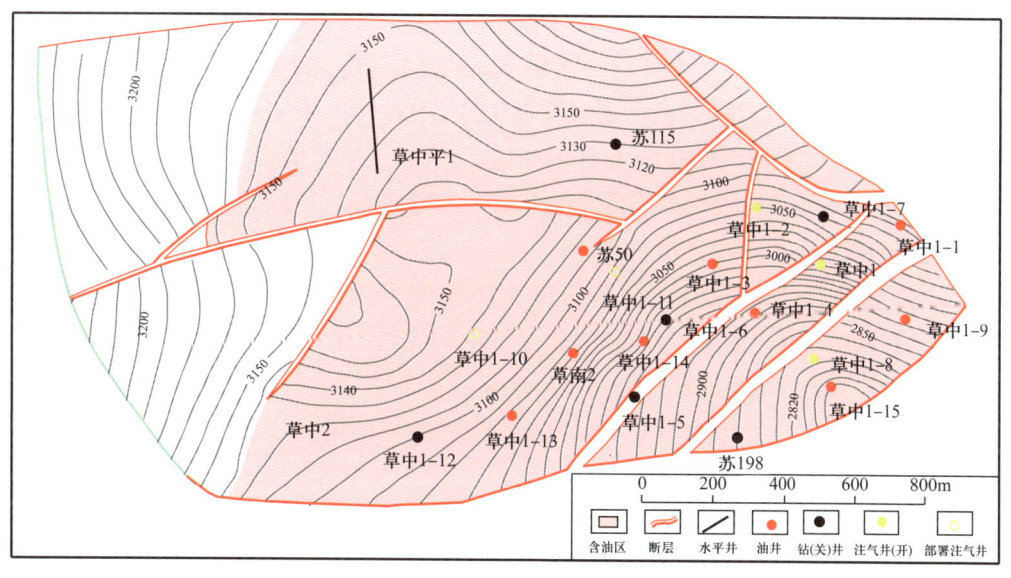

图 1-15 草中区块阜三段油藏井网图

- 25 -

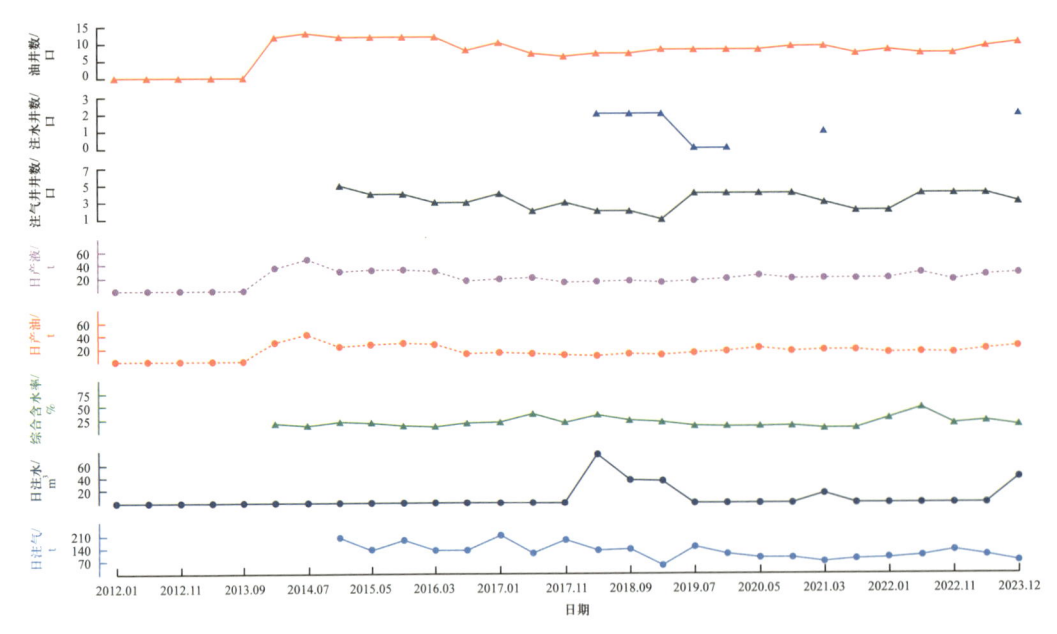

图 1-16　草中区块阜三段油藏综合开发曲线

草舍油田中断块阜三段油藏于 2013 年 7 月开始全面注气，半年后注气受效，单井日均增油 2.9t，受效高峰时区块日产油 39.4t，同期油井开始见气。截至 2022 年 12 月，累计注气 $25.7×10^4$t，累计增油 $5.1×10^4$t。累计产气 $3.35×10^4$t，注气封存率 86%。累计气油比 0.67，累计换油率 0.20t 油 /t $CO_2$。注气后采油井均不同程度见效，受效井单井日产油增加 0.5~4.06t。目前油藏含水率为 17%，说明注气对抑制油藏含水率上升起到了良好作用。

### 3. 张家垛油田开发现状

张家垛油田张 3 区块阜三段油藏目前动用地质储量 $121×10^4$t；可采储量 $18.43×10^4$t；采油井 9 口，开井 5 口；注气井 4 口，开井 4 口（图 1-17）。日产液水平 27t，日产油水平 19t，综合含水率 31%（图 1-18），累计产油 $12.1×10^4$t，采油速度 0.9%，采出程度 10%。日注气 40t，累计注气 $17.7×10^4$t，累计增油 $4.25×10^4$t，累计换油率 0.24t 油 /t $CO_2$。

油藏前期衰竭开发阶段地层能量急剧下降，2013 年注气后能量得到补充，张 1 区块、张 3 区块生产井均不同程度受效。

选取三口典型受效采油井分析可知，见效时间 4~8 个月，受效时长 14~18 个月。见效高峰期，增产倍比为 1.52。截至 2023 年底，累计增油 $6.35×10^4$t，累计产气 $1.8×10^4$t，注入气封存率为 87.7%。张 1 区块累计换油率为 0.55t 油 /t $CO_2$，张 3 区块累计换油率为 0.27t 油 /t $CO_2$，大倾角 $CO_2$ 气顶部驱获得良好效果。

## 三、$CO_2$ 驱油与封存发展现状

2023 年 7 月，中国 21 世纪议程管理中心、全球碳捕集与封存研究院、清华大学联合发布《中国碳捕集利用与封存年度报告（2023）》显示，中国理论地质 $CO_2$ 封存容量为 $1.21×10^{12}$~$4.13×10^{12}$t，主要封存场地包括咸水层、油气田等地质构造。从源汇分布情

况看，中国新疆、陕西、内蒙古等西北地区化石能源资源丰富，与塔里木盆地、鄂尔多斯盆地等陆上封存地匹配度较高。东北、华北和川渝地区碳源与渤海湾盆地、松辽盆地、四川盆地和苏北盆地等大中型沉积盆地空间匹配相对较好，其中苏北盆地深部咸水层封存潜力约 $4357\times10^8$ t。苏北盆地 $CO_2$ 来源主要包括化工尾气、电厂等烟道气以及钢铁水泥烟道气等，$CO_2$ 封存场地主要有 $CO_2$ 驱油驱油与封存、废弃油气藏以及咸水层等，具有优越的源汇匹配条件。

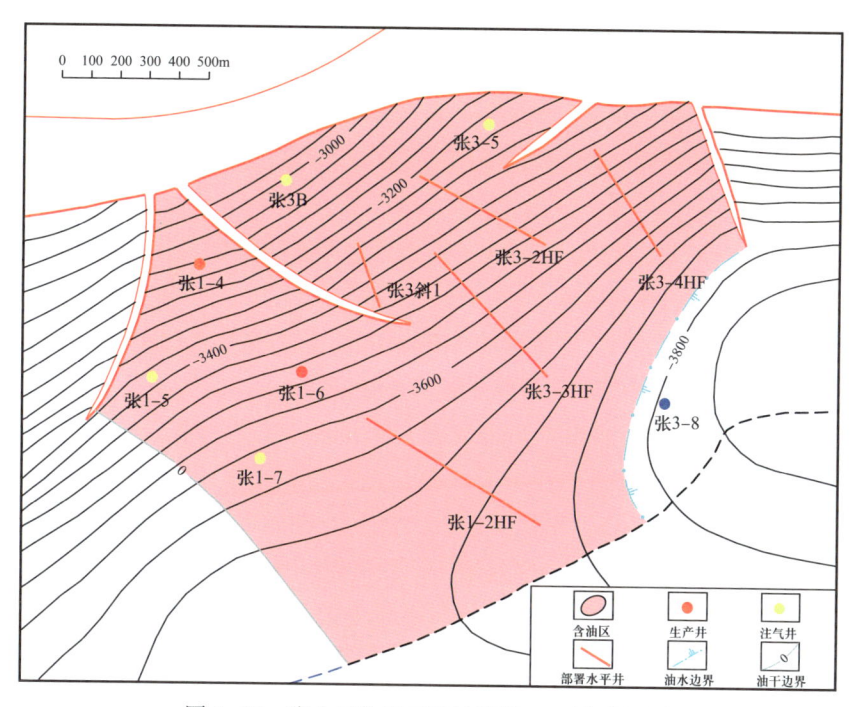

图 1-17　张 3 区块阜三段油藏Ⅲ-4 开发井网图

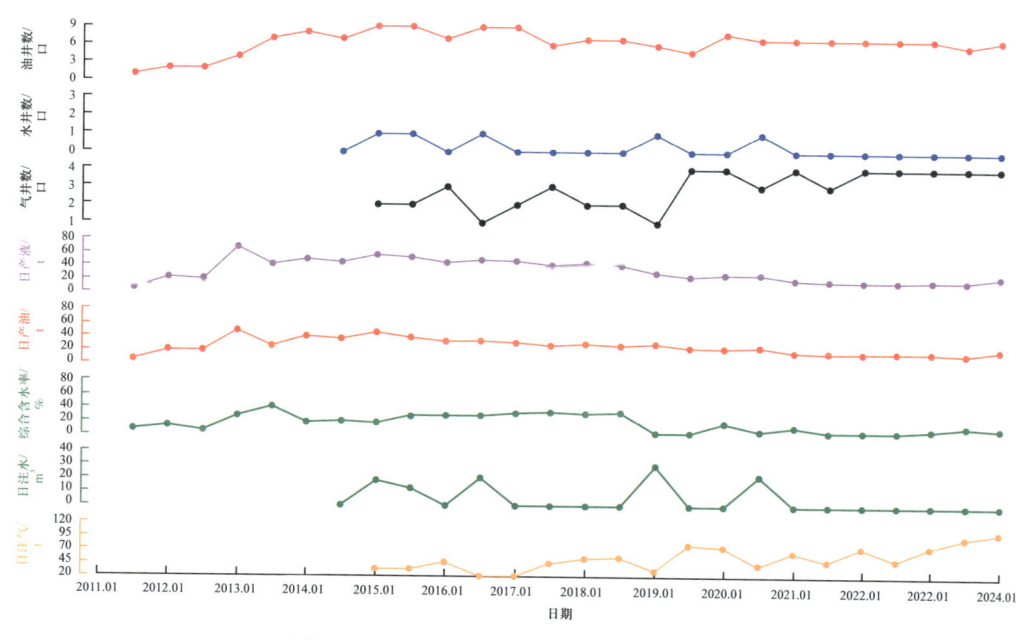

图 1-18　张 3 区块阜三段油藏综合开发曲线

- 27 -

虽然我国近年来$CO_2$驱油与封存技术发展水平已取得显著进展，但各环节发展并不均衡，距离大规模商业化应用还有很大差距。为更好地支撑"双碳"目标实现，促进$CO_2$驱油与封存技术发展，应着力探索构建面向碳中和目标的$CO_2$驱油与封存技术体系，加快推进关键技术研发和大规模集成示范；推动相关制度法规和标准体系的制定，引导形成各主体都能有效参与的商业模式；继续深化$CO_2$驱油与封存等绿色技术领域国际合作与交流，加强人才培养和能力建设。

苏北盆地在$CO_2$驱油方面拥有先天资源优势，1984年发现了黄桥$CO_2$气藏，为实施$CO_2$驱油提供了充分的气源保障，使得苏北盆地$CO_2$驱油事业迅速发展。1987年开始将$CO_2$应用于提高采收率驱油试验，1987—1998年在高含水、低渗、稠油三类油藏中开展了单井吞吐试验，累计注气4490t，累计增油$1.07\times10^4$t，换油率2.39t油/t $CO_2$，为推广应用积累了经验。

2000—2004年，对采出程度52.18%、综合含水率94.3%的储家楼油田开展了非混相驱试验，采用1注3采的开发井网，在顶部注入液态$CO_2$后，对应三口油井含水率下降、产油量上升，井组日增油8.7t，累计增油$1.76\times10^4$t，提高采收率2.9%。在此期间，江苏油田利用在富民油田发现的$CO_2$气源也开展了吞吐试验。

2005年，苏北盆地草舍油田泰州组油藏$CO_2$混相驱拉开帷幕，直至2013年底第一次$CO_2$驱结束，成为国内第一个经历了完整生命周期的$CO_2$驱项目，此阶段累计注气$18\times10^4$t，累计增油$6.87\times10^4$t，积累了宝贵的经验。在此期间，江苏油田在富民油田富14断块也开展了$CO_2$驱，取得了较好效果，但受气源问题影响很快终止。

2015年起，中国石化华东油气田开始与南化公司合作，回收工业尾气中的$CO_2$作为驱油原料气，使得苏北$CO_2$驱油真正成为CCUS一环。2022年底，在SD1井成功实施了国内首个万吨级页岩油井$CO_2$吞吐试验，标志着苏北地区$CO_2$驱油在页岩油开发领域取得成功。

截至2023年12月，华东油气田已有17个单元进行了$CO_2$驱开发，覆盖了特低渗、低渗、中高渗、稠油油藏，油藏类型较为多样，动用地质储量$2056.38\times10^4$t，驱替类型涵盖了混相驱、近混相驱、非混相驱、重力稳定驱等，累计注气$128.81\times10^4$t，累计增油$29.97\times10^4$t，换油率0.23t油/t $CO_2$，存碳率85.6%。累计进行了65井次$CO_2$吞吐，累计注入$CO_2$ $4.03\times10^4$t，累计增油$2.44\times10^4$t，换油率0.61t油/t $CO_2$。江苏油田累计投入注$CO_2$单元27个，覆盖储量$1774\times10^4$t，累计注入$CO_2$ $36.3\times10^4$t，累计增油$10.9\times10^4$t。

### 参考文献

蔡博峰，李琦，林千果，等，2020.中国$CO_2$捕集、利用与封存（CCUS）报告（2019）[R].北京：生态环境部环境规划院气候变化与环境政策研究中心.

陈秀林，王秀宇，许昌民，等，2023.基于核磁共振与微观数值模拟的$CO_2$封存形态及分布特征研究[J].油气藏评价与开发，13（3）：296-304.

窦立荣，孙龙德，吕伟峰，等，2023.全球$CO_2$捕集、利用与封存产业发展趋势及中国面临的挑战与对策[J].石油勘探与开发，50（5）：1083-1096.

郭平，李雪弘，孙振，等，2019.低渗气藏$CO_2$驱与封存的数值模拟[J].科学技术与工程，19（23）：

68−76.

郭永伟, 闫方平, 王晶, 等, 2021. 致密砂岩油藏$CO_2$驱固相沉积规律及其储层伤害特征［J］. 岩性油气藏, 33（3）: 153−161.

郝永卯, 陈月明, 于会利, 2005. $CO_2$驱最小混相压力的测定与预测［J］. 油气地质与采收率,（6）: 64−66, 87.

郝永卯, 任韶然, 王瑞和, 2006. $CO_2$提高气藏采收率与地质埋存研究［C］// 复杂气藏开发技术研讨会, 重庆.

胡珊, 吴晓敏, 宋阳, 等, 2012. $CO_2$深盐水层封存传质数值模拟［J］. 化工学报, 63（S1）: 59−63.

姜凯, 李治平, 窦宏恩, 等, 2016. 沁水盆地$CO_2$封存潜力评价模型［J］. 特种油气藏, 23（2）: 112−114+156.

李阳, 黄文欢, 金勇, 等, 2021. 双碳愿景下中国石化不同油藏类型$CO_2$驱提高采收率技术发展与应用［J］. 油气藏评价与开发, 11（6）: 790, 793−804.

刘学利, 郭平, 靳佩, 等, 2011. TH油田碳酸盐岩缝洞型油藏注$CO_2$可行性研究［J］. 钻采工艺, 34（4）: 41−44.

刘忠运, 李莉娜, 2009. $CO_2$驱油机理及应用现状［J］. 节能与环保,（10）: 36−38.

柳玉昕, 2018. $CO_2$封存对储层及盖层的影响研究［D］. 大庆: 东北石油大学.

乔红军, 任晓娟, 闫凤平, 等, 2013. 低渗透储层水气交替注入方式室内试验研究［J］. 石油天然气学报, 35（7）: 114−117.

秦积舜, 韩海水, 刘晓蕾, 2015. 美国$CO_2$驱油技术应用及启示［J］. 石油勘探与开发, 42（2）: 209−216.

秦积舜, 李永亮, 吴德彬, 等, 2020. CCUS全球进展与中国对策建议［J］. 油气地质与采收率, 27（1）: 20−28.

沈平平, 廖新维, 刘庆杰, 2009. $CO_2$在油藏中封存量计算方法［J］. 石油勘探与开发, 36（2）: 216−220.

史博会, 王靖怡, 廖清云, 等, 2021. 多法联用$CO_2$捕集提纯工艺模拟［J］. 天然气工业, 41（5）: 110−120.

宋新民, 王峰, 马德胜, 等, 2023. 中国石油$CO_2$捕集、驱油与封存技术进展及展望［J］. 石油勘探与开发, 50（1）: 206−218.

孙瑞峰, 2010. 俄罗斯油田注气法应用及分类［J］. 国外油田工程, 26（8）: 1−4.

汤勇, 张超, 杜志敏, 等, 2015. $CO_2$驱提高气藏采收率及封存实验［J］. 油气藏评价与开发, 5（5）: 34−40, 49.

王喜平, 郝少媛, 2020. 碳交易机制下供应链CCS投资时机研究［J/OL］. 管理工程学报: 1−7.

温嵒, 韩伟, 车春霞, 等, 2022. 燃烧后$CO_2$捕集技术与应用进展［J］. 精细化工, 39（8）: 1584−1595, 1632.

谢辉, 2021. $CO_2$捕集技术应用现状及研究进展［J］. 化肥设计, 59（6）: 1−9.

谢尚贤, 韩培慧, 钱昱, 1997. 大庆油田萨南东部过渡带注$CO_2$驱油先导性矿场试验研究［J］. 油气采收率技术,（3）: 4, 20−26, 48.

杨文洁, 2020. 碳捕获使用与封存（CCUS）技术路径的成本分析研究［D］. 天津: 天津科技大学.

袁士义, 马德胜, 李军诗, 等, 2022. $CO_2$捕集、驱油与封存产业化进展及前景展望［J］. 石油勘探与开发, 49（4）: 828−834.

张本艳, 周立娟, 何学文, 等, 2018. 鄂尔多斯盆地渭北油田长3储层注$CO_2$室内研究［J］. 石油地质与工程, 32（3）: 87−90, 125.

张海龙, 2020. $CO_2$混相驱提高石油采收率实践与认识［J］. 大庆石油地质与开发, 39（2）: 114−119.

张宗檩，吕广忠，王杰，2021.胜利油田CCUS技术及应用［J］.油气藏评价与开发，11（6）：812-822+790.

赵腾，2017.缝洞型碳酸盐岩油藏气驱注入方式实验研究［D］.北京：中国石油大学（北京）.

周蒂，李鹏春，张翠梅，2015.离岸$CO_2$驱油的国际进展及我国近海潜力初步分析［J］.南方能源建设，2（3）：1-9.

朱桂良，刘中春，宋传真，等,2019.缝洞型油藏不同注入气体最小混相压力计算方法［J］.特种油气藏，26（2）：132-135.

Algharaib M，2010. Application potential of carbon dioxide flooding for improving oil recovery in Middle-East region［J］. Journal of World Petroleum Industry，26（8）：59-63.

Baik W，Yun R，2019. In-tube condensation heat transfer characteristics of $CO_2$ with $N_2$ at near critical pressure［J］. International Journal of Heat and Mass Transfer，144：118628.

Chaback J J，Williams M L，1994. p-x behavior of a rich-gas condensate in admixture with $CO_2$ and ($N_2$+$CO_2$)［J］. SPE Reservoir Engineering，9（1）：44-50.

Chan G，Chan M，Lee A，et al，2014. Expert elicitation of cost，performance. and RD&D budgets for coal power with CCS［J］. Energy Procedia，（4）：2685-2692.

Cole S，Itani S，2012. The Alberta Carbon Trunk Line and the Benefits of $CO_2$［C］//International Conference on Greenhouse Gas Technologies（GHGT），Kyoto.

Cui X，Yan Y，Ma Y，et al，2016. Localization of $CO_2$ leakage from transportation pipelines through low frequency acoustic emission detection［J］. Sensors and actuators A：Physical，237：107-118.

Dame K，van To M，Faaij A，et al，2007. Compare of electricity and hydrogen production systems with $CO_2$ capture and storage-Part B：Chain analysis of promising CCS options［J］. Progress in Energy and Combustion Science，33（6）：580-609.

Damen K，Faaij A，Turkenburg W，2006. Health，safety and environmental risks of underground $CO_2$ storage-Overview of mechanisms and current knowledge［J］. Climatic Change，74（1-3）：289-318.

Der Victor K，2009. Carbon capture and storage：An option for helping to met growing global energy demand while countering climate change［J］. University of Richmond Law Review，44：937.

Fox M J，Simlote V N，Beaty W G，1984. Evaluation of $CO_2$ flood performance，Spring "A" sand NEPurdy Unit，Garnin County，OK//SPE International Petroleum Technology Conference，Tulsa.

Gale J，2004. Geological storage of $CO_2$：What do we know，where are the gaps and what more needs to be done［J］. Energy，29（9-10）：1329-1338.

Global CCS Institute，2022. Global status of CCS 2021［R］. Melbourne：Global CCS Institute.

Hadi Mosleh M，Sedighi M，Vardon P J，et al，2017. Efficiency of carbon dioxide storage and enhanced methane recovery in a high rank coal［J］. Energy & Fuels，31（12）：13892-13900.

Hammond G P，Akwe S S O，Willams S，et al，2011. Techno-economic appraisal of fossil-fuelled power generation systems with carbon dioxide capture and storage［J］. Energy，36（2）：975-984.

Hasan M M F，First E L，Boukouvala F，et al，2014. A novel Framework for Carbon Capture. Utilization，and Sequestration，CCUS［M］. Princeton：Department of Chemical and Biological Engineering.

Heddle G，Herzog H，KIett M，2003. The economics of $CO_2$ storage［R］. MA：Massachusetts Institute of Technology.

Hovorka S D，2013. CCUS via stacked storage case studies from $CO_2$-EOR basins of the United States［J］. Energy Procedia，37：5166-5171.

IEA，2020. $CO_2$ tax on offshore oil and gas［EB/OL］. Paris：IEA.

IEEFA Estimates，2021. ExxonMobil Energy and Carbon Summary Reports［R］. Texas.

IEEFA Estimates, 2021. ExxonMobil Energy and Carbon Summary Reports [R]. Irving: IEEFA.

Kamali F, Hussain F, Cinar Y, 2017. An experimental and numerical analysis of water-alternating-gas and simultaneous-water-and-gas displacements for carbon dioxide enhanced oil recovery and storage [J]. SPE Journal, 22 (2): 521-538.

Klins M A, 1984. Carbon Dioxide Flooding: Basic Mechanism and Project Design [M]. Boston: IHRDC Press.

Kumar N, Sampaio M A, Ojha K, et al, 2022. Fundamental aspects, mechanisms and emerging possibilities of $CO_2$ miscible flooding in enhanced oil recovery: A review [J]. Fuel, 330: 125633.

LEENA Koottungal, 2014, 2014 worldwide EOR survey [J]. Oil & Gas Journal, 112 (4): 79-91.

Li Z, Dong M Z, Li S L, et al, 2006. sequestration in depleted oil and gas reservoirs-cap rock characterization and storage [J]. Energy Conversion and Management, (47): 1372-1382.

McCoy S T, Rubin E S, 2009. The effect of high oil price on EOR project economics [J]. Energy Procedia, 1 (1): 4143-4150.

Middleton R S, Yaw S, 2018. The cost of getting CCS wrong: Uncertainty, infrastructure design, and stranded $CO_2$ [J]. International Journal of Greenhouse Gas Control, (70): 1-11.

Mwakipunda G C, Ngata M R, Mgimba M M, et al, 2023. Carbon dioxide sequestration in low porosity and permeability deep saline aquifer: Numerical simulation method [J]. Journal of Energy Resources Technology, 145 (7): 073401.

Oldenburg C M, Benson S M, 2002. $CO_2$ injection for enhanced gas production and carbon sequestration [C] //SPE International Oil Conference and Exhibition in Mexico, Villahermosa.

Peletiri S P, Mujtaba I M, Rahmanian N, 2019. Process simulation of impurity impacts on $CO_2$ fluids flowing in pipelines [J]. Journal of Cleaner Production, 240: 118145.

Radaev A V, Batrakov N R, Muhamadiev A A, et al, 2009. Effect of thermobaric conditions in a uniform bed on the displacement of low-viscosity oil by supercritical carbon dioxide [J]. Russian Journal of Physical Chemistry B, 3: 1134-1139.

Syah R, Alizadeh S M, Nurgalieva K S, et al, 2021. A laboratory approach to measure enhanced gas recovery from a tight gas reservoir during supercritical carbon dioxide injection [J]. Sustainability, 13 (21): 11606.

Vikara D, Wendt A, Grant T, et al, 2019. $CO_2$ leakage during EOR operations: Analog studies to geologic storage of $CO_2$: DOE/NETL2017/1865 [R]. Washington D C: U.S. Department of Energy.

Whorton L P, Brownscombe E R, Dyes A B, 1952. Method for producing oil by means of carbon dioxide: US Patent 2623596 [P].

Yao X, Zhong P, Zhang X, et al, 2018. Business model design for the carbon capture utilization and storage (CCUS) project in China [J]. Energy Policy, 121: 519-533.

Zhou X, Li K, Tu R, et al, 2016. A modelling study of the multiphase leakage flow from pressurised $CO_2$ pipeline [J]. Journal of Hazardous Materials, 306: 286-294.

# 第二章 复杂断块油藏 $CO_2$ 驱油与封存提高采收率机理

苏北复杂断块油藏主要包括低渗油藏、中高渗油藏、大倾角油藏、极小断块油藏以及页岩油藏。不同类型油藏 $CO_2$ 驱油过程中，$CO_2$ 驱选区适应性、$CO_2$ 驱主要机理、$CO_2$ 驱油藏工程技术方法、$CO_2$ 驱开发技术政策等表现不同。通过对这些内容进行探讨，可以更好地理解复杂断块油藏 $CO_2$ 驱提高采收率技术。

## 第一节 低渗油藏 $CO_2$ 混相驱提高采收率机理

以草舍油田泰州组低渗油藏为例，开展油藏 PVT 相态、注 $CO_2$ 后原油物性变化、注 $CO_2$ 多次接触混相机理以及混相驱二维驱替特征研究。在 $CO_2$ 驱油效果主要取决于注入的 $CO_2$ 与原油之间的混相程度。对于草舍油田泰州组油藏，在原始油藏温度压力条件下，$CO_2$ 和地层原油不能达到一次接触混相，注入的 $CO_2$ 气体与原油多次接触后，通过持续不断地互溶（抽提和溶解）逐步实现组分交换，最终达到混相的状态。

### 一、注 $CO_2$ 相态特征

草舍油田 S195 井井流物组分组成见表 2-1。对泰州组油藏，$CO_2$ 驱油机理主要包括：溶解气驱，增溶膨胀、降低黏度和降界面张力驱，凝析及汽化抽提气驱，多次接触动力混相驱。基于五组不同 $CO_2$ 注入摩尔浓度下的饱和压力、膨胀系数和黏度等高压物性测定，得到不同 $CO_2$ 摩尔浓度下的饱和压力、$CO_2$ 膨胀系数、流体黏度等一系列数据。膨胀试验在地层温度下进行，共注气 15 次，直到 $CO_2$ 在原油中的摩尔分数达到约 86% 时停止实验。

表 2-1 草舍油田 S195 井井流物组分组成

| 组分 | 摩尔分数 /% | 质量分数 /% | 组分 | 摩尔分数 /% | 质量分数 /% |
|---|---|---|---|---|---|
| $CO_2$ | 0.10 | 0.02 | $nC_4$ | 1.92 | 0.64 |
| $N_2$ | 2.62 | 0.42 | $iC_5$ | 0.69 | 0.29 |
| $C_1$ | 16.46 | 1.51 | $nC_5$ | 1.88 | 0.78 |
| $C_2$ | 4.29 | 0.74 | $C_6$ | 2.99 | 1.44 |
| $C_3$ | 3.24 | 0.82 | $C_{7+}$ | 65.32 | 93.18 |
| $iC_4$ | 0.49 | 0.16 | | | |

注：$C_{7+}$ 性质为相对密度 =0.8437，相对分子量 =230。

1. 不同 $CO_2$ 注入量对地层原油饱和压力的影响

注入 $CO_2$ 后，泡点压力上升幅度逐渐增大，但总体增幅较小（图 2-1）。当注入量达到 70%（摩尔分数）时，原油的泡点压力上升至 30MPa，表明地层原油 $CO_2$ 增溶能力强，互溶配伍性比较理想，但一次接触混相的压力较高，一次接触混相的褶点为 68MPa 左右。

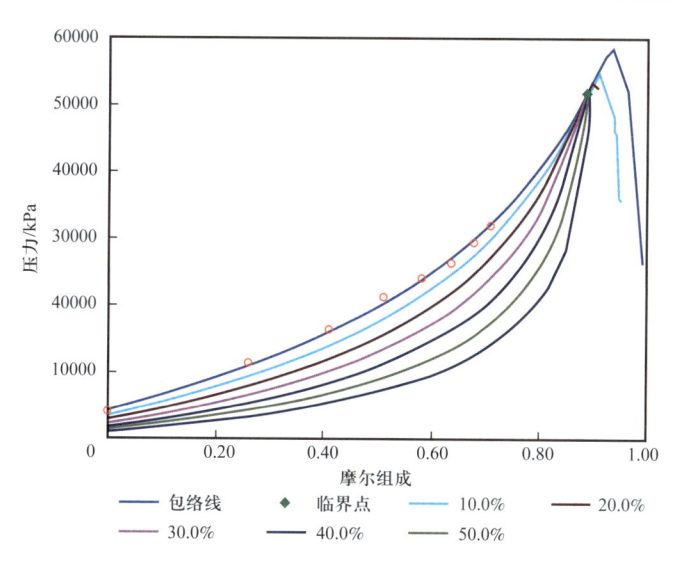

图 2-1　草舍油田 $CO_2$ 注入量—饱和压力相图
图例中的 10.0%、20.0%、30.0%、40.0%、50.0% 为液相体积分数

2. 不同 $CO_2$ 注入量对地层原油增溶膨胀的影响

注入 $CO_2$ 后，原油膨胀系数增大，注入 $CO_2$ 有利于增溶膨胀驱油（图 2-2）。

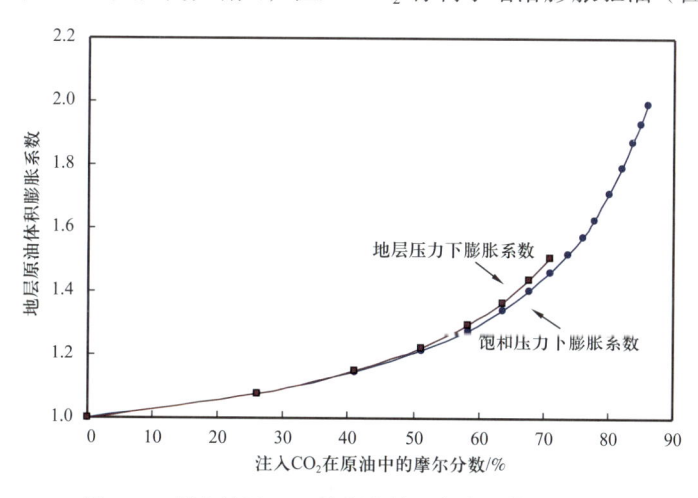

图 2-2　草舍油田 $CO_2$ 体积含量—膨胀系数关系曲线

3. 注入 $CO_2$ 后流体黏度分析

当注入 $CO_2$ 使原油在地层压力 32MPa 下达到饱和时，地层原油黏度由 7.02mPa·s 下降到 1.35mPa·s，降低了 80.77%，说明注入 $CO_2$ 对地层原油有很好的减黏效果，能够有效改善原油的流度，有利于提高驱油效率（图 2-3、图 2-4）。

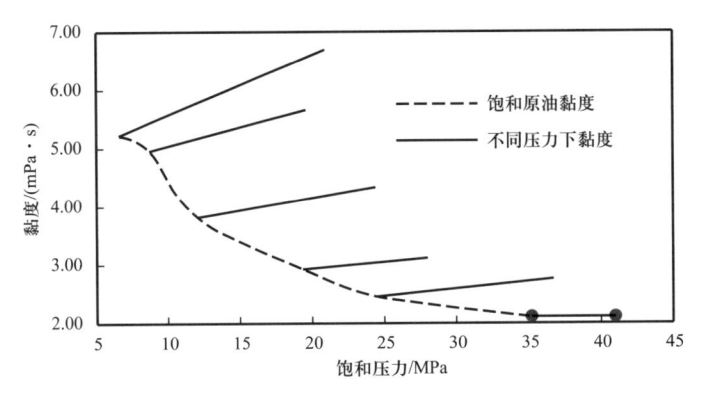

图 2-3　草舍原油注 $CO_2$ 后黏度与饱和压力关系图

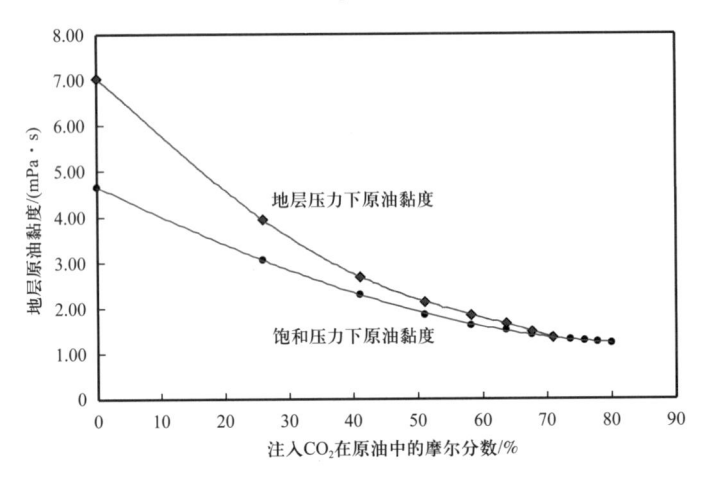

图 2-4　地层原油黏度与 $CO_2$ 注入量的关系曲线（110℃）

4. 不同 $CO_2$ 注入量对原油密度的影响

注入 $CO_2$ 后，随着原油中溶解的 $CO_2$ 增加，地层压力下的原油密度呈逐渐减小的趋势，但减小的幅度不大；随着 $CO_2$ 注入量的增加，饱和压力下的原油密度开始略微减小，然后随着 $CO_2$ 注入量的增加而逐渐增大（图 2-5）。但在 $CO_2$ 达到混相所需的注入量范围内原油密度整体呈降低趋势。

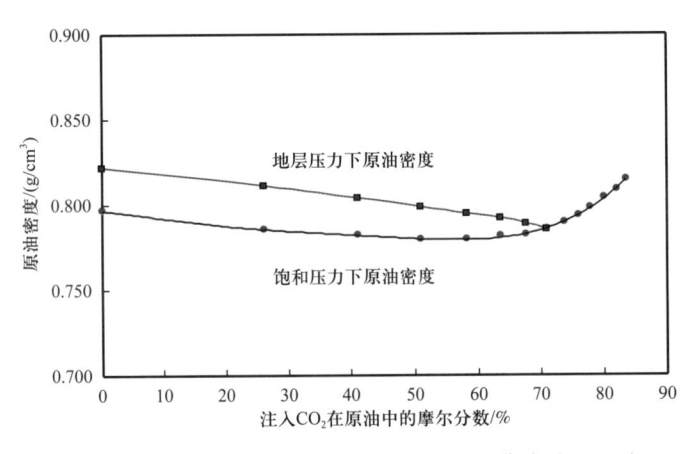

图 2-5　地层原油密度与 $CO_2$ 注入量的关系曲线（110℃）

## 二、注 $CO_2$ 多次接触混相机理

### 1. 多次接触混相过程

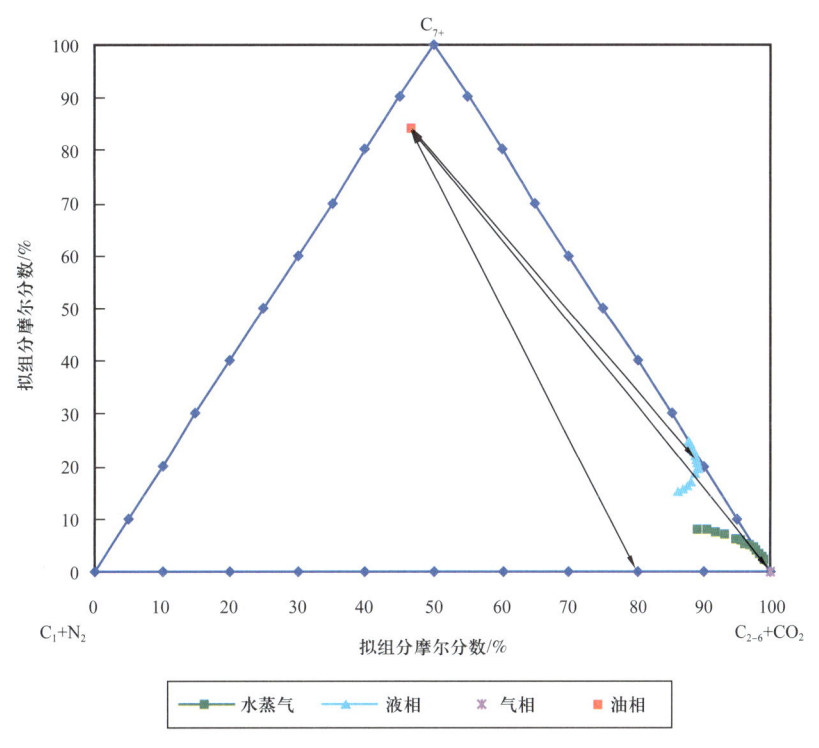

在地层流体 PVT 相态实验和注气膨胀实验拟合的基础上，通过注气相态模拟计算，研究了地层流体在地层温度 110℃ 和 32MPa 条件下的注 $CO_2$ 气拟三元相图（图 2-6）。地层流体通过注 $CO_2$ 不断抽提地层油的中间组分，被富化的 $CO_2$ 混合气继续与地层油接触，最后形成富含中间烃的 $CO_2$ 气与地层油达到多级接触混相。结果显示，$CO_2$ 与地层原油在 32MPa 条件下通过多级接触达到混相。因此，可以说相平衡严格意义上的混相压力是 32MPa。

图 2-6  32MPa 条件下地层油注 $CO_2$ 气拟三元相图（110℃）

### 2. 最小混相压力

当驱替压力小于 29.34MPa 时，为非混相或部分混相驱替，采收率较低；当驱替压力大于 29.34MPa 时，采收率大于 90%；继续增大驱替压力，采收率不再明显增加，曲线呈平缓上升（图 2-7）。根据实验结果，可以确定 $CO_2$ 与泰州组油藏原油的最小混相压力（MMP）为 29.34MPa，在目前地层压力下可实现 $CO_2$ 混相驱，属于工程上的最小混相压力。

当驱替压力达到 32MPa 时，油气界面张力已经变得很小，油气黏度趋于接近（图 2-8、图 2-9）。因此，当注入压力达到或超过工程上的最小混相压力 29.34MPa 以后，可以实现多次接触混相驱替。

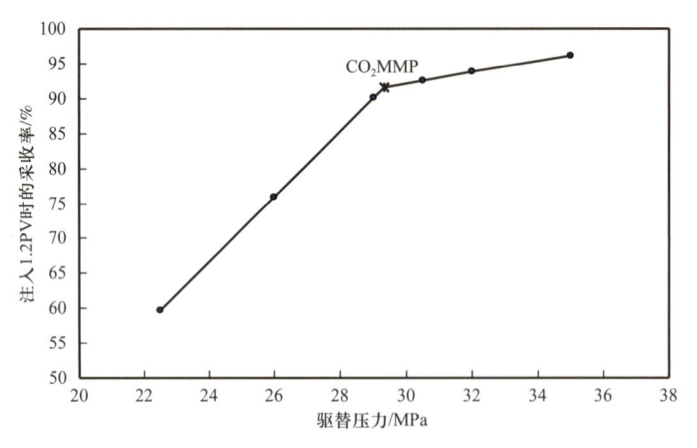

图 2-7 驱替效率与驱替压力的关系曲线
PV 即孔隙体积

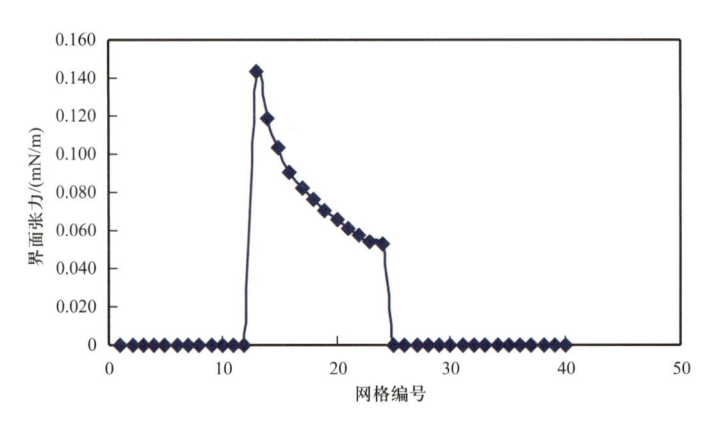

图 2-8 32MPa 时油气界面张力变化（0.3HCPV，HCPV 即烃类孔隙体积）

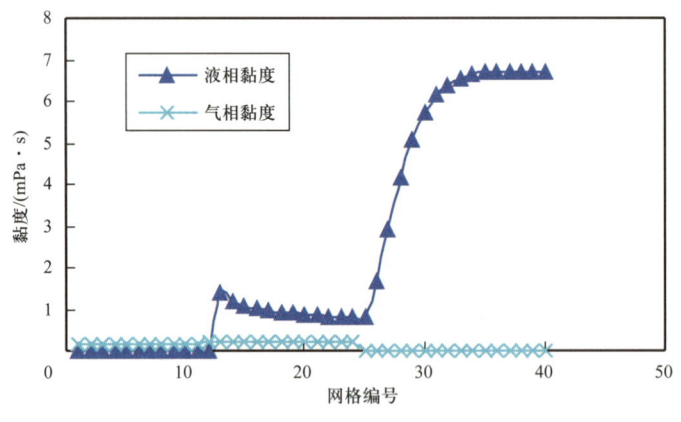

图 2-9 32MPa 时油气黏度变化（0.3HCPV）

## 三、$CO_2$ 混相驱二维驱替特征

### 1. 不同驱替类型二维剖面实验

采用二维剖面物理模型开展注气驱实验研究的目的，是研究纵向上注入气驱油前缘

的波及规律和驱油效率。对复杂断块油藏开展了以下不同注入气、不同驱替方式驱替效果实验测试分析：非混相驱（$N_2$）、水驱、混相驱（$CO_2$）、水气交替驱。实验设备主要有二维剖面实验装置、高精度压力表、驱替泵、气体流量计、回压阀、液体流量计以及中间容器等。

二维驱替实验主要采用填砂模型，在一定温度压力下开展二维剖面实验，并通过观察窗观察不同驱替方式驱替过程中的油气水分布剖面，明确不同驱替方式机理及剩余油分布。其具体实验方法与步骤如下：

（1）填砂：拆开二维剖面可视化装置，填入26目石英砂并将其压实。记录填入砂体积，填砂完毕后连接好装置。

（2）试压：为检查装置气密性，利用干燥的氮气进行试压，试压1h，压力降小于0.05MPa为合格。

（3）抽真空：将装置与真空泵连接，在真空度达到133Pa后，连续抽真空2～5h。

（4）孔隙体积及渗透率测定：记录注入水量，并计算孔隙度（与填砂体积孔隙度计算对比）。恒压注入水，待流量稳定后，计算渗透率。

（5）饱和油样：采用氮气将装置中的水驱至束缚水饱和度后，向装置中注入油样至出口连续出油。

（6）建压：待出口处采油速率稳定后，使用回压阀控制出口压力为10MPa，持续注入油样直至出口出油速率稳定，并保持入口压力为10MPa。

（7）驱替：将氮气装入中间容器中，使用ISCO泵（恒压驱替泵）以一定速度注入气体。每注入0.05PV气下的产油量、产气量，并记录该条件下的气驱二维剖面。注入1.2PV气后，结束该组实验。

（8）重复以上步骤，饱和油样后采用不同的注入流体进行驱替，同时记录每注入0.05PV气下的产油量、产气（水）量，并用相机记录该孔隙体积倍数下的驱替二维剖面。注入1.2PV驱替流体后，结束该组实验。

（9）水气交替实验步骤同气驱实验，将驱替步骤中的注入方式改为每0.05PV交替注入水、$CO_2$。待注入1.2PV后结束实验。

具体实验方案见表2-2。

表2-2 二维剖面实验方案设计

| 驱替类型 | 注入流体 | 注入速度/（mL/min） | 注入方式（水气比） | 压力/MPa |
|---|---|---|---|---|
| 水驱 | 水（甲基蓝染色） | 1 | — | 10 |
| 非混相驱 | $N_2$ | 1 | — | 10 |
| 混相驱 | $CO_2$ | 1 | — | 10 |
| 水气交替驱 | 水（甲基蓝染色）+$CO_2$ | 1 | 1：1 | 10 |

在设定注入速度为1mL/min、压力为10MPa条件下的实验结果表明，不同驱替类型的驱替效率不同，水气交替驱的驱替效率最高可达71.32%，而水驱的驱油效率最低为

40.89%，四种驱替方式的驱替效率大小依次表现为水气交替驱＞混相驱＞非混相驱＞水驱（图2-10）。由于剖面模型存在重力驱替，因此水驱最先突破，采收率最低，气驱则会出现气顶，驱替效果好于水驱。重力超覆在驱替中占主导作用，协同利用气、水不同的驱替方向扩大波及是主要的增产机理，但超覆和气窜也是影响水气交替效果的主因。

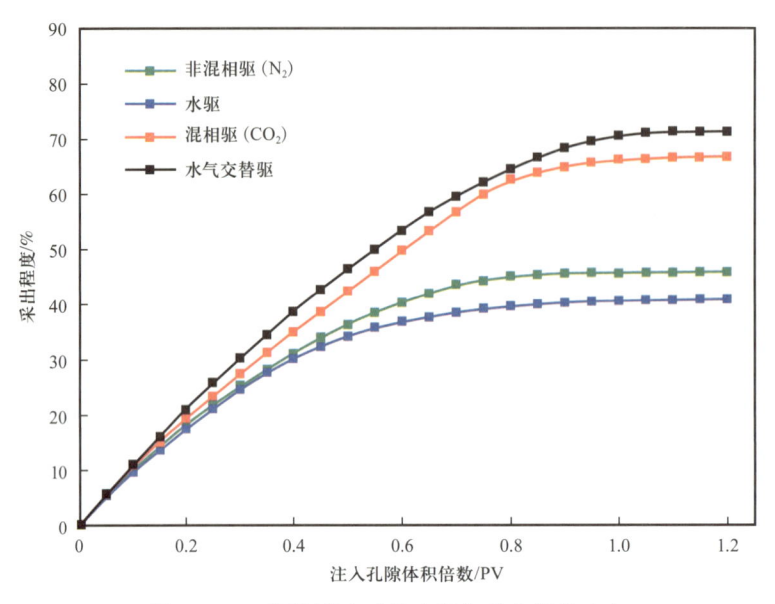

图 2-10　不同驱替方式注入量与采出程度对比

### 2. 二维剖面模拟

基于二维剖面实验结果及泰州组油藏地质与开发特征，建立井组剖面模型（图2-11），模型网格系统 $I:J:K=1:250:50$，网格大小 $10m\times1m\times1m$，厚度50m，井距250m，倾角10°，渗透率为40mD，模型考虑夹层的影响，注采井射孔全部打开储层，采用高部位注入。

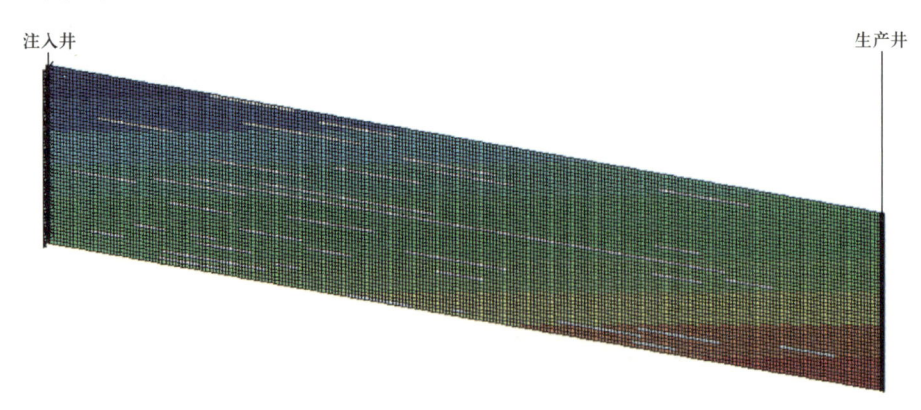

图 2-11　剖面模拟网格分布

为对比不同注入介质及驱替方式开发效果，共设置四组方案（$CO_2$驱、$N_2$驱、水驱以及水气交替驱）对比其开发效果（表2-3）。基础方案只模拟其注入介质提高采收率阶段，其中注气速度均为10m³/d，保持注采平衡，共注入1.2HCPV的流体。

表 2-3 驱替方案设置

| 方案 | 注入流体 | 注入速度/(m³/d) | 水气比 |
|---|---|---|---|
| 水驱 | 水 | 10 | — |
| 气驱 | N₂ | 10 | — |
| | CO₂ | 10 | — |
| 水气交替驱 | CO₂+水 | 10 | 1:1 |

1）不同开发方式采出程度比较

水驱、非混相驱、混相驱及水气交替驱二维剖面实验模拟结果如图 2-12 所示。

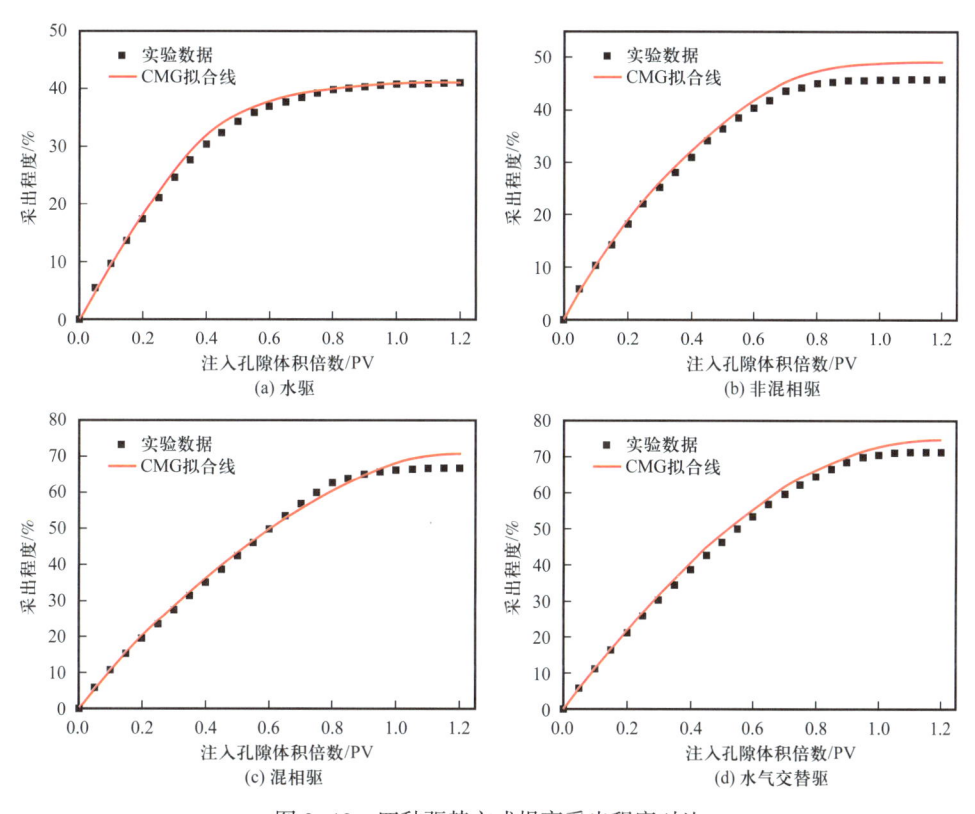

图 2-12 四种驱替方式提高采出程度对比

2）不同气驱方式扩大波及程度比较

结果表明：平面上，气水交替驱抑制 $CO_2$ 窜流，扩大平面波及系数 11.8%；纵向上，气水交替驱可以提高层内和层间波及（图 2-13）。气水交替驱有利于改善注入剖面，启动低渗差层。数模研究表明，气水交替驱使纵向波及系数提高 29.2%。

3. 二维平面模拟

图 2-14 至图 2-16 分别给出非均质平面注采井组模型以及不同注入方式注采井间 $CO_2$ 波及范围及摩尔含量分布图和 $CO_2$ 驱剩余油分布图。平面上，气水交替驱可以提高层内波及范围。

(a) 连续注气驱      (b) 水气交替驱

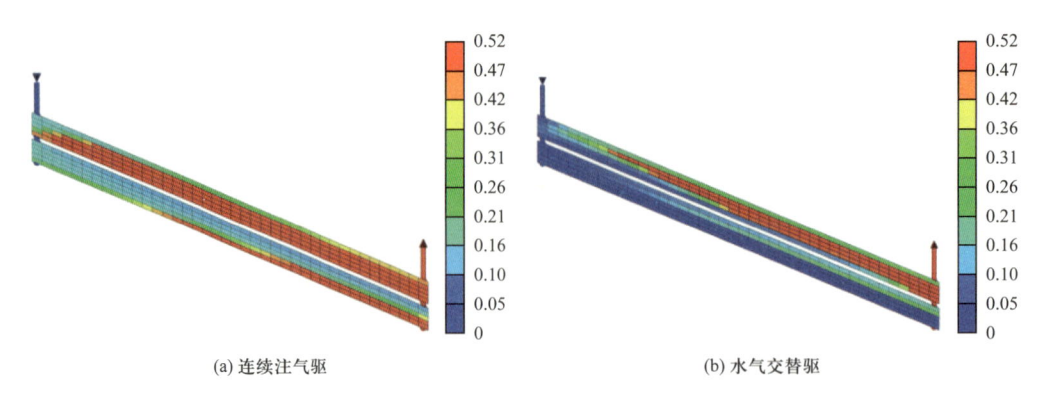

图 2-13 不同注入方式剩余油饱和度剖面

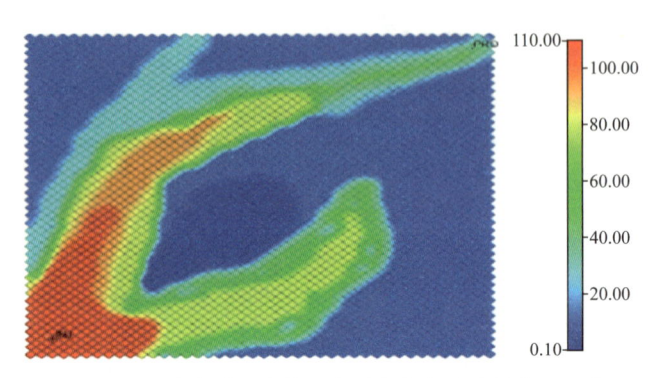

图 2-14 非均质组分模型渗透率分布图（单位：mD）

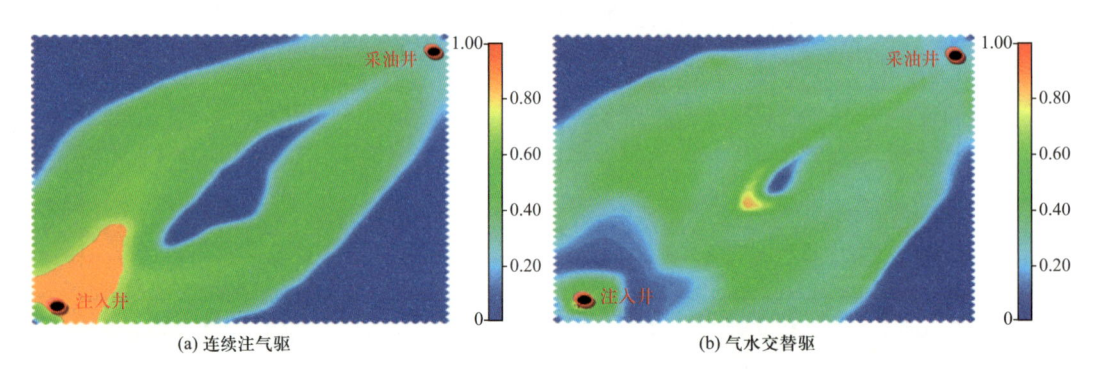

(a) 连续注气驱      (b) 气水交替驱

图 2-15 不同注入方式 $CO_2$ 摩尔含量分布图

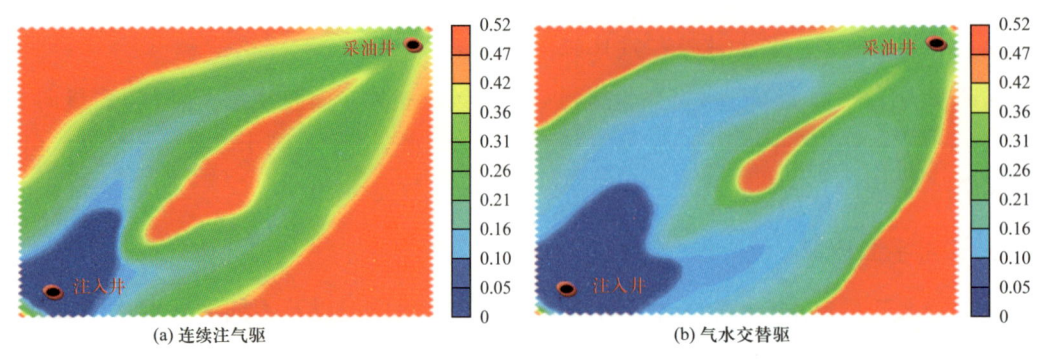

(a) 连续注气驱      (b) 气水交替驱

图 2-16 不同注入方式 $CO_2$ 驱剩余油分布图

## 第二节　中高渗油藏 $CO_2$ 水气交替驱提高采收率机理

中高渗稠油油藏的 $CO_2$ 驱油技术和辅助化学复合驱技术已被广泛应用，并取得了明显的增油效果。辅助化学复合驱技术通过 $CO_2$ 扩散携带洗油剂改变原油性质和储层物性，提高驱油效率，达到提高采收率的目标。相较于单一注入介质，$CO_2$ 辅助降黏剂具有多种技术优势，包括降低油水界面张力、改善流动性和润湿性，以及降低残余油饱和度。洗油剂分子进入稠油中，改变其超分子结构，降低黏度和流动阻力，从而实现更好的驱油效果。通过 $CO_2$ 与洗油剂混注，可以减少洗油剂在岩石颗粒表面的吸附，提高波及体积，特别是在超覆作用下，$CO_2$ 将洗油剂携带至砂体顶部，实现有效波及和提高驱油效率。

### 一、不同驱替方式驱油效果对比

对比水驱 2PV、含水率 95% 以后分别采取水驱、$CO_2$ 驱、水—$CO_2$ 交替驱替的驱油效果（表 2-4、图 2-17、图 2-18）。交替注入指的是以 1.0mL/min 的速度先注入 5min 的水或洗油剂溶液，然后注入 10min 的 $CO_2$，重复以上注入顺序至实验结束。

表 2-4　不同驱油方式下的提高采收率效果

| 水驱注入模式 | 采收率/% | 含水率/% | 措施后提高采收率百分点数 | 含水率/% |
| --- | --- | --- | --- | --- |
| 水驱 | 57.2 | 96.0 | 6.0 | 98.3 |
| $CO_2$ 驱 | 55.3 | 97.4 | 7.3 | 57.7 |
| 水—$CO_2$ 交替 | 57.0 | 95.9 | 10.3 | 84.2 |

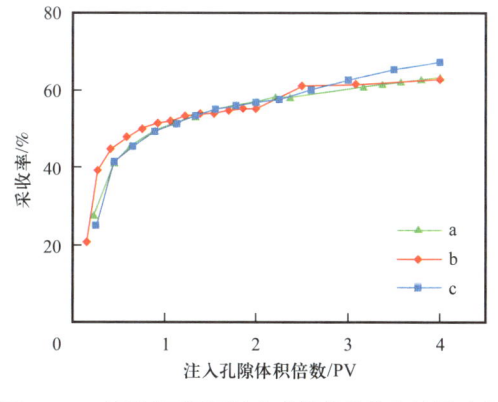

图 2-17　水驱后不同驱替方式提高采收率效果对比
a—水驱 4PV，b—水驱 2PV 后 $CO_2$ 驱 2PV，c—水驱 2PV 后水—$CO_2$（0.04PV：0.08PV）交替注入

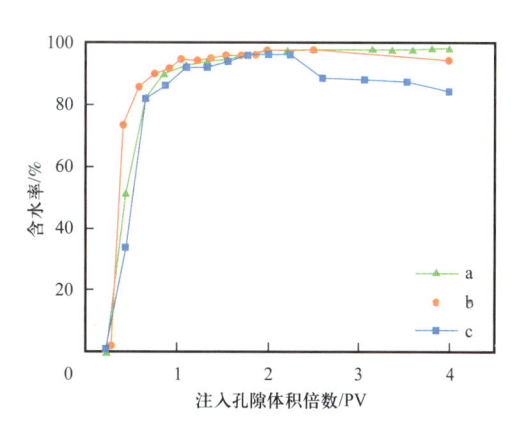

图 2-18　水驱后不同驱替方式含水率变化曲线
a—水驱 4PV，b—水驱 2PV 后 $CO_2$ 驱 2PV，c—水驱 2PV 后水—$CO_2$（0.04PV：0.08PV）交替注入

水气交替驱中，总计注入 9 个 1：1 段塞，每个段塞为 0.1HCPV，总计注入 1.8HCPV 流体。在注入 8 轮次时开始突破，气油比从 14.22m³/m³ 突增到 32.70m³/m³，采出程度达 53.08%。随着气体的注入，采出程度增加幅度逐渐变小，气油比增长速度加快，最终上

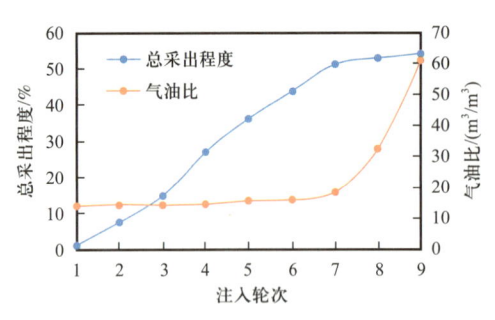

图 2-19 总采出程度及气油比随注入轮次变化

升到 61.11m³/m³，采收率为 54.10%。注入 9 轮次后不出油，停止注入，后控制回压以 3mL/min 的速度衰竭至 5MPa，最终采收率为 55.7%（图 2-19）。

实验结果表明：水驱 2PV、含水率 95% 以后，单独注水、$CO_2$ 的驱油效果都比较差；$CO_2$ 驱较水驱效果好一些，但提高采收率幅度不大。水—$CO_2$ 交替驱替的驱油效果得到显著改善，提高采收率幅度超过了 10 个百分点。因为 $CO_2$ 驱时无水注入，所以产出液含水率降低幅度最大，水—$CO_2$ 交替驱替次之，持续水驱含水率会持续升高，达到 98% 以上。

## 二、交替周期对驱油效果的影响

水驱 2PV 后进行洗油剂和 $CO_2$ 交替注入，注入速度 1.0mL/min，洗油剂浓度 0.3%。根据实验结果（表 2-5、图 2-20、图 2-21），洗油剂溶液与 $CO_2$ 交替频繁的驱油效果略好，在考察的三种实验条件下，驱油效果差别不明显。含水率降低幅度差别不大，注入液体比例越大，注入压差越高。

表 2-5 交替频率对提高采收率效果的影响

| 水驱 2PV 后注入模式，0.3% 洗油剂与 $CO_2$ 注入段塞比 | 水驱 2PV 采收率 /% | 水驱 2PV 后含水率 /% | 措施后提高采收率百分点数 | 含水率 /% |
|---|---|---|---|---|
| 5∶10 | 55.4 | 97.1 | 13.3 | 73.9 |
| 2∶4 | 57.1 | 95.8 | 15.4 | 67.3 |
| 4∶2 | 56.4 | 97.1 | 14.8 | 68.0 |

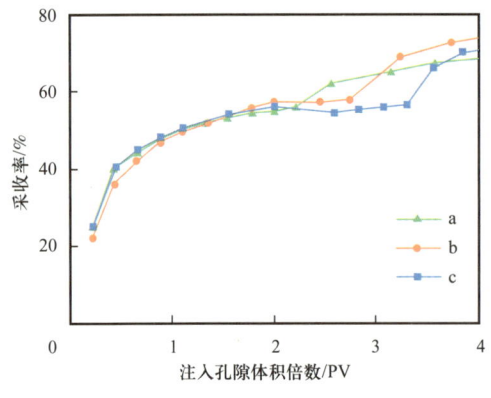

图 2-20 不同交替注入周期下的采收率曲线
水驱 2PV 后 0.3% 洗油剂与 $CO_2$ 交替注入：
a—5∶10，b—2∶4，c—4∶2

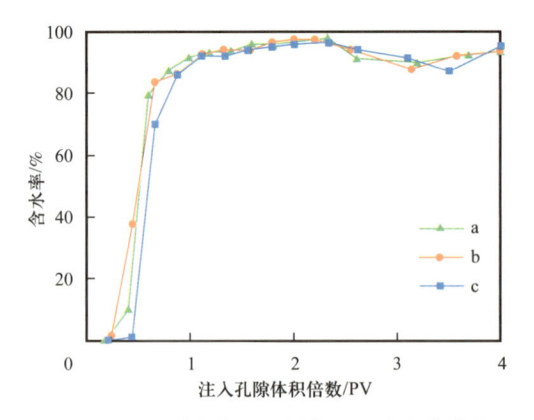

图 2-21 不同交替注入周期下的含水率曲线
水驱 2PV 后 0.3% 洗油剂与 $CO_2$ 交替注入：
a—5∶10，b—2∶4，c—4∶2

## 三、渗透率对驱油效果的影响

根据石英砂粒度比例的不同,通过填制三个不同渗透率的填砂模型,考察了渗透率对洗油剂—$CO_2$交替驱提高采收率效果的影响。实验注入速度1.0mL/min,洗油剂浓度0.3%,交替周期15min(洗油剂5min+$CO_2$ 10min)。从实验结果可以看出,随着渗透率的增加,洗油剂—$CO_2$交替驱提高采收率幅度逐渐增大(图2-22、图2-23、表2-6)。

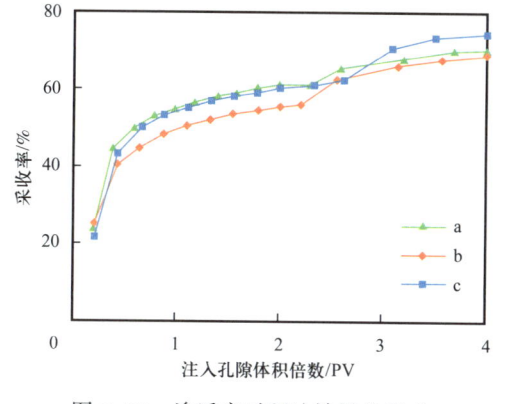

图2-22 渗透率对驱油效果的影响
水驱2PV后0.3%洗油剂与$CO_2$交替注入(5:10):
a—1D,b—1.4D,c—3D

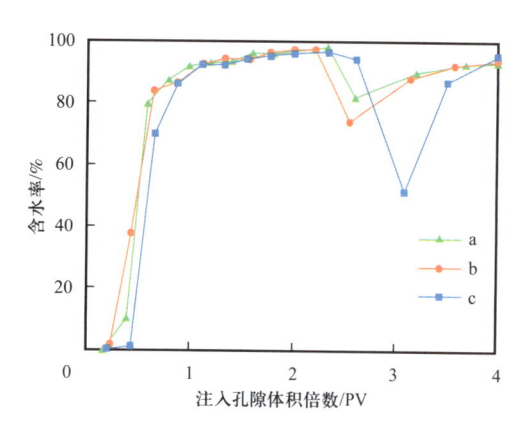

图2-23 渗透率对含水率的影响
水驱2PV后0.3%洗油剂与$CO_2$交替注入(5:10):
a—1D,b—1.4D,c—3D

表2-6 渗透率对驱油效果的影响[水驱2PV后0.3%洗油剂与$CO_2$交替注入(5:10)]

| 模型渗透率/D | 水驱采收率/% | 水驱后含水率/% | 措施后提高采收率百分点数 | 含水率/% |
|---|---|---|---|---|
| 1 | 61.1 | 96.8 | 9.4 | 80.9 |
| 1.4 | 55.4 | 97.1 | 13.3 | 73.9 |
| 3 | 60.4 | 96.0 | 14.2 | 51.4 |

## 四、洗油剂浓度对驱油效果的影响

实验选择洗油剂浓度0.3%和0.6%两个水平,水驱后进行洗油剂和$CO_2$交替注入,交替周期为15min,气液比为2:1,以1.0mL/min的速度注入10min的$CO_2$。由实验结果可知(表2-7、图2-24、图2-25),两次驱油实验的提高采收率水平差别不大,但洗油剂溶液和$CO_2$交替驱油效果略好于水—$CO_2$交替注入的驱油效果。洗油剂浓度越高,注入差压越小,这是因为表面活性剂本身具有一定的增注性能。

表2-7 不同洗油剂浓度下的驱油效果

| 水驱2PV后注入模式(2PV) | 水驱2PV采收率/% | 水驱2PV后含水率/% | 措施提高采收率百分点数 | 含水率/% |
|---|---|---|---|---|
| 水与$CO_2$(5:10)2PV | 57.0 | 95.9 | 10.3 | 84.2 |
| 0.3%洗油剂与$CO_2$(5:10) | 55.4 | 97.1 | 13.3 | 73.9 |
| 0.6%洗油剂与$CO_2$(5:10) | 60.1 | 96.2 | 13.8 | 77.1 |

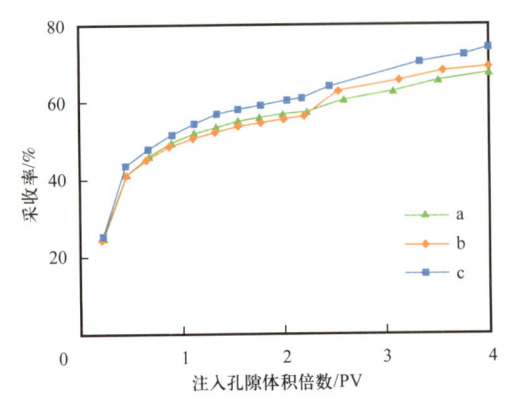

图 2-24　不同洗油剂浓度下的采收率曲线

a—水驱 2PV 后水与 $CO_2$（0.04PV∶0.08PV）交替注入；b—水驱 2PV 后 0.3% 洗油剂与 $CO_2$（0.04PV∶0.08PV）交替注入；c—水驱 2PV 后 0.6% 洗油剂与 $CO_2$（0.04PV∶0.08PV）交替注入

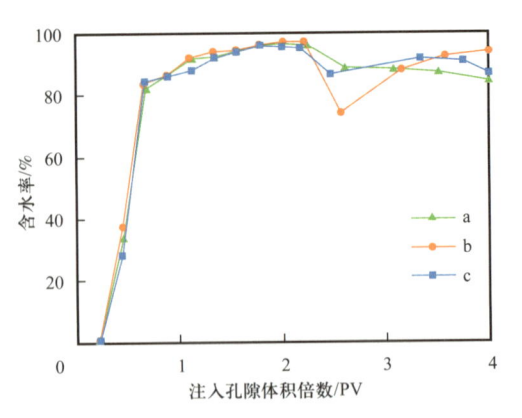

图 2-25　不同洗油剂浓度下的采收率曲线

洗油剂浓度：a—0，b—0.3%，c—0.6%

## 第三节　大倾角油藏 $CO_2$ 重力驱提高采收率机理

$CO_2$ 重力驱是通过向含油气构造注气形成人工气顶，利用重力分异和气顶膨胀作用保持或部分保持压力的开发模式，即依靠人工注 $CO_2$ 形成"重力稳定 + 气顶"复合驱，结合重力排驱和溶胀降黏作用可以实现顶、上部剩余油的动用和均衡驱替，具有协同增效作用。

顶部注气形成"人工气顶驱"较早见于美国，如 1959 年在 Buena Vista 油田 Stevens-Massive 油藏进行顶部注气，该油藏此前常规水驱采收率 38.6%，最终次生气顶采收率 52.3%。国外已经有许多油田区块实施并获得成功，同时能利用开发末期的油藏实现 $CO_2$ 封存，因而被认为是 CCUS-EOR 发展的新方向。对美国注气驱的统计调研得出：利用注入气体的重力分异能够避免或者降低注气开发过程中发生的指进和锥进等不利现象，进而提高油藏采收率，当各项条件较完备时采收率可超过 60%。

国内最早开展的顶部人工注气的项目是 1986 年华北油田与法国道达尔石油公司合作在雁翎油田北山头开展的注氮气提高采收率试验。此后，$N_2$ 驱成为人工气顶驱开发的主流，但 $N_2$ 混相难度大，也不能降低油水界面张力，提高采收率的幅度不如 $CO_2$。常规注水开发油藏通常采用"低注高采"方式部署井网，国内许多油藏在水驱开发后期转为气驱开发，仍沿用原井网，未能有效利用重力分异作用。

张家垛油田阜宁组油藏为大倾角、异常高压的弹性驱构造断块油藏。该油藏埋深 2500～3500m，圈闭闭合高度 650m，圈闭东西长 8km，南北宽 0.8～1.5km，圈闭面积超过 7km²，原始地层压力为 40.8MPa，地层温度为 109℃，北部地层倾角为 30°～50°，南部地层倾角为 20°～30°，注气前衰竭开发，地层压力为 17～30MPa。以张家垛油田为例，对大倾角油藏注 $CO_2$ 非混相驱替特征以及注 $CO_2$ 重力驱机理进行研究，主要阐述了注

$CO_2$膨胀过程对原油物性的影响、注$CO_2$的最小混相压力以及注$CO_2$不同开发方式、不同注气压力效果对比。

## 一、注$CO_2$气重力驱机理

注$CO_2$气重力稳定驱解决了常规连续注$CO_2$、水—$CO_2$交替注入波及系数低的问题，能够大幅提高最终采收率，延缓气体的突破时间。相比其他$CO_2$驱替方式，重力稳定驱的$CO_2$封存量最大。顾名思义，注$CO_2$气重力稳定驱就是既有$CO_2$驱又有重力稳定驱，因此气驱油机理也是常规$CO_2$驱和重力稳定驱的加和。"重力驱"是"重力稳定驱"的简称，机理主要包括气体辅助重力分异驱动和气顶膨胀驱动两个方面（图2-26）。

重力稳定驱是利用重力分异作用，人为在油藏中注气形成人工气顶的开发方式，注气过程中驱油机理及生产井工作方式等方面有别于水平注气驱替方式。其主要机理包括：

（1）重力分异作用：对倾斜、垂向渗透率较高的地层，由于注入气与原油之间存在密度差造成油气重力分异，油气密度差比油水密度差大得多，能促使分散状态的原油重新运聚连片，将顶部油聚集成新的前缘富集油带。

（2）气顶推动油水界面下移：随注入气增加，逐渐形成次生气顶，气顶在不断膨胀过程中推动油气界面下移，进而推动油水界面下移进入生产井被采出。因此，油气界面的稳定性是顶部注气稳定重力驱成功实施的关键。

（3）膨胀原油及降黏：注入气溶于原油后，原油发生膨胀，并且由于$CO_2$有降低界面张力和原油黏度作用，可以减小流动阻力，改善流动条件。

（4）萃取和汽化：当油藏压力达到一定值，满足一定条件时，注入气体能够萃取和汽化原油中的不同组分，降低地层油的相对密度，有利于人工气顶驱。

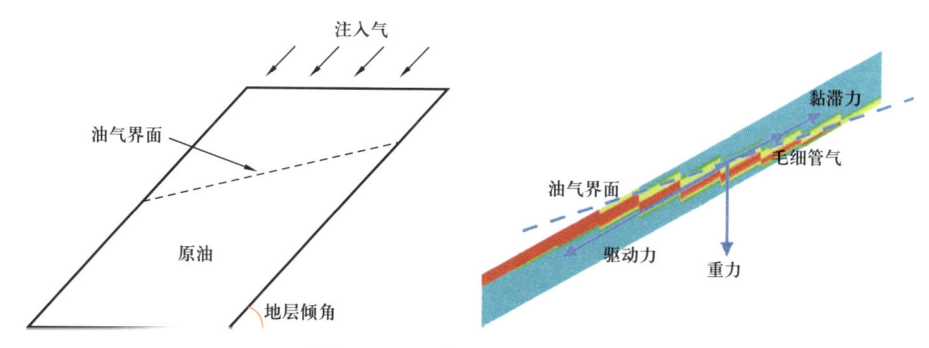

图2-26 顶部重力驱机理模式

## 二、重力驱影响因素

人工气顶驱油及封存效果主要取决于两点：一是能否形成人工气顶；二是如何利用地质条件、采用合理的注采方式及注入参数，保持气驱前缘的稳定性，尽量扩大$CO_2$的波及体积。通过对人工气顶驱动过程特征分析，可将影响气顶驱效果的因素归结为地质和开发两类。地质因素主要影响气顶的形成、运移及$CO_2$消耗量，开发因素主要影响油气界面的稳定性。

1. 油藏封闭性

油藏封闭性是对气驱—封存效果影响最大的因素，在断层能起到封闭作用的前提下，通常采用断层夹角大小及含油带长宽比来表征油藏封闭性。断层夹角越小，抑制气体扩散的能力越强，$CO_2$气顶形成越快，波及体积越大，换油率越高；断层夹角越大，气窜越严重，达到极限气油比时间越早，波及体积也越小，存气率越低。相同断层夹角下油藏含油带越宽，气驱波及范围比例越小，最终采收率越低（图2-27）。

2. 原油黏度

地下原油黏度对气顶的形成及分布影响较小，但对油水的运移将产生较大影响。油水黏度比越大，油水流动差异越大，将造成水相波及体积减小，更容易造成平面上水窜和垂向上的水体锥进，降低原油采出程度（图2-28）。

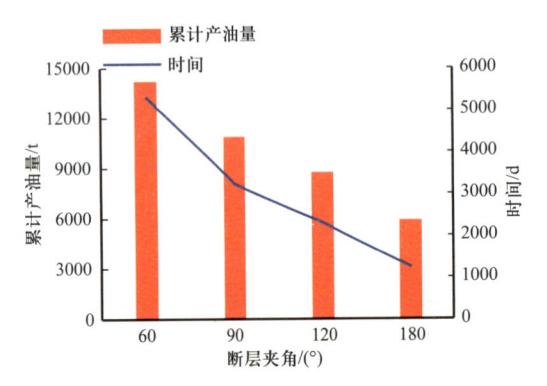

图2-27 不同断层夹角下到达极限气油比的时间和累计产油量

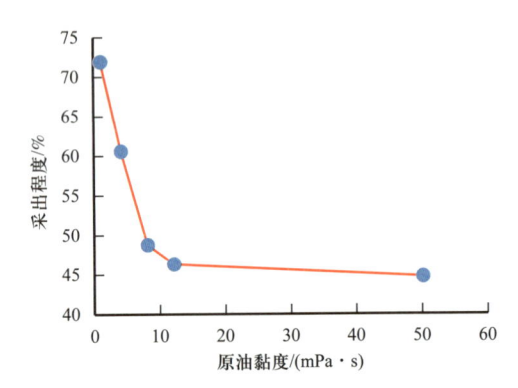

图2-28 不同原油黏度下的采出程度

3. 地层倾角

地层倾角越大，重力分异作用越明显，$CO_2$气顶形成所需时间短且稳定，气油比上升越慢（图2-29），突破时间越晚，突破后采油期也越长，最终采收率越高。渗透率越小越不利于气顶的形成，但是可以在垂向上有效地抑制气窜，吸气剖面比较均匀。地层倾角大 + 渗透率高的组合气驱效果最好（图2-30）。

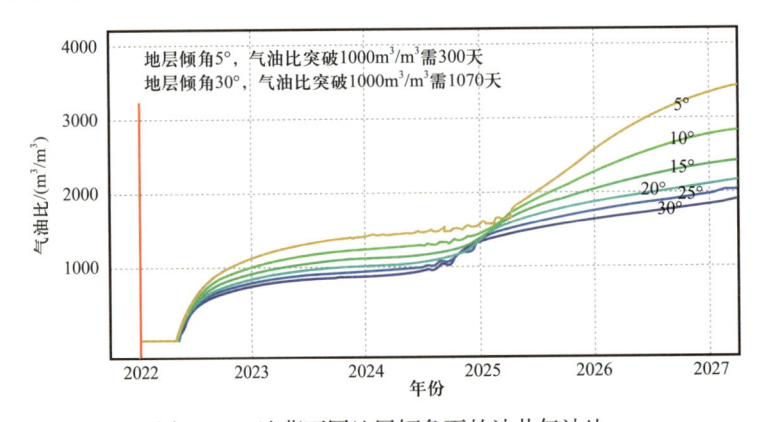

图2-29 油藏不同地层倾角下的油井气油比

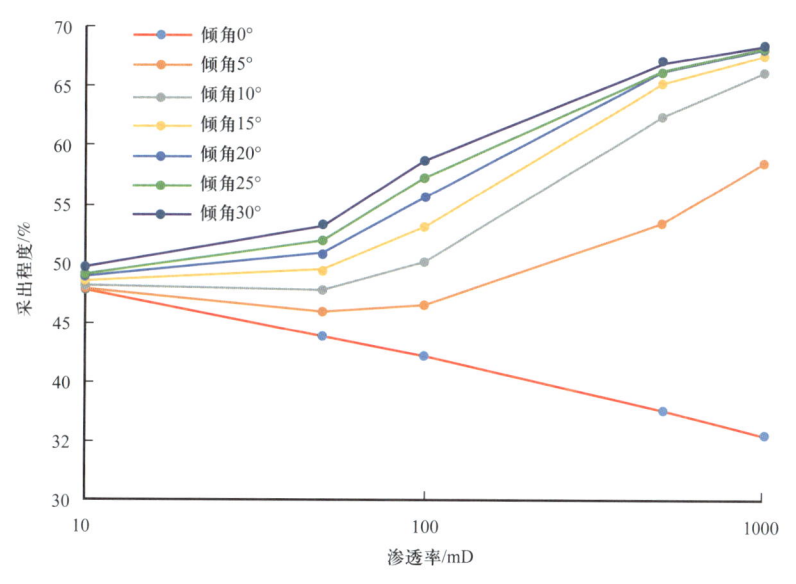

图 2-30　不同地层倾角下渗透率对采出程度影响

### 4. 注气部位

截取张 3 区块下部第 3 油层、第 4 油层、第 5 油层为一小模型，对注气部位进行研究。其中张 3 斜 1 井、张 3- 平 5 井分别为高低部位注气方案的注气井（图 2-31、图 2-32）。采用衰竭 1 年后注气开采方式，注气量均为 15000m³。直井配产 6m³/d，水平井和斜井配产 15m³/d，预测 20 年。

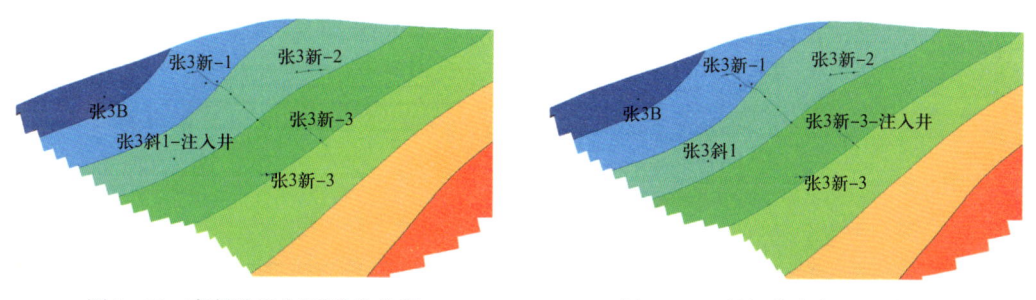

图 2-31　高部位注气开发井位图　　　　图 2-32　低部位注气开发井位图

由模拟结果可得（图 2-33 至图 2-38），高低部位方案预测期末采收率分别为 25.15%、16.46%。高部位注气效果比低部位好：高部位注气时，位于中间位置的张 3- 平 3 井 $CO_2$ 突破时间晚 2 年，且高部位的储量动用相对较多。重力驱可扩大气体波及体积，提高驱油效率，实现注水开发油藏水驱后分散剩余油的整体挖潜。

### 5. 注气速度

注气速度决定了油气界面是均匀向下驱替还是局部黏性指进。当注气速度过高时，会加快形成驱替气指进和舌进现象，气体过早突破，从而降低注气效果；当注气速度过低时，会延长注气见效期，但采油速度会相应降低，影响经济效益。$CO_2$ 重力驱过程中能够获得稳定驱替前缘的最大注气速度，该速度被称为临界速度。

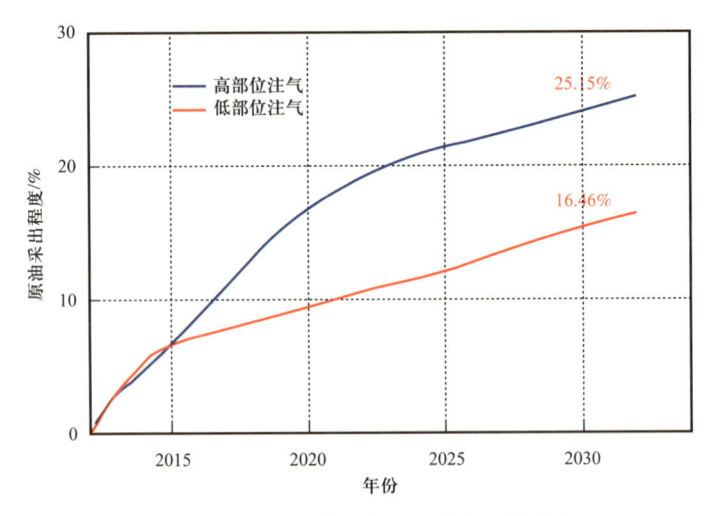

图 2-33　不同部位注气原油采出程度对比

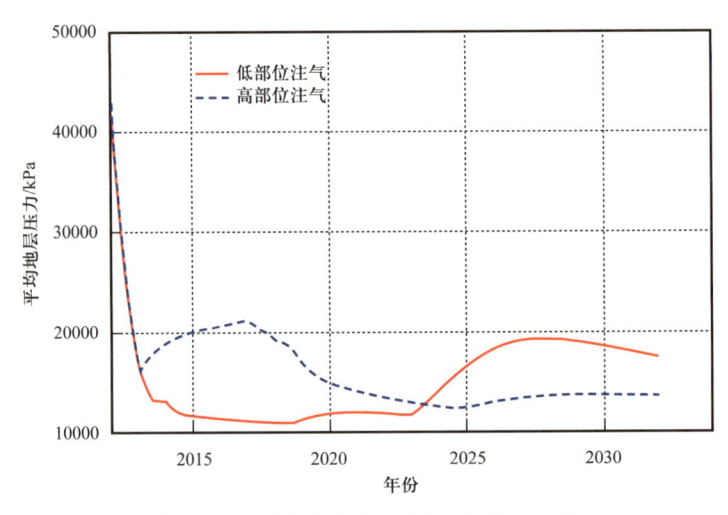

图 2-34　不同部位注气平均地层压力对比

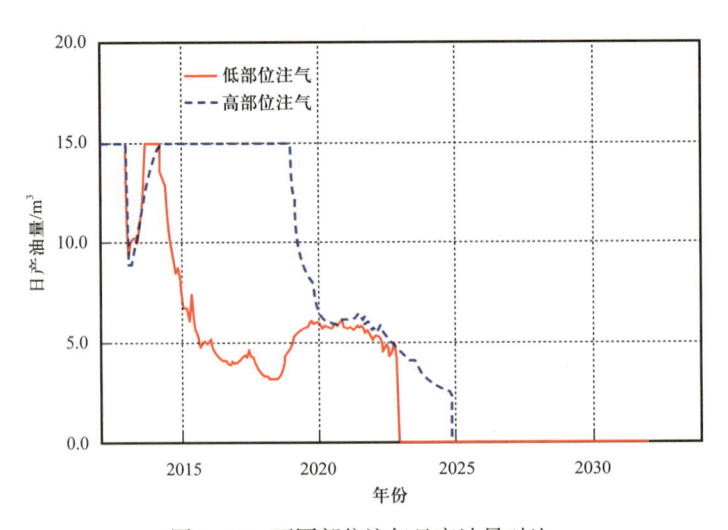

图 2-35　不同部位注气日产油量对比

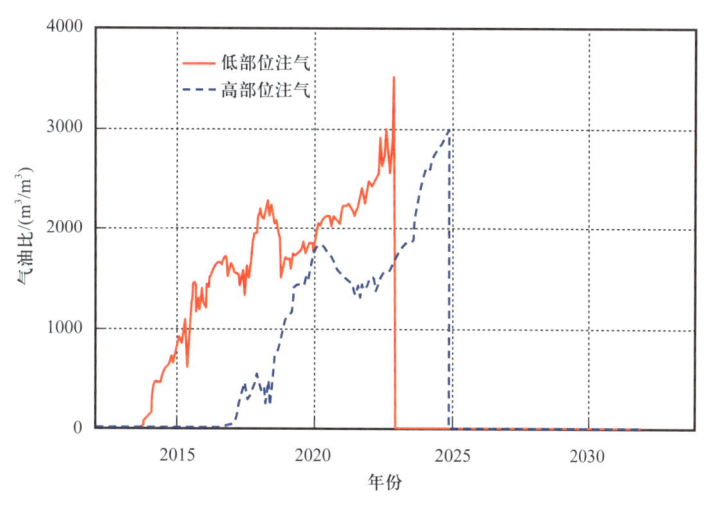

图 2-36 不同部位注气气油比对比

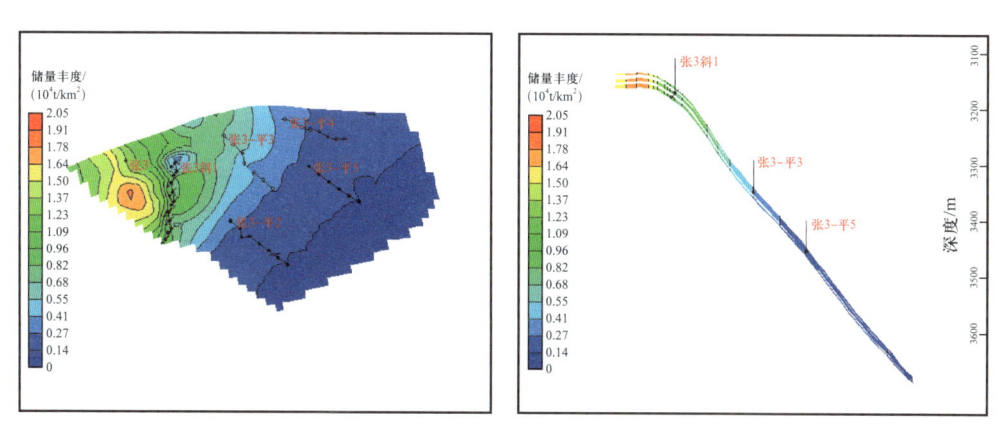

图 2-37 高部位注气储量丰度分布图

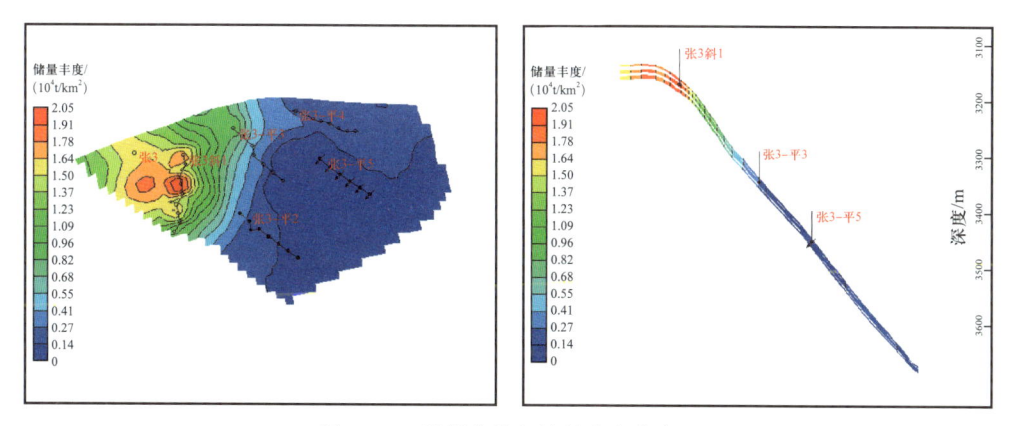

图 2-38 低部位注气储量丰度分布图

## 6. 油层非均质性

油层的非均质性是影响气窜的重要因素。正韵律储层比反韵律储层更适合人工气顶驱，在正韵律储层中，中等级差能更好地利用 $CO_2$ 重力超覆作用，易于保持油气界面均

— 49 —

匀推进，气油比上升较缓慢，可有效提高上部 $CO_2$ 波及范围，比反韵律储层驱替更均匀（图 2-39）。油藏中若存在隔夹层，将明显阻挡气顶的形成和运移。因此正韵律储层、中等级差、无隔夹层的油藏更适宜气顶驱。

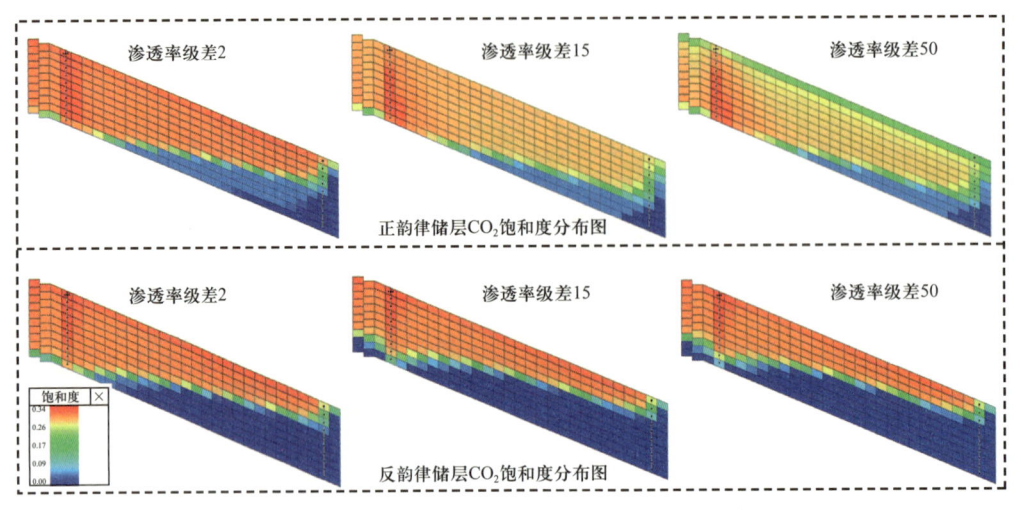

图 2-39 不同渗透率级差下 $CO_2$ 纵向饱和度分布图

## 三、$CO_2$ 重力驱的应用

### 1. 注 $CO_2$ 相态特征

张 3 井原油注入 $CO_2$ 后在泡点压力下的各主要物性特征变化见表 2-8。注入 $CO_2$ 后，张 3 井地层原油饱和压力上升幅度逐渐增大，但总体增幅较小（图 2-40），地层原油注 $CO_2$ 配伍性好，当注入 30%（摩尔分数，下同）的 $CO_2$ 时，原油的泡点压力上升至 13.31MPa。

表 2-8 $CO_2$ 注入量对张 3 井饱和压力下流体相态的影响

| 注入量<br>（摩尔分数，<br>下同）/% | 气油比 /<br>$m^3/m^3$ | 饱和压力 /<br>MPa | 膨胀系数 | 密度 /<br>$g/cm^3$ | 体积系数 |
|---|---|---|---|---|---|
| 0 | 14.92 | 4.13 | 1 | 0.7855 | 1.110 |
| 5 | 20.66 | 5.17 | 1.0159 | 0.7833 | 1.13 |
| 10 | 27.30 | 6.20 | 1.0278 | 0.7753 | 1.14 |
| 15 | 34.72 | 7.58 | 1.0527 | 0.7583 | 1.17 |
| 20 | 43.08 | 9.86 | 1.0716 | 0.7464 | 1.19 |
| 25 | 52.54 | 11.17 | 1.1004 | 0.7286 | 1.22 |
| 30 | 63.36 | 13.31 | 1.1243 | 0.7152 | 1.25 |

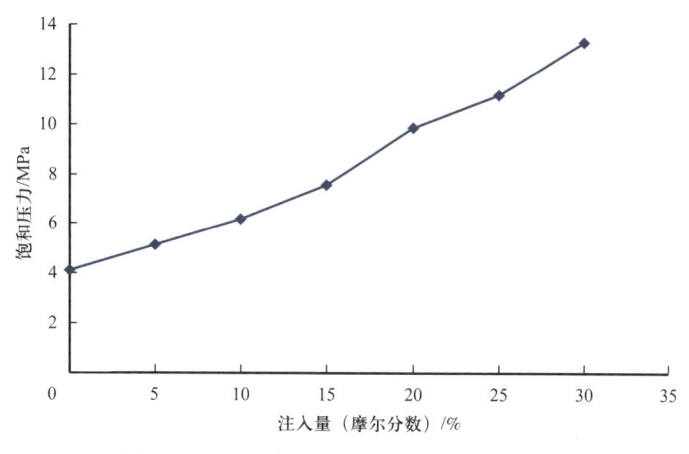

图 2-40　$CO_2$ 注入量对原油饱和压力的影响

由图 2-41 可知，注入 $CO_2$ 后，原油体积系数增大，注入气有利于增溶驱油。

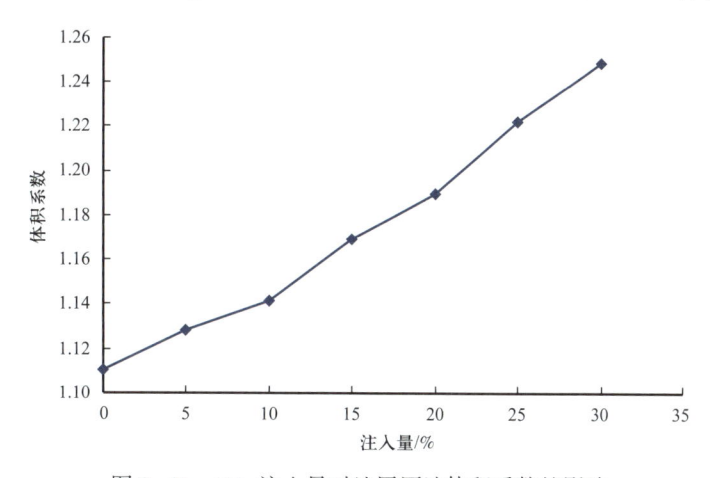

图 2-41　$CO_2$ 注入量对地层原油体积系数的影响

由图 2-42 可知，随着 $CO_2$ 注入量的增加，原油的饱和压力不断上升，溶解气油比也逐渐增大。

由图 2-43 可知，注入 $CO_2$ 后原油的整体组成随注入量的增加而逐渐变轻质，密度降低。

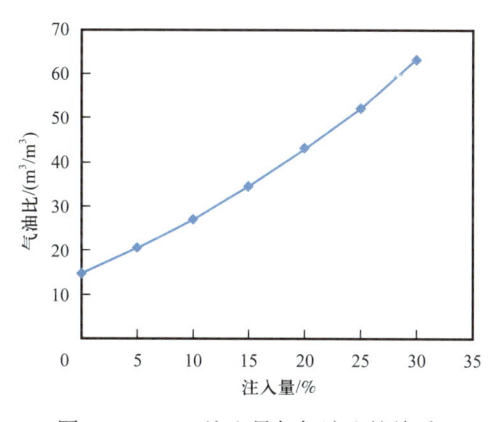

图 2-42　$CO_2$ 注入量与气油比的关系 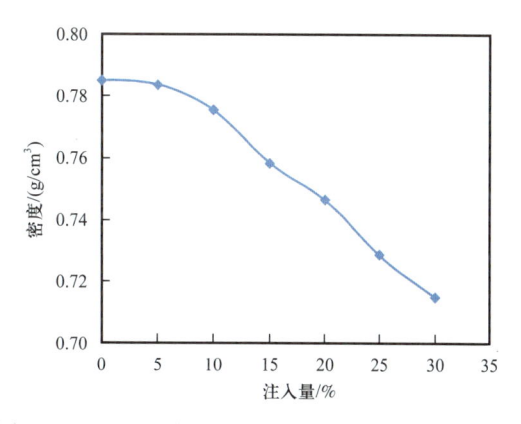　　图 2-43　饱和压力下 $CO_2$ 注入量与原油密度的关系

## 2. $CO_2$驱最小混相压力

本部分开展了张 3 井地层原油注 $CO_2$ 驱混相压力细管测试（表 2-9、图 2-44）。实验所用原油样品为张家垛油田张 3 井实验室复配油样。实验测试选取了 20MPa、25MPa、30MPa、40MPa 四个注入压力进行细管测试。在驱替过程中，按照一定的速度注入 1.2PV 气样后，结束驱替实验。由实验结果可知（表 2-10、图 2-45 至图 2-47），采收率随注入压力增加而不断增加。气体在 28.53MPa 的注入压力下，地层原油采收率为 90%，表现出混相驱特征。

表 2-9　细管参数表

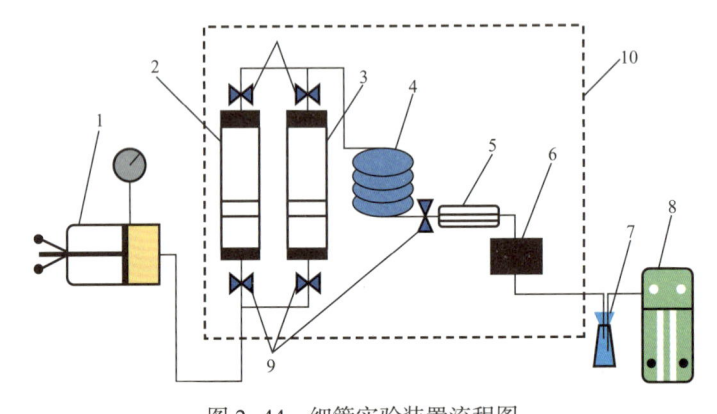

| 直径 /mm | 长度 /cm | 孔隙体积 /cm³ | 孔隙度 /% | 渗透率 /D |
|---|---|---|---|---|
| 3.8 | 2000 | 98.92 | 42.73 | 17.54 |

图 2-44　细管实验装置流程图

1—注入泵；2—注入气；3—地层油；4—细管；5—观察窗；6—回压调节器；7—液量计；8—气量计；9—阀门；10—控温系统

表 2-10　不同压力下 $CO_2$ 细管实验采收率结果表

| 注入气 | 不同压力下的采收率 /% ||||
|---|---|---|---|---|
| | 20MPa | 25MPa | 30MPa | 40MPa |
| $CO_2$ | 71.79 | 84.93 | 94.75 | 97.77 |

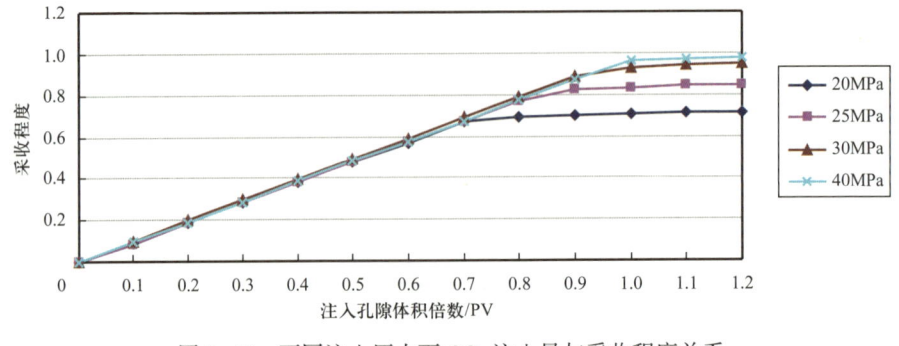

图 2-45　不同注入压力下 $CO_2$ 注入量与采收程度关系

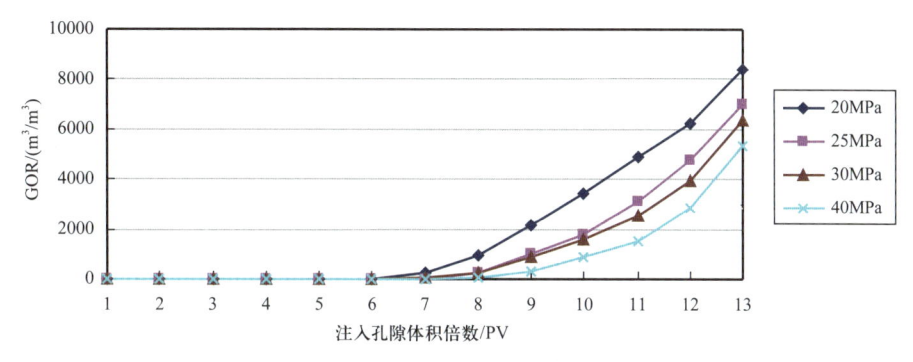

图 2-46 不同注入压力下 $CO_2$ 注入量与采出端气油比关系

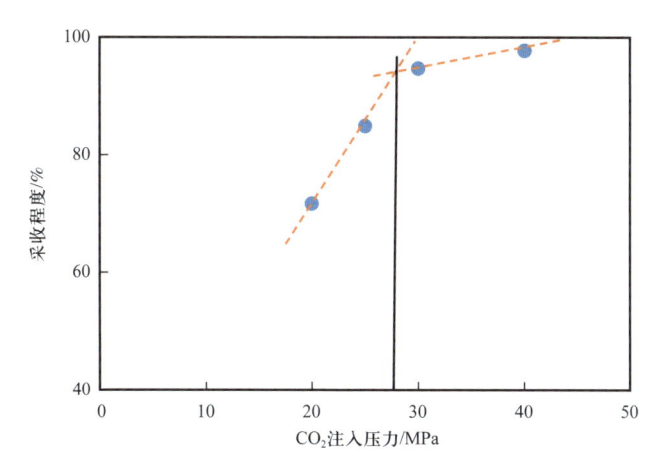

图 2-47 $CO_2$ 注入压力与采收程度关系图

## 3. $CO_2$ 驱长岩心实验

本部分开展了长岩心驱替和吞吐实验，驱替实验模拟了衰竭开发、注水开发、注 $CO_2$ 段塞 + 注水开发、提压注 $CO_2$ 开发以及注 $CO_2$ 气开发。由实验结果可知（图 2-48 至图 2-52），提压注 $CO_2$ 开发效果最好，采出程度可达 87.40%；注 $CO_2$ 开发效果次之，采出程度为 74.21%；注 $CO_2$ 段塞 + 注水开发与低注 $CO_2$ 开发效果相比稍差，采出程度为 72.85%；注水开发采出程度为 60.73%；衰竭开发效果最差，为 5.97%。（表 2-11）。

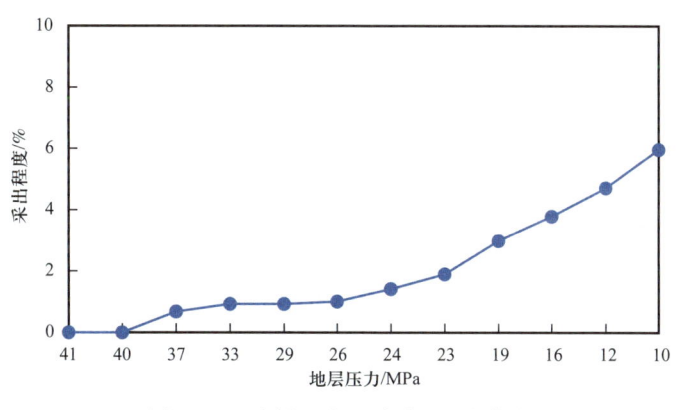

图 2-48 衰竭开发开采采出程度曲线

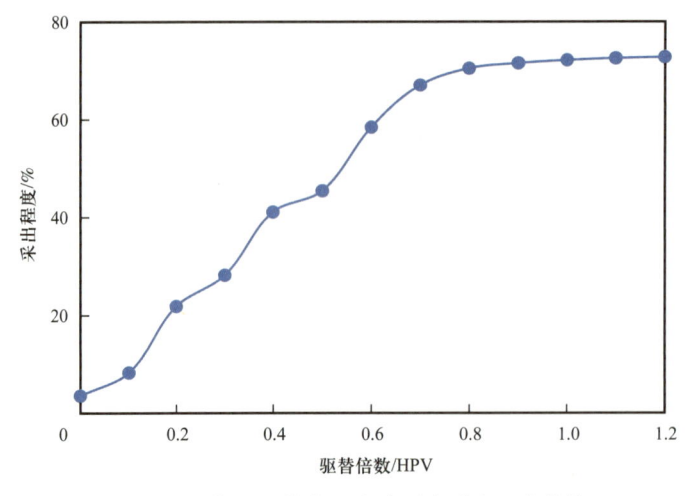

图 2-49　注 $CO_2$ 段塞 + 注水开发采出程度曲线

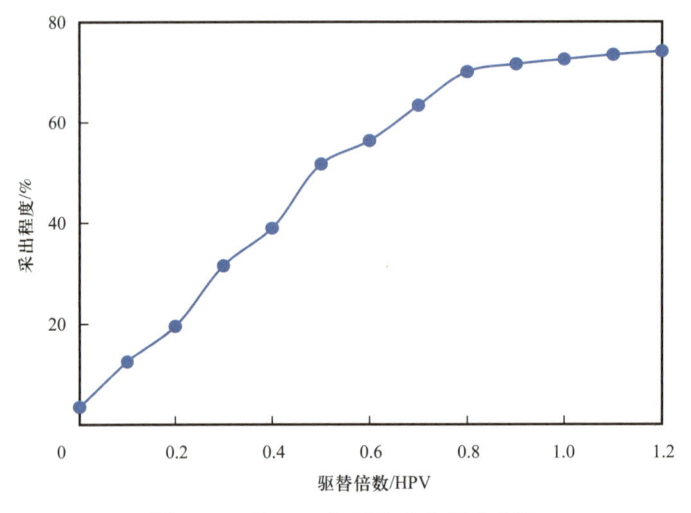

图 2-50　注 $CO_2$ 气开发采出程度曲线

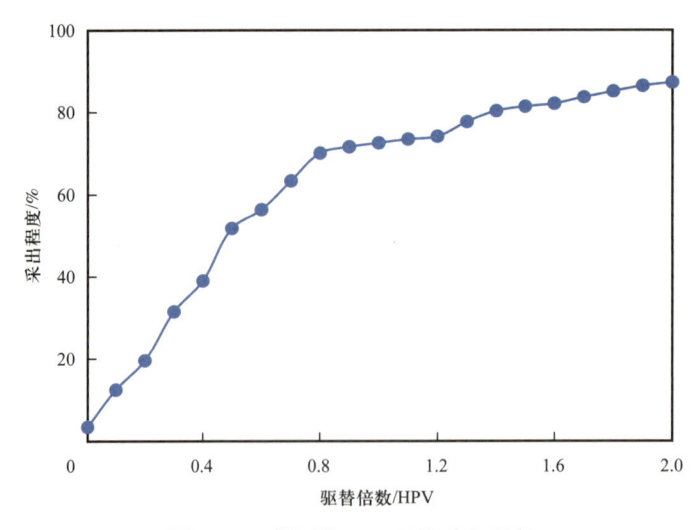

图 2-51　提压注 $CO_2$ 开发采出程度

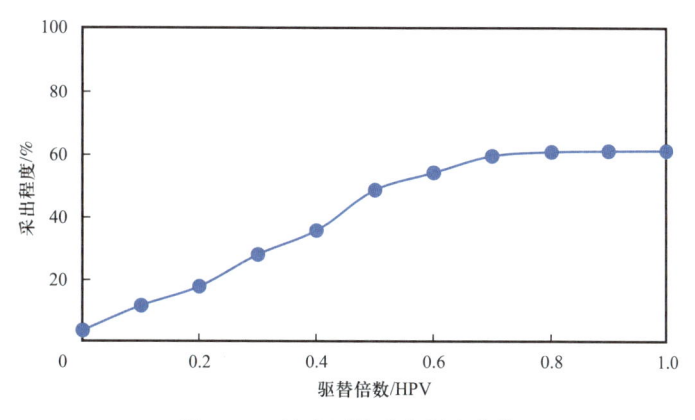

图 2-52 注水开发采出程度曲线

表 2-11 四种开发方式对比

| 参数 | 开发方式 ||||| 
|---|---|---|---|---|---|
| | 衰竭开发 | 注 $CO_2$ 段塞 + 注水开发 | 注 $CO_2$ 气开发 | 提压注 $CO_2$ 开发 | 注水开发 |
| 采出程度 /% | 5.97 | 72.85 | 74.21 | 87.40 | 60.73 |

### 4. $CO_2$ 重力驱现场实施

张家垛阜三段前期单层注气开发，采用 2 注 3 采注气井网（见图 1-18），油井全部受效。短暂水气交替后气窜井二次受效。2023 年，张 1-5 井以及张 1-7 井开始注气，张 1-2HF 井封堵底部出水层，并补开中部潜力层合采。

张 1-4 井、张 1-6 井二次见效突破后产量持续下降（图 2-53 至图 2-55），注气气窜严重（张 1-5 井压裂，张 1-4 井先见气后见效，张 1-6 井无气采油期仅 54 天）。张 1-5 井及张 1-7 井注气作业后，张 1-4 井日产油量 4.5t，张 1-6 井日产油 4.2t，井组累计增油 $3.36 \times 10^4$t，换油率 0.45t 油 /t $CO_2$。张 1-2HF 井于 2023 年 7 月机械堵水下部出水层、堵水前低产低效关停，复产后日产油 2.1t，含水率 65%；于 2024 年 5 月补层中部潜力层作业复产，目前日产油 1.2t，日产液 6t，含水率 80%，累计增油 6970.5t。

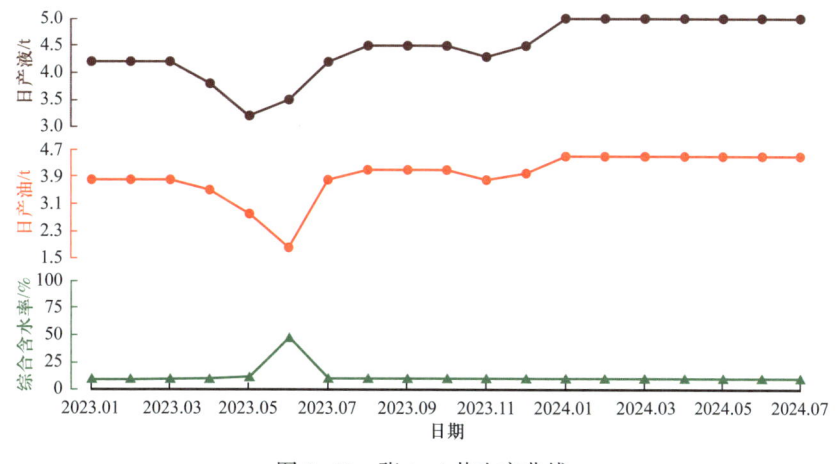

图 2-53 张 1-4 井生产曲线

- 55 -

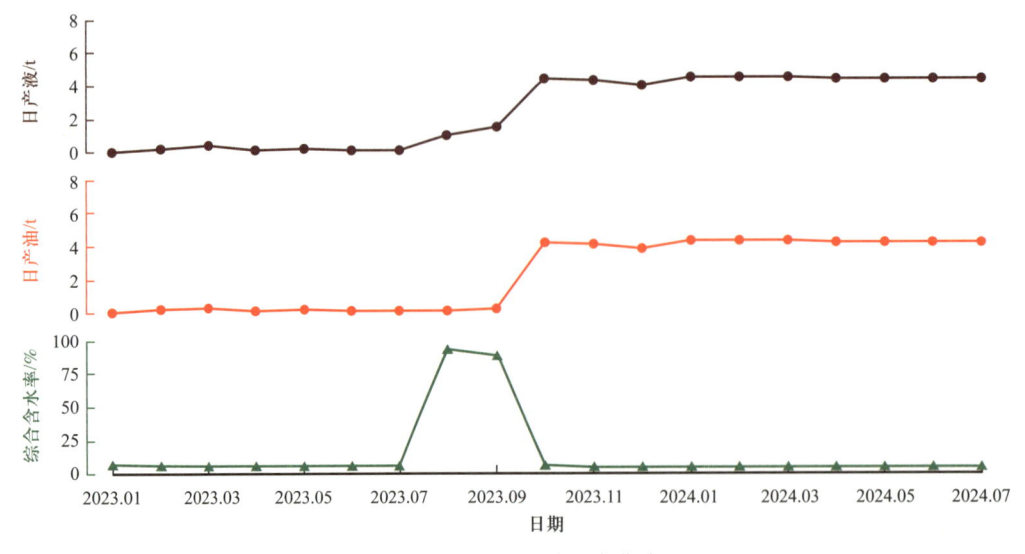

图 2-54 张 1-6 井生产曲线

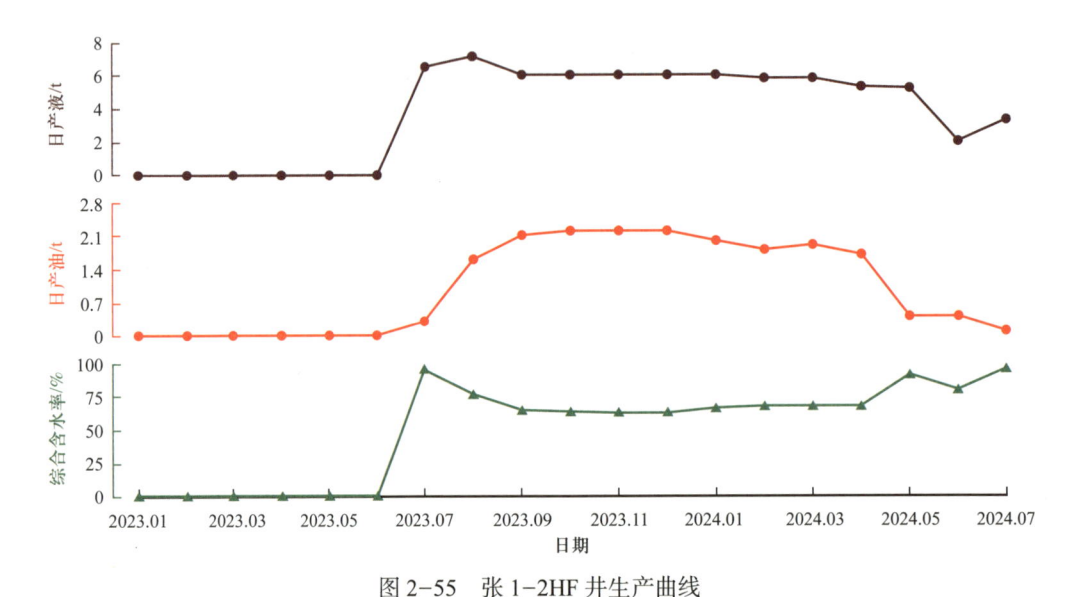

图 2-55 张 1-2HF 井生产曲线

## 第四节　小断块型油藏 $CO_2$ 驱吐结合提高采收率机理

金南油田是典型的复杂小断块油藏，低孔低渗，非均质性非常强，储层间差异特别大，非均质储层区块受到近东西向边界断层的控制，整体上属于一个断鼻构造。含油面积 1.37km²，地质储量 $66×10^4$t，构造受次级断层切割，形成了多个局部封闭的小断块，不同的小断块之间储层差异非常大。该油藏原始地层压力为 22.5MPa，压力系数为 1.01，地层温度为 84.8℃，地温梯度为 3.1℃/100m。针对油田开发存在的问题，开展了金南油田 $CO_2$ 吞吐实验研究、数值模拟研究以及微观气驱特征研究。

# 一、$CO_2$驱微观剩余油赋存状态分析

本次微观$CO_2$驱油实验采用金南油田岩心薄片模型进行，总共制备岩心模型15块，驱替成功3块（表2-12），实验结果见表2-13。

**表2-12 金南油田岩心数据**

| 序号 | 编号 | 原始编号 | 井深/m | 单向气体渗透率$K$/mD | 岩石密度$\rho$/(g/cm³) | 有效孔隙度$\phi$/% | 制备岩心模型数 |
|---|---|---|---|---|---|---|---|
| 1 | 20163190 | 开7-2 | 2199.96~2200.02 | 0.087 | 2.38 | 12.45 | 3 |
| 2 | 20163192 | 开7-4 | 2200.08~2200.15 | 0.078 | 2.38 | 12.72 | 3 |
| 3 | 20163200 | 开8-8 | 2201.66~2201.70 | 0.101 | 2.39 | 11.16 | 3 |
| 4 | 20163219 | 开11-4 | 2422.92~2422.96 | 0.071 | 2.46 | 8.54 | 3 |
| 5 | 20163220 | 开11-5 | 2422.96~2423.00 | 0.098 | 2.43 | 9.54 | 3 |

**表2-13 金南油田岩心实验结果数据**

| 岩心 | 裂缝类型 | 孔隙度/% | 气测渗透率/mD | 液测渗透率/mD | 原始含油饱和度/% | 残余油饱和度/% | 驱替方式 | 驱替效率/% | 剩余油分布 |
|---|---|---|---|---|---|---|---|---|---|
| 8-8 | 一条主裂缝 | 11.16 | 0.101 | 0.051 | 97.83 | 2.17 | $CO_2$非混相驱替 | 97.78 | 孤滴状、膜状 |
| 11-5 | 两条垂直裂缝 | 9.54 | 0.098 | 0.043 | 80.21 | 19.79 | $CO_2$非混相驱替 | 75.33 | 油滴状、段塞状、薄膜状 |
| 11-4 | 一条主裂缝 | 8.54 | 0.071 | 0.049 | 81.72 | 1.64 | $CO_2$混相驱替 | 98.00 | 段状、点状 |

## 1. 一条主裂缝模型非混相驱替

由实验结果可知（图2-56至图2-58），在驱动压差下裂缝中的油气运动基本上呈现出活塞式驱替。在部分较大的裂缝中，注入流体首先沿孔道的中间部位驱动模拟油，留在孔道壁上的模拟油主要沿孔道壁面流动。随着驱替时间延长，$CO_2$逐渐波及中小裂缝中，驱出其中的部分模拟油。气驱油结束后，大部分裂缝交叉处的油几乎被完全驱出，部分裂缝中中间位置的模拟油被驱走，但裂缝壁上仍有膜状剩余油，窄裂缝存在一些孤滴状和膜状的剩余油。

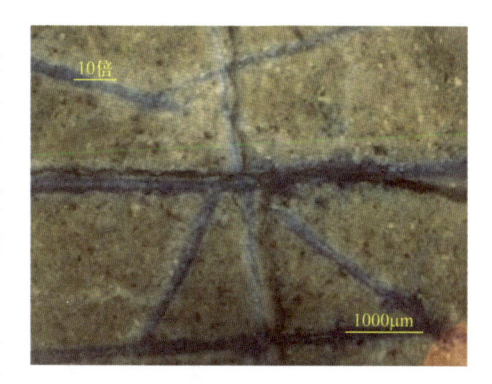

图2-56 一条主裂缝模型非混相驱替饱和染色地层水完成状态

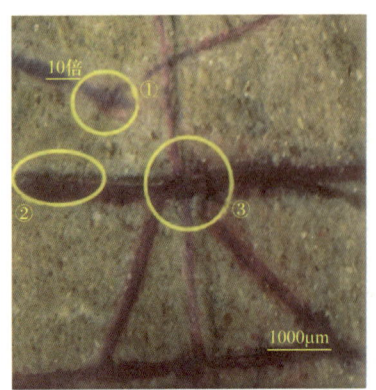

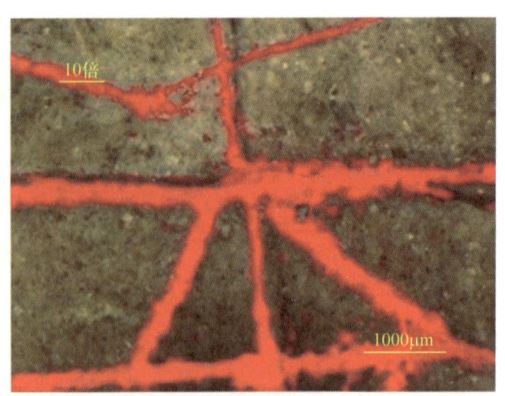

常规驱替图　　　　　　　　　　　　识别油水图

图 2-57　一条主裂缝模型非混相驱替饱和模拟油完成状态

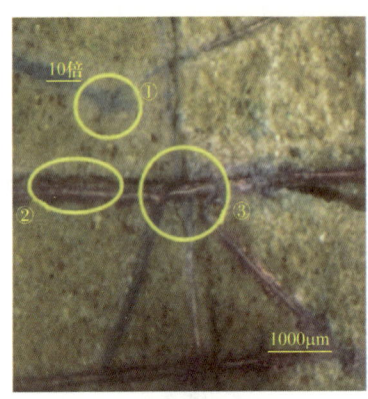

常规驱替图　　　　　　　　　　　　识别油水图

图 2-58　一条主裂缝模型非混相驱替完成后剩余油微观分布状态

## 2. 两条垂直裂缝模型非混相驱替

非混相驱中,残余油的赋存方式以孤滴状、段塞状及薄膜状为主(图 2-59 至图 2-61)。气驱的主要通路形成以后,注入气沿该通路前进,最先绕过阻力较大的微小裂缝,故而导致③处有较多的残余油积攒下来,②处在气驱的过程后期注入气很少,因此留下了段塞状的剩余油。驱替效率约为 75.33%。

图 2-59　两条垂直裂缝模型非混相驱替饱和染色地层水完成状态

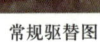

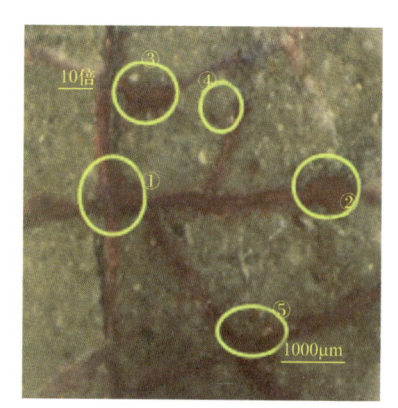

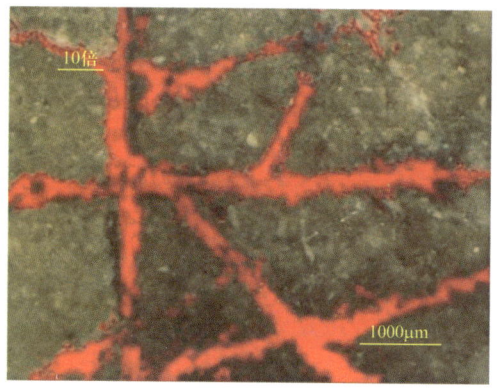

常规驱替图　　　　　　　　　　　　　识别油水图

图 2-60　两条垂直裂缝模型非混相驱替饱和模拟油完成状态

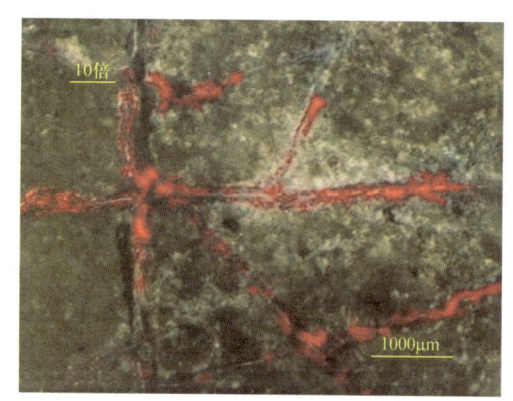

常规驱替图　　　　　　　　　　　　　识别油水图

图 2-61　两条垂直裂缝模型非混相驱替完成后剩余油微观分布状态

### 3. 一条主裂缝模型混相驱替

岩心实测渗透率为 0.071mD，计算得到最终残余油饱和度约为 8.54%。该驱替模式下的饱和染色地层水和饱和模拟油的完成状态分别如图 2-62 和图 2-63 所示，驱替后剩余油分布状态如图 2-64 所示。

图 2-62　一条主裂缝模型混相驱替饱和染色地层水完成状态

常规驱替图　　　　　　　　　　　　识别油水图

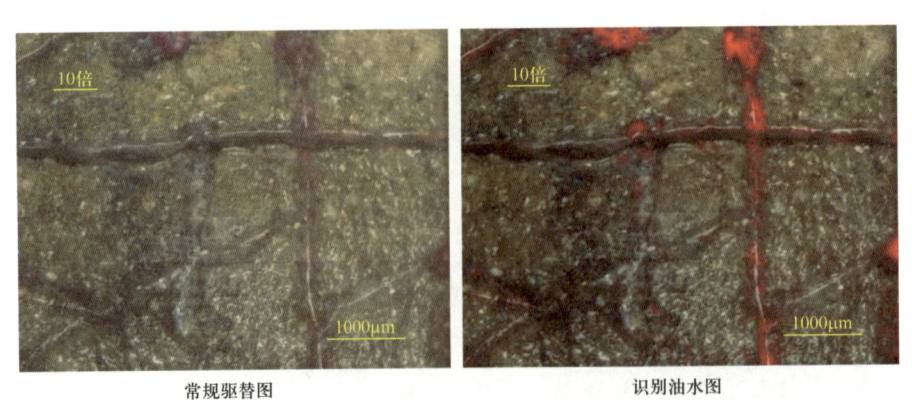

图 2-63　一条主裂缝模型混相驱替饱和模拟油完成状态

常规驱替图　　　　　　　　　　　　识别油水图

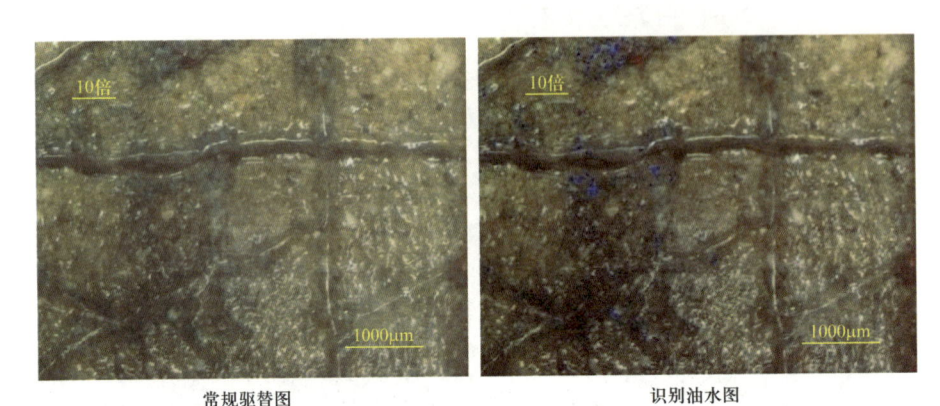

图 2-64　一条主裂缝模型混相驱替完成后剩余油微观分布状态

## 二、$CO_2$—原油相态特征

实验流体取自金南 1 井,通过地面分离器(20℃,0.101MPa)脱气后得到的地面油与地面气组成。计算以后得到井流物的组成(表 2-14)。$CO_2$ 和 $C_1$ 含量为 12.386%,$C_2$—$C_6$ 含量为 5.436%,$C_{7+}$ 含量 82.176%,根据井流物组分的含量确定金南油藏 1 号井储层流体属于典型的黑油。

表 2-14　金南 1 井井流物组成

| 组分 | 摩尔分数 /% | 组分 | 摩尔分数 /% | 组分 | 摩尔分数 /% |
| --- | --- | --- | --- | --- | --- |
| $CO_2$ | 0.295 | $C_8$ | 4.661 | $C_{16}$ | 3.763 |
| $C_1$ | 12.092 | $C_9$ | 4.471 | $C_{17}$ | 3.325 |
| $C_2$ | 1.136 | $C_{10}$ | 3.981 | $C_{18}$ | 4.486 |
| $C_3$ | 1.213 | $C_{11}$ | 2.591 | $C_{19}$ | 4.709 |
| $C_4$ | 1.168 | $C_{12}$ | 2.488 | $C_{20}$ | 3.017 |
| $C_5$ | 1.024 | $C_{13}$ | 3.507 | $C_{21}$ | 2.784 |
| $C_6$ | 0.895 | $C_{14}$ | 3.800 | $C_{22}$ | 2.937 |
| $C_7$ | 2.457 | $C_{15}$ | 3.745 | $C_{23}$ | 2.707 |

续表

| 组分 | 摩尔分数 /% | 组分 | 摩尔分数 /% | 组分 | 摩尔分数 /% |
|---|---|---|---|---|---|
| $C_{24}$ | 2.466 | $C_{29}$ | 2.401 | $C_{34}$ | 0.697 |
| $C_{25}$ | 2.444 | $C_{30}$ | 2.239 | $C_{35}$ | 0.320 |
| $C_{26}$ | 2.347 | $C_{31}$ | 2.045 | $C_{36}$ | 0.390 |
| $C_{27}$ | 2.493 | $C_{32}$ | 1.560 | $C_{36+}$ | 0.004 |
| $C_{28}$ | 2.344 | $C_{33}$ | 0.998 | | |

### 三、$CO_2$ 吞吐驱油实验

长岩心实验所用岩心来自金南金 2-2 井，经人工压裂后组合计算，形成的人工裂缝岩心的孔渗数据见表 2-15。根据金南油田现场提供的金南 1 井地层原油基础物性资料，进行实验室复配储层流体，地层水根据金 2-2 井地层水组成复配。

表 2-15 部分金南金 2-2 井人工裂缝岩心物性

| 岩心编号 | 岩心长度 /cm | 岩心直径 /cm | 孔隙度 /% | 渗透率 /mD | 孔隙体积 /% |
|---|---|---|---|---|---|
| 8-1 | 5.725 | 2.521 | 9.41 | 106.58 | 2.69 |
| 8-4 | 5.728 | 2.526 | 10.42 | 86.51 | 2.99 |
| 11-1 | 5.719 | 2.521 | 5.72 | 119.98 | 1.63 |
| 11-4 | 4.441 | 2.523 | 8.76 | 86.15 | 1.94 |
| 11-3 | 5.734 | 2.536 | 7.24 | 82.06 | 2.10 |
| 11-2 | 5.752 | 2.533 | 5.38 | 129.75 | 1.56 |
| 8-3 | 5.299 | 2.532 | 9.98 | 132.61 | 2.66 |
| 8-7 | 5.776 | 2.531 | 10.21 | 137.59 | 2.97 |
| 8-5 | 5.789 | 2.537 | 10.27 | 182.87 | 3.00 |
| 合计 / 平均 | 49.963 | 2.529 | 8.60 | 118.23 | 21.54 |

#### 1. 不同 $CO_2$ 注入压力吞吐实验

不同 $CO_2$ 注入压力吞吐实验结果见表 2-16。

表 2-16 不同 $CO_2$ 注入压力下累计采油量和采出程度

| 开采阶段 | 累计采油量 /g | 采出程度 /% |
|---|---|---|
| 衰竭开采阶段 | 0.8055 | 6.72 |
| 注入压力 22.5MPa | 0.8187 | 6.833 |
| 注入压力 18.5MPa | 0.4788 | 3.996 |
| 注入压力 14.5MPa | 0.2499 | 2.086 |

## 2. 不同 $CO_2$ 注入速度吞吐实验

不同 $CO_2$ 注入速度吞吐实验结果见表 2-17。

表 2-17　不同 $CO_2$ 注入速度下累计采油量和采出程度

| 开采阶段 | 累计采油量 /g | 采出程度 /% |
|---|---|---|
| 衰竭开采阶段 | 0.7964 | 6.65 |
| 注入速度 0.125mL/mim | 0.5284 | 4.41 |
| 注入速度 0.25mL/mim | 0.6024 | 5.027 |
| 注入速度 0.5mL/mim | 0.651 | 5.43 |

## 3. 不同焖井时间 $CO_2$ 吞吐实验

不同焖井时间 $CO_2$ 吞吐实验结果见表 2-18。

表 2-18　不同焖井时间下累计采油量和采出程度

| 开采阶段 | 累计采油量 /g | 采出程度 /% |
|---|---|---|
| 衰竭开采阶段 | 0.7824 | 6.53 |
| 焖井时间 12h | 0.4788 | 3.996 |
| 焖井时间 24h | 0.5141 | 4.291 |
| 焖井时间 36h | 0.521 | 4.35 |

## 4. $CO_2$ 多周期吞吐实验

$CO_2$ 多周期吞吐实验结果见表 2-19，整个开采过程共采出油量 3.17g。

表 2-19　不同开采阶段下累计采油量和采出程度

| 开采阶段 | 累计采油量 /g | 累计采出程度 /% |
|---|---|---|
| 衰竭开采阶段 | 1.09 | 6.39 |
| 第一吞吐周期 | 1.15 | 13.14 |
| 第二吞吐周期 | 0.62 | 16.80 |
| 第三吞吐周期 | 0.31 | 18.63 |

## 5. 实验小结

实验证明，$CO_2$ 吞吐能有效提高原油采收率。针对金南金 2-2 井，在第一轮 $CO_2$ 吞吐后采收率提高幅度较大，采出程度比衰竭开采增加 6.75%；在第二轮吞吐后采收率提高幅度有所降低，为 3.659%；第三轮吞吐后采收率提高幅度更小，仅有 1.83%。为了满足经济效益，建议进行两轮吞吐比较合理。

## 四、$CO_2$吞吐数值模拟

### 1. 模型建立

1)地质模型

根据 JK-13 的测井资料建立单井机理模型,储层基础物性参数见表 2-20。驱动能量为弹性驱,没有边底水补充能量。

表 2-20 JK-13 井测井资料

| 垂深井段 /m | 厚度 /m | 测井解释 | 孔隙度 /% | 渗透率 /mD |
|---|---|---|---|---|
| 2127.34~2130.65 | 2.31 | 油层 | 14.2 | 13.5 |
| 2138.62~2141.13 | 2.51 | 差油层 | 11.3 | 8.7 |
| 2143.59~2144.70 | 1.11 | 差油层 | 11.8 | 7.9 |
| 2146.49~2147.30 | 0.81 | 油层 | 13.5 | 12.0 |
| 2147.30~2147.93 | 0.63 | 差油层 | 12.1 | 10.4 |
| 2148.89~2150.03 | 1.14 | 油层 | 14.2 | 14.5 |
| 2150.70~2152.50 | 1.80 | 差油层 | 11.6 | 7.4 |
| 2155.99~2157.66 | 1.67 | 油层 | 14.7 | 16.1 |
| 2157.66~2158.59 | 0.93 | 差油层 | 12.5 | 11.2 |
| 2161.47~2162.51 | 1.04 | 油层 | 13.0 | 12.5 |

模型采用径向网格系统(图 2-65 至图 2-67),网格划分为 24×1×17,纵向一共 17 层,有效层为 10 层,有效厚度 13.95m。可以看出储层和隔层在纵向上交替分布,且每一小层厚度较小。

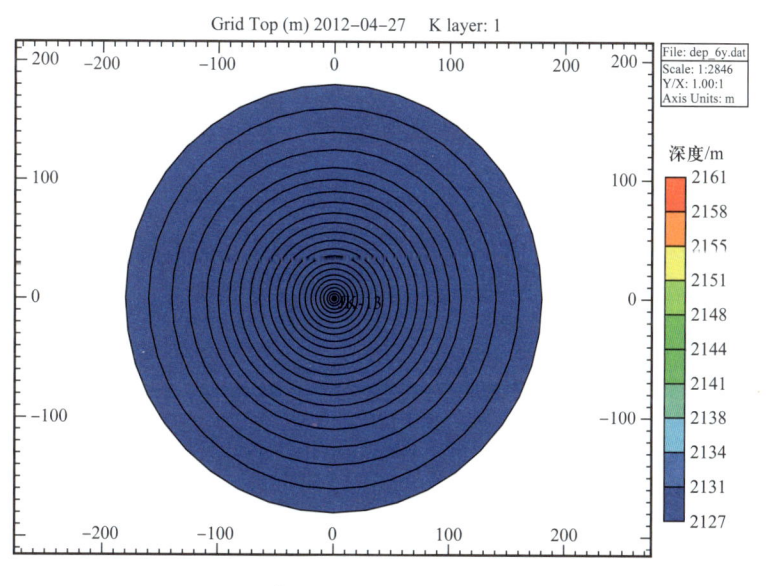

图 2-65 薄互层径向机理模型平面分布图
纵横坐标轴为距离,单位为 m,下同含义

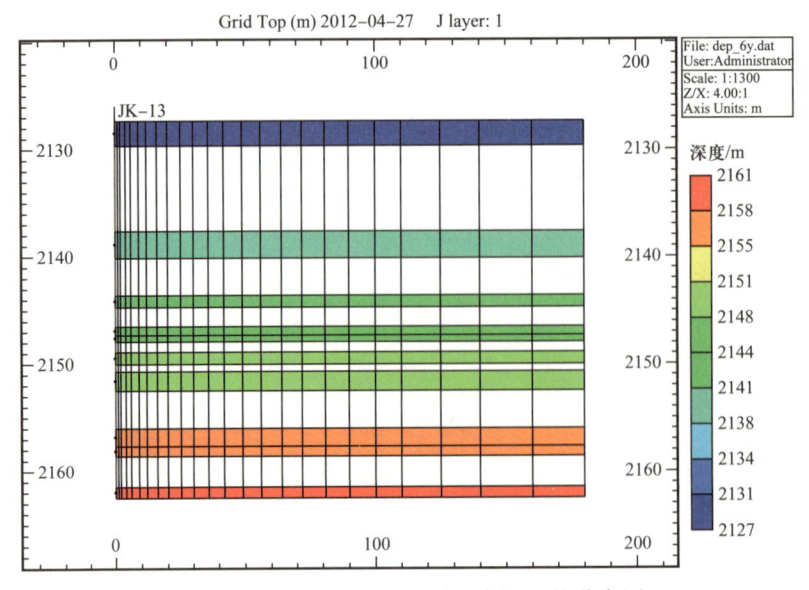

图 2-66　薄互层径向机理模型剖面网格分布图

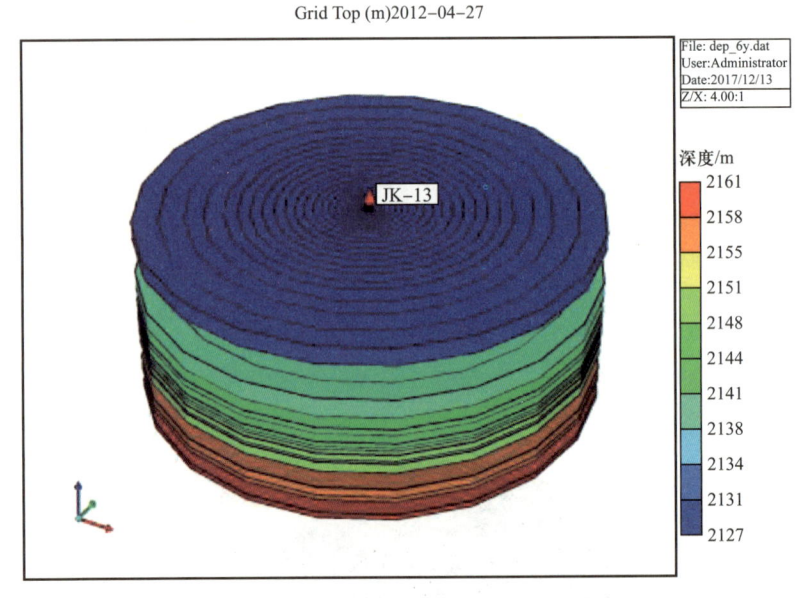

图 2-67　薄互层径向机理模型三维网格分布图

2）储层流体相渗

机理模型所用的油水相渗曲线和气液相渗曲线为油田测试，对实验数据进行平滑处理后得到。由油水相渗曲线可知，储层岩石亲水，束缚水饱和度高（图 2-68、图 2-69）。

3）井模型

对该机理模型进行初始化垂向平衡，建立初始化油藏温度、压力系统。薄互层单层较薄、产能低，根据实际射孔情况，将垂向共计 10 层的有效储层全部射孔，建立生产井 JK-13 井薄互层径向机理模型（图 2-70）。

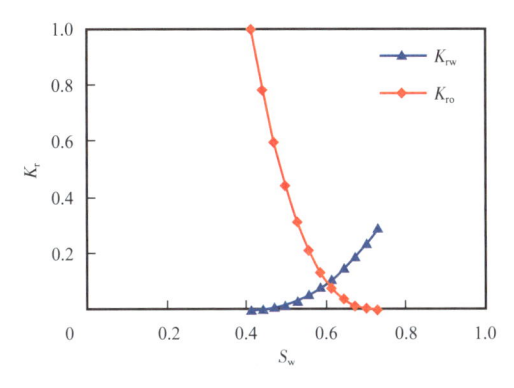

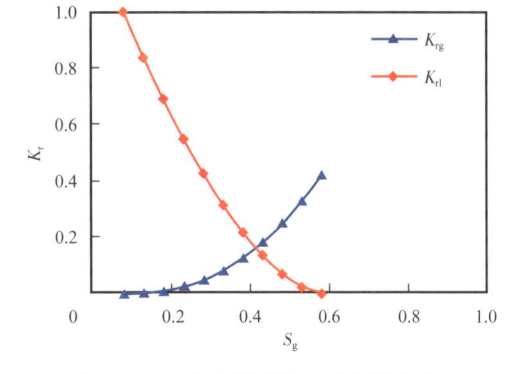

图 2-68 机理模型的油水相渗曲线　　　　图 2-69 机理模型的气液相渗曲线

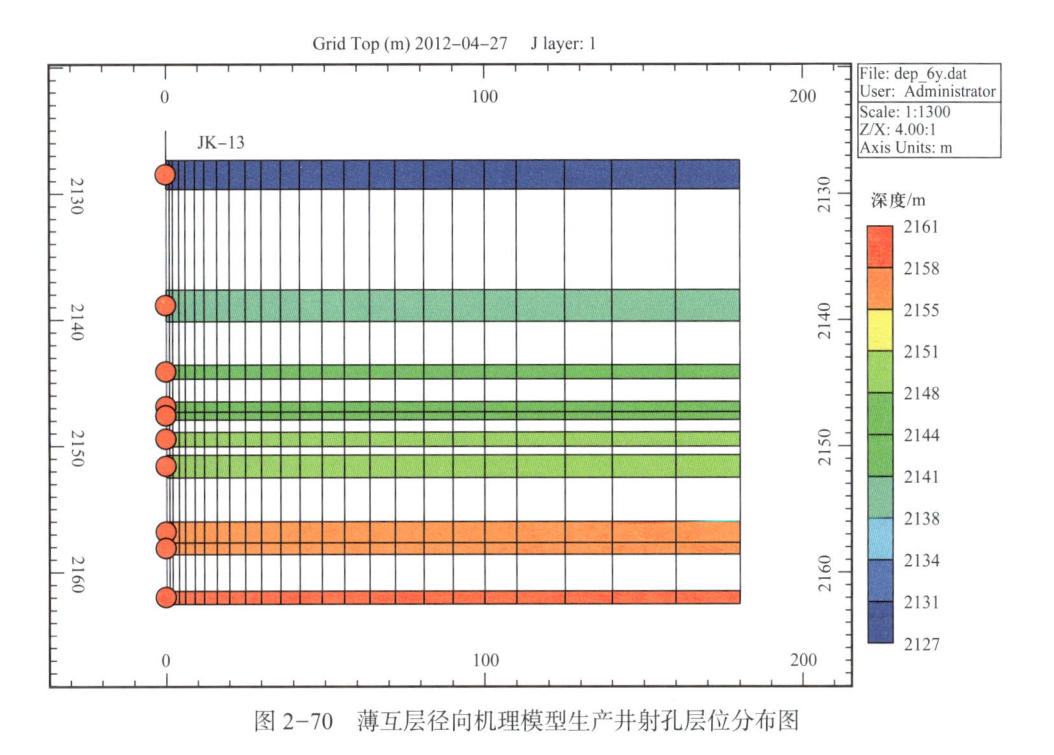

图 2-70 薄互层径向机理模型生产井射孔层位分布图

## 2. 动态生产数据拟合

薄互层机理模型没有边底水，束缚水饱和度较高，历史生产阶段产水量较低，拟合的重点是日产油量、日产液量以及井底流压。由于缺少井底流压数据，只进行日产油量和日产液量拟合（图 2-71、图 2-72）。

## 3. 衰竭式开发模拟

衰竭式开发方案最大采液速度为 $3m^3/d$，考虑到与注气吞吐方案行对比，最小井底流压为 4.184MPa，即最小井底流压为饱和压力，方案模拟生产时间 6 年。由模拟结果可知（图 2-73、图 2-74），衰竭式开发方案平均地层压力以及日产油量快速下降，衰竭式开发累计采油量 6086.23t，采收率 6.25%，储层原油采出程度非常低。

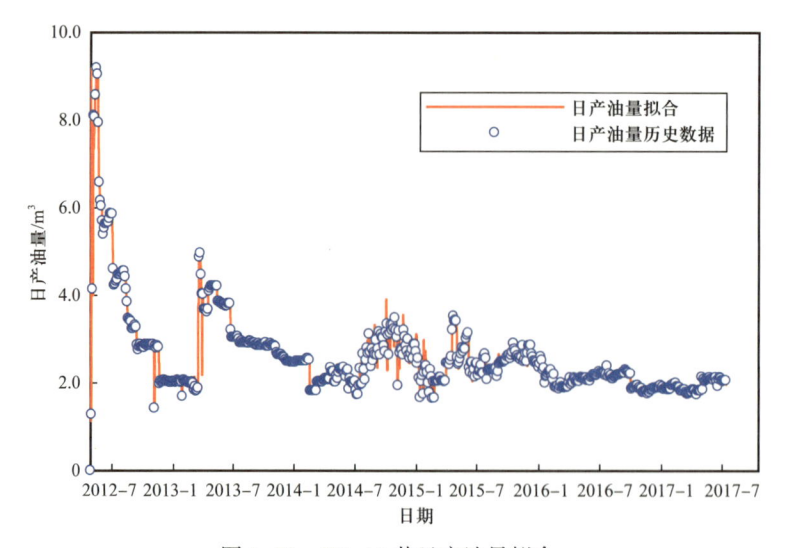

图 2-71　JK-13 井日产油量拟合

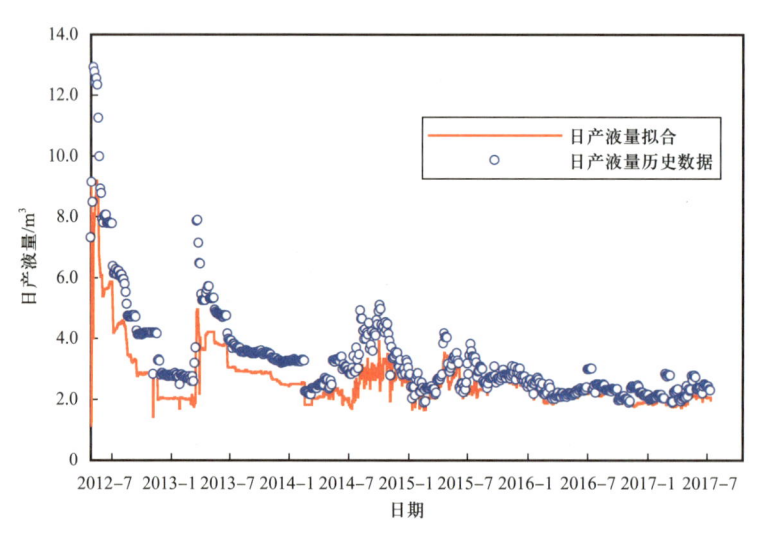

图 2-72　JK-13 井日产液量拟合

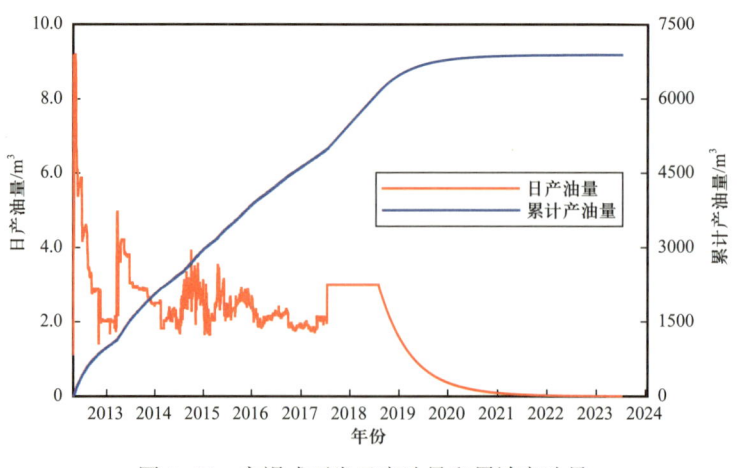

图 2-73　衰竭式开发日产油量和累计产油量

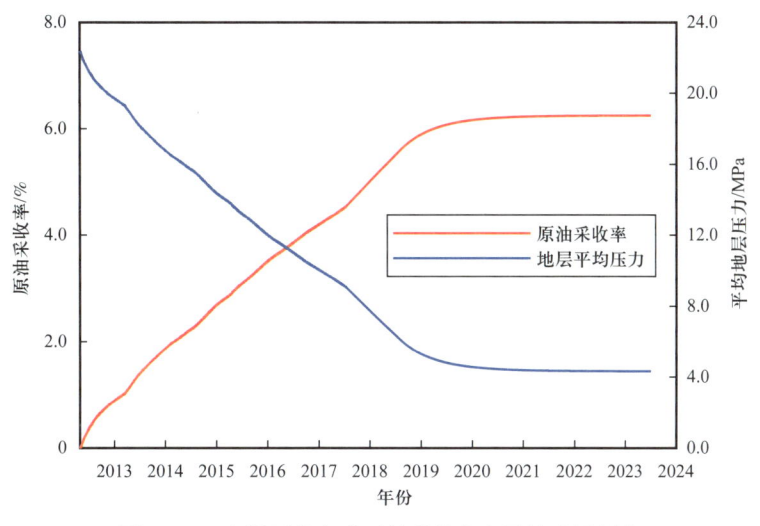

图 2-74 衰竭开发方式下的采收率和平均地层压力

### 4. 注 $CO_2$ 吞吐影响因素

低渗薄互层油藏衰竭式开发采出程度非常低，具有独有的特征，一般通过注 $CO_2$ 吞吐技术来进一步提高油藏的采出程度，因此有必要对该类低渗薄互层油藏开展 $CO_2$ 吞吐提高采收率的可行性进行研究。采用控制单一变量法分别从注入时机、注入量、注入速度、焖井时间、注入周期等方面进行敏感性分析。

1）注 $CO_2$ 吞吐评价方法

$CO_2$ 吞吐的评价指标主要是增油量、换油率和采收率。增油量的计算是以 $CO_2$ 吞吐之前的产油量为基准，通过对比同一段生产时期内吞吐后的产油量与以原来的方式继续生产的产油量的差值来确定。$CO_2$ 换油率是指每向储层注入 1t 的 $CO_2$ 所增产的原油量。油藏采收率是指采出的油量占地质储量的百分比。

2）$CO_2$ 注入时机和注入量优化

根据衰竭式开发方案，日产油衰竭为 $3m^3/d$、$2.5m^3/d$、$2m^3/d$ 时对应的日期 2018 年 8 月 3 日、2018 年 9 月 14 日、2018 年 11 月 8 日为注入时机。根据经验公式确定地层破裂压力 33.75MPa，以破裂压力恒压注气，结果显示 $CO_2$ 注入能力为 161.6~188.5t/d，本章吞吐方案设置 $CO_2$ 最大注入量为 160t/d。方案设置：注气速度 100t/d，注入量分别为 200t、400t、600t、800t、1000t、1200t，焖井时间 10 天，最大产液速度 $3m^3/d$，生产井最小井底流压 4.184MPa。增油量是以开井后生产 18 个月为计算标准。

由模拟结果可知（表 2-21 至表 2-23、图 2-75 至图 2-77），增油量随 $CO_2$ 注入量呈线性增加趋势，优选 $CO_2$ 注入量为 1000t。增油量 402.31t，换油率 0.402t 油 /t $CO_2$，对应吞吐最大日产油为 $2.84m^3$，同一时间衰竭式开发日产油为 $1.25m^3$，增产比为 2.27，增产幅度一般，但是增产周期时间较长。由于衰竭式开发日产油快速降低，表现为增产比持续变大。

表 2-21　注入时机一（2018 年 8 月 3 日）CO$_2$ 吞吐生产数据

| 序号 | 注入速度 /(t/d) | 注入量 /t | 注入时间 /天 | 焖井时间 /天 | 增油量 /t | 换油率 /(t 油 /t CO$_2$) |
|---|---|---|---|---|---|---|
| 1 | 100 | 200 | 2 | 10 | 35.80 | 0.179 |
| 2 | 100 | 400 | 4 | 10 | 114.12 | 0.285 |
| 3 | 100 | 600 | 6 | 10 | 171.94 | 0.287 |
| 4 | 100 | 800 | 8 | 10 | 263.61 | 0.330 |
| 5 | 100 | 1000 | 10 | 10 | 329.02 | 0.329 |
| 6 | 100 | 1200 | 12 | 10 | 406.82 | 0.339 |

表 2-22　注入时机二（2018 年 9 月 14 日）CO$_2$ 吞吐生产数据

| 序号 | 注入速度 /(t/d) | 注入量 /t | 注入时间 /天 | 焖井时间 /天 | 增油量 /t | 换油率 /(t 油 /t CO$_2$) |
|---|---|---|---|---|---|---|
| 1 | 100 | 200 | 2 | 10 | 51.45 | 0.257 |
| 2 | 100 | 400 | 4 | 10 | 137.55 | 0.344 |
| 3 | 100 | 600 | 6 | 10 | 210.66 | 0.351 |
| 4 | 100 | 800 | 8 | 10 | 288.54 | 0.361 |
| 5 | 100 | 1000 | 10 | 10 | 361.64 | 0.362 |
| 6 | 100 | 1200 | 12 | 10 | 424.85 | 0.354 |

表 2-23　注入时机三（2018 年 11 月 8 日）CO$_2$ 吞吐生产数据

| 序号 | 注入速度 /(t/d) | 注入量 /t | 注入时间 /天 | 焖井时间 /天 | 增油量 /t | 换油率 /(t 油 /t CO$_2$) |
|---|---|---|---|---|---|---|
| 1 | 100 | 200 | 2 | 10 | 73.91 | 0.366 |
| 2 | 100 | 400 | 4 | 10 | 166.28 | 0.416 |
| 3 | 100 | 600 | 6 | 10 | 243.54 | 0.406 |
| 4 | 100 | 800 | 8 | 10 | 320.89 | 0.401 |
| 5 | 100 | 1000 | 10 | 10 | 402.31 | 0.402 |
| 6 | 100 | 1200 | 12 | 10 | 441.56 | 0.368 |

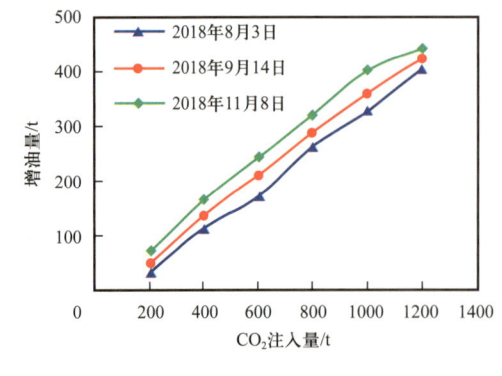

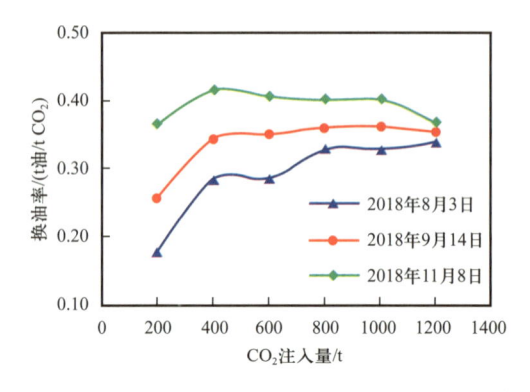

图 2-75　不同 CO$_2$ 注入量和注入时机下的增油量　图 2-76　不同 CO$_2$ 注入量和注入时机下的换油率

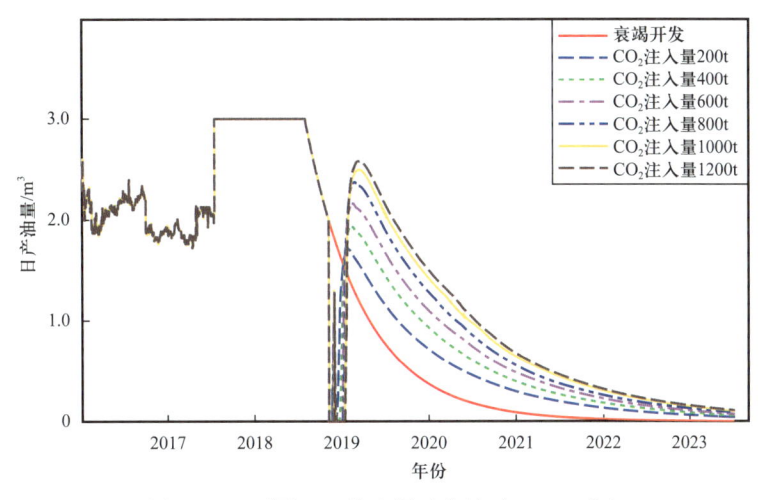

图 2-77　不同 $CO_2$ 注入量日产油（JK-13 井）

3）$CO_2$ 注入速度优化

方案设置：注入量 1000t，注入速度分别为 80t/d、100t/d、120t/d、140t/d、160t/d，焖井时间 10 天，最大产液速度 3m³/d，最小井底流压 4.184MPa。增油量是以 $CO_2$ 吞吐生产 18 个月为计算周期，方案模拟结果如表 2-24 和图 2-78 至图 2-80 所示。

表 2-24　不同 $CO_2$ 注入速度吞吐生产数据

| 序号 | 注入速度 /（t/d） | 注入量 /t | 注入时间 / 天 | 焖井时间 / 天 | 增油量 /t | 换油率 /（t 油 /t $CO_2$） |
|---|---|---|---|---|---|---|
| 1 | 80 | 1000 | 13 | 10 | 394.53 | 0.395 |
| 2 | 100 | 1000 | 10 | 10 | 402.31 | 0.402 |
| 3 | 120 | 1000 | 9 | 10 | 410.79 | 0.411 |
| 4 | 140 | 1000 | 8 | 10 | 394.09 | 0.394 |
| 5 | 160 | 1000 | 7 | 10 | 392.23 | 0.392 |

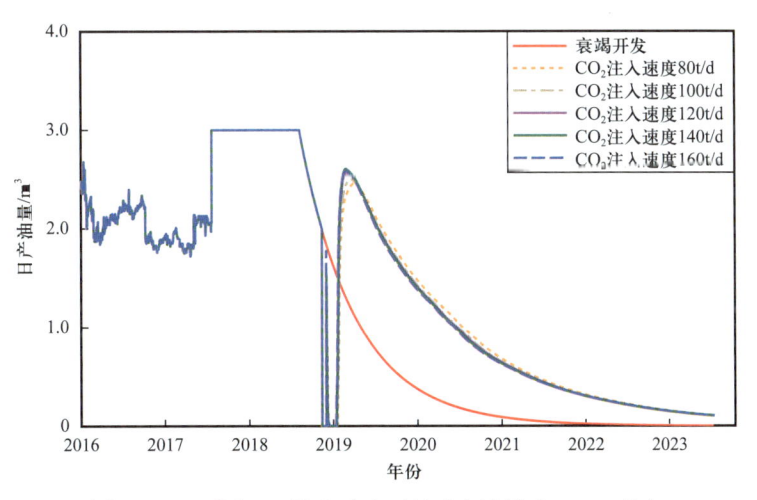

图 2-78　不同 $CO_2$ 注入速度下的日产油量（JK-13 井）

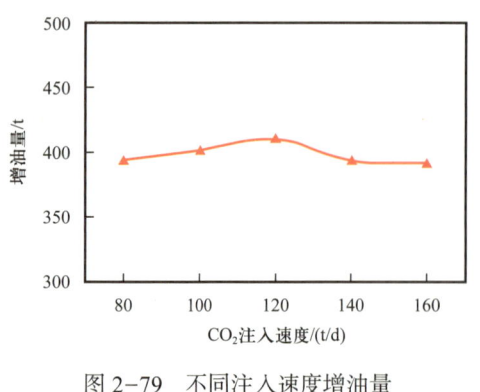

图 2-79　不同注入速度增油量 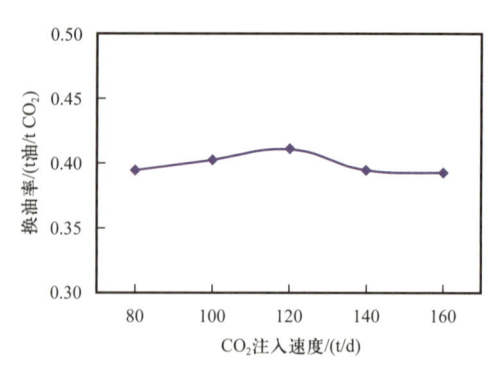　　　　　图 2-80　不同注入速度换油率

4）注 $CO_2$ 焖井时间优化

方案设置：注入速度 120t/d，注入量 1000t，焖井时间分别为 4 天、6 天、8 天、10 天、12 天、14 天、16 天、18 天、20 天、22 天，最大产液速度 3m³/d，生产井最小井底流压 4.184MPa。增油量是以 $CO_2$ 吞吐开井后生产 18 个月为计算周期。

由模拟结果可知（表 2-25、图 2-81 至图 2-83），随着焖井时间的增加，增油量和换油率均先上升，后缓慢降低。当焖井时间为 18 天，增油量达到最大为 468.08t，换油率也达到最大 0.468t 油 /t $CO_2$。因此，优选焖井时间 18 天。

表 2-25　不同 $CO_2$ 焖井时间吞吐生产数据

| 序号 | 注入速度 /（t/d） | 注入量 /t | 注入时间 / 天 | 焖井时间 / 天 | 增油量 /t | 换油率 /（t 油 /t $CO_2$） |
| --- | --- | --- | --- | --- | --- | --- |
| 1 | 120 | 1000 | 9 | 4 | 345.38 | 0.345 |
| 2 | 120 | 1000 | 9 | 6 | 362.35 | 0.362 |
| 3 | 120 | 1000 | 9 | 8 | 374.82 | 0.375 |
| 4 | 120 | 1000 | 9 | 10 | 388.69 | 0.389 |
| 5 | 120 | 1000 | 9 | 12 | 400.54 | 0.401 |
| 6 | 120 | 1000 | 9 | 14 | 426.35 | 0.426 |
| 7 | 120 | 1000 | 9 | 16 | 439.88 | 0.440 |
| 8 | 120 | 1000 | 9 | 18 | 468.08 | 0.468 |
| 9 | 120 | 1000 | 9 | 20 | 466.58 | 0.467 |
| 10 | 120 | 1000 | 9 | 22 | 461.98 | 0.462 |

5）注 $CO_2$ 吞吐优化参数确定

通过以上敏感性分析，初步确定了该低渗薄互层直井机理模型注 $CO_2$ 吞吐的相关优化参数，注入时间为 2018 年 11 月 18 日、注入量为 1000t，注入速度为 120t/d，焖井时间为 18 天，吞吐后日产油最大为 2.84m³，设置为 3m³/d。最优参数组合见表 2-26。

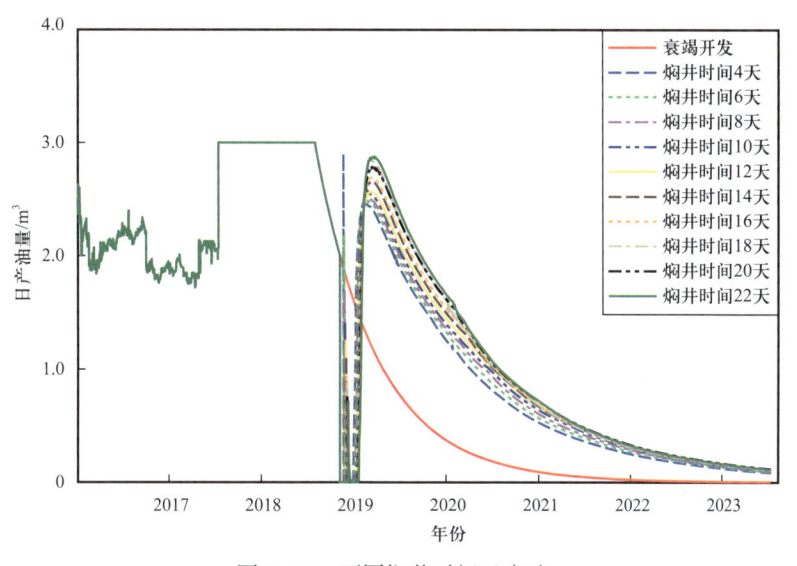

图 2-81　不同焖井时间日产油

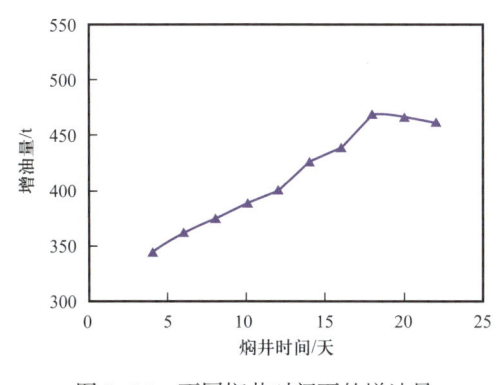

图 2-82　不同焖井时间下的增油量

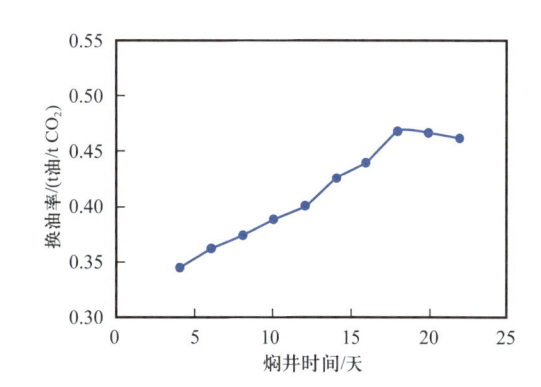

图 2-83　不同焖井时间下的换油率

表 2-26　注 $CO_2$ 吞吐参数优化组合

| 注入时机 | 注入量 /t | 注入速度 /(t/d) | 焖井时间 / 天 |
| --- | --- | --- | --- |
| 2018 年 11 月 18 日 | 1000 | 120 | 18 |

由模拟结果可知（图 2-84、图 2-85），吞吐后增产期比较长，在整个生产周期内，与衰竭式开发相比，采收率由衰竭式开发方案下的 6.25% 上升到 7.10%，增加了 0.85 个百分点，增幅为 13.6%。第 1 周期吞吐增油量比较明显。

6）吞吐周期和优化方案

以第 1 周期吞吐优化参数为依据进行多周期吞吐。方案设置：注入量为 1000t，注入速度为 120t/d，焖井时间为 18 天，最大产液速度为 3m³/d，以第 1 周期注 $CO_2$ 吞吐为基准，当第 1 周期吞吐后日产油量低于 1m³ 时开始进行第 2 周期注 $CO_2$ 吞吐，同理，当第 2 周期吞吐后日产油量小于 0.8m³ 时开始进行第 3 周期吞吐。生产时间至 2023 年 7 月 15 日关井。方案模拟结果如表 2-27、图 2-86 和图 2-87 所示。

表 2-27 不同吞吐周期生产数据

| 方案 | 累计采油量 /t | 实际增油量 /t | 实际换油率 /（t 油 /t CO$_2$） | 采收率 /% |
| --- | --- | --- | --- | --- |
| 衰竭式开发 | 6086.23 | — | — | 6.25 |
| 第 1 周期吞吐 | 6912.16 | 825.93 | 0.826 | 7.10 |
| 第 2 周期吞吐 | 7294.37 | 382.21 | 0.382 | 7.49 |
| 第 3 周期吞吐 | 7312.35 | 17.98 | 0.018 | 7.51 |

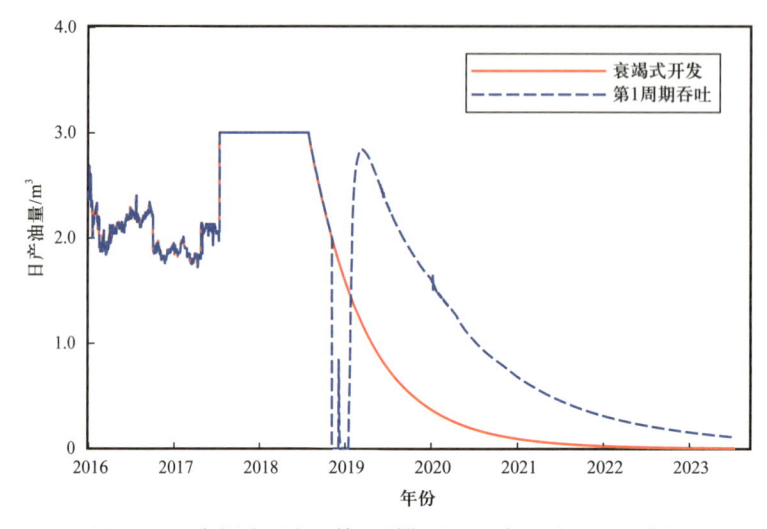

图 2-84 衰竭式开发和第 1 周期吞吐日产油（JK-13 井）

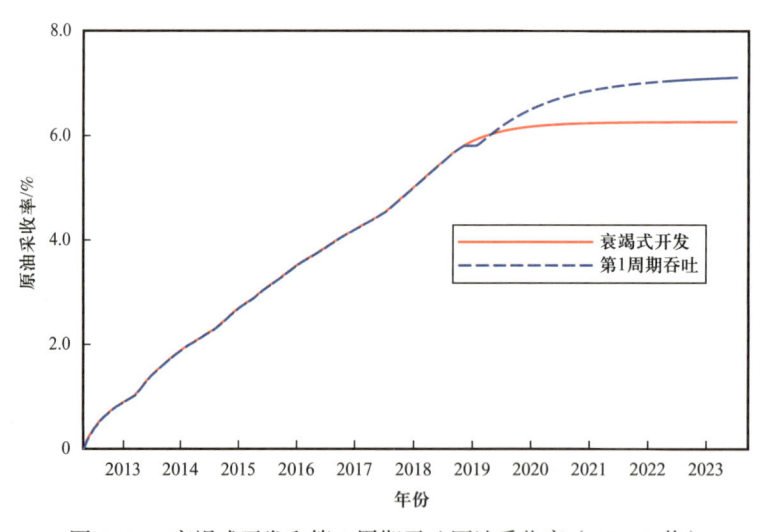

图 2-85 衰竭式开发和第 1 周期吞吐原油采收率（JK-13 井）

根据模拟结果优选第 2 周期吞吐。优化方案模拟，产油量从 6086.23t 增加到 7294.37t，实际增油量为 1208.14t（图 2-88、图 2-89）。平均换油率为 0.604t 油 /t CO$_2$。原油采收率从 6.25% 增加到 7.49%，增加了 1.24 个百分点，增幅为 19.84%，第 1 周期吞吐效果比第 2 周期好。从实际开发角度而言，优化方案增产效果一般。

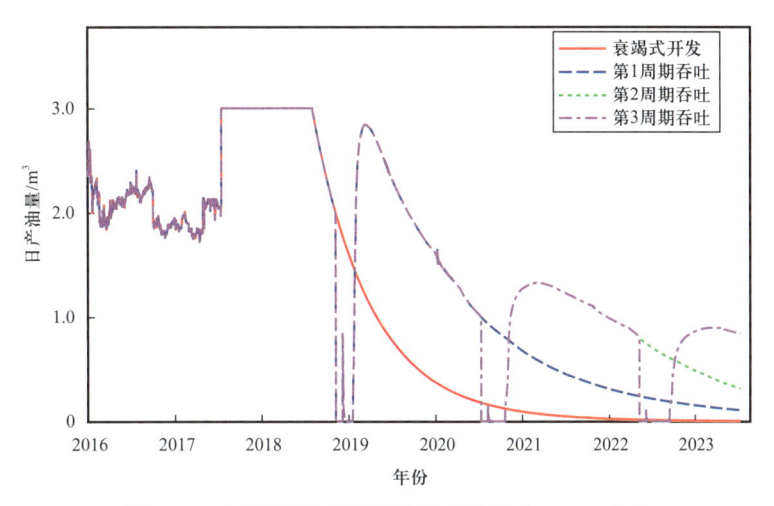

图 2-86 不同吞吐周期下的日产油量（JK-13 井）

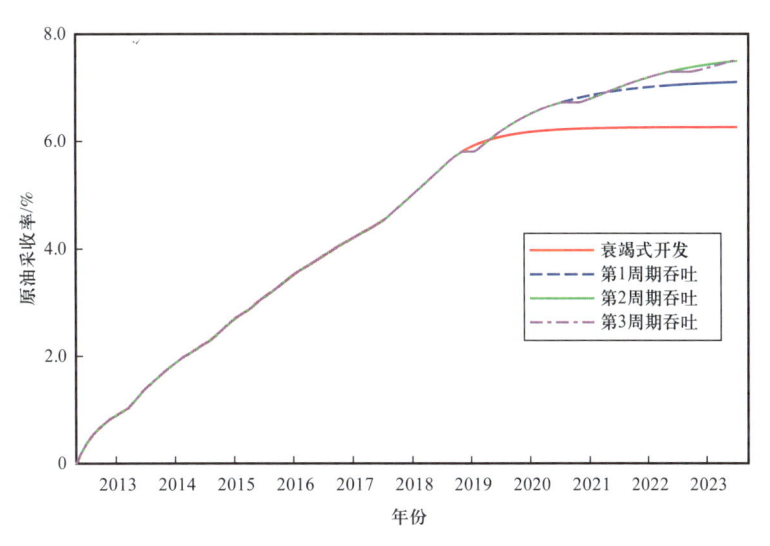

图 2-87 不同吞吐周期下的原油采收率（JK-13 井）

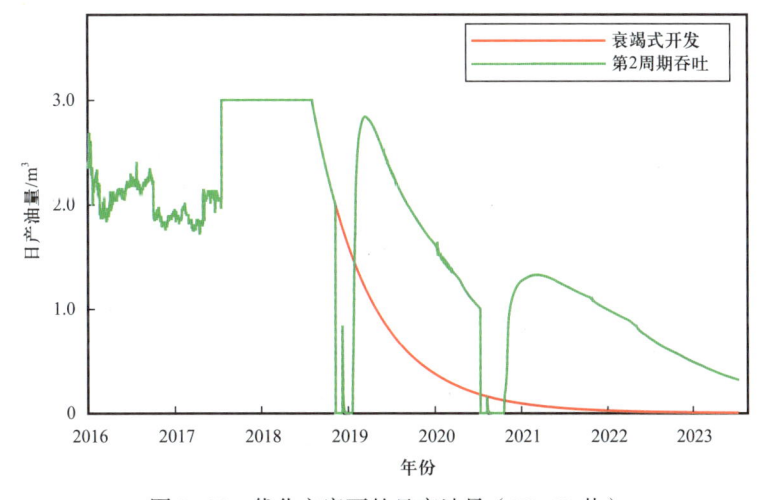

图 2-88 优化方案下的日产油量（JK-13 井）

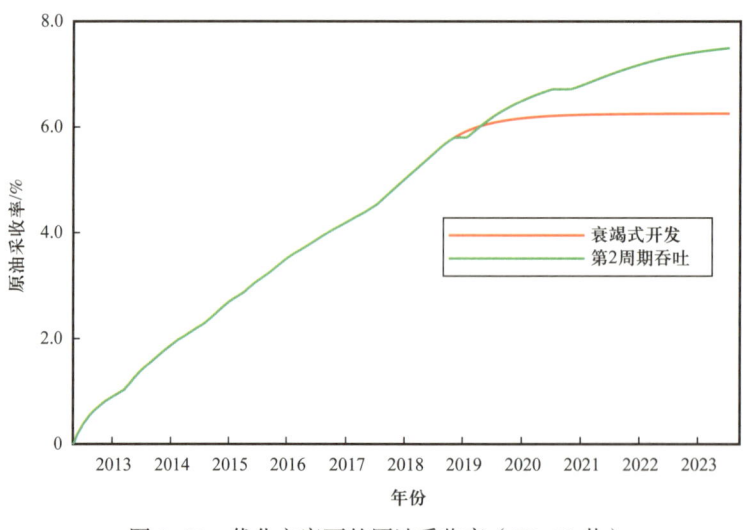

图 2-89　优化方案下的原油采收率（JK-13 井）

## 第五节　页岩油藏 $CO_2$ 压驱增能吞吐机理

页岩油储层岩石粒度从细砂岩到泥质粉砂岩不等，岩性组分复杂，以纳米—微米级孔喉系统为主，产量递减快，注水难度大，最终采出程度低。$CO_2$ 增能吞吐技术是提高页岩油储层采收率的有效方法之一，该技术可以充分发挥渗吸作用补充地层能量，实现原油降黏、膨胀及混相。

### 一、页岩油 $CO_2$ 吞吐实验研究

实验仪器主要有配样器、长岩心驱替装置、采出端油气分离器、高温高压密度仪以及高温高压落球黏度仪（图 2-90）。

图 2-90　多功能长岩心驱替实验装置

取 QY2HF 井的多块岩心经人工压裂后经组合计算，形成长岩心驱替模型。岩心压制人工裂缝前均为致密基质岩心。经考虑，对基质岩心开展了压制人工裂缝试验，形成的人工裂缝岩心。

实验流程主要由注入泵系统、长岩心夹持器、回压调节器、压差表、控温系统和气量计等组成（图 2-91）。

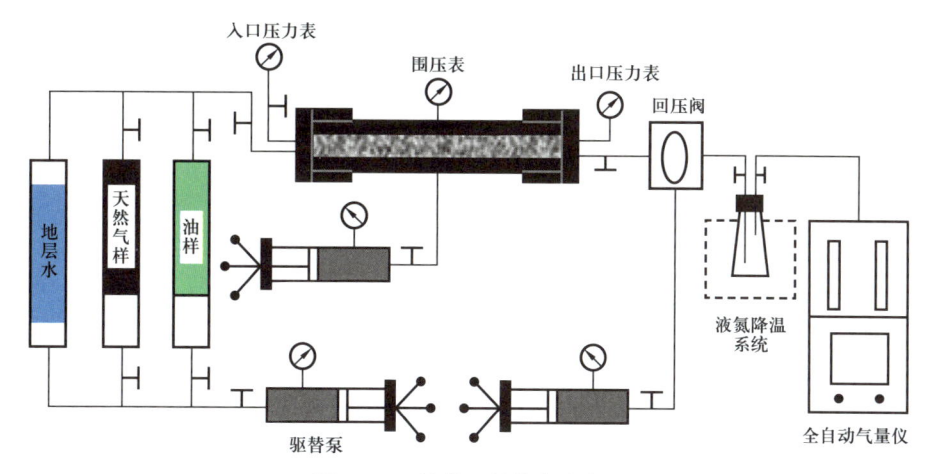

图 2-91 长岩心驱替实验流程

实验用气为依照现场气体组成配制的干气，实验配样数据见表 2-28，QY2HF 气体组成见表 2-29。

表 2-28 实验配样数据

| 井号 | 配样温度/℃ | 配样压力/MPa | 配样气油比/m³/m³ | 地层原油体积系数/m³/m³ |
| --- | --- | --- | --- | --- |
| QY2HF | 134.21 | 50 | 36.44 | 1.2243 |

表 2-29 QY2HF 气体组成

| 组分 | 气体组分（摩尔分数）/% | 组分 | 气体组分（摩尔分数）/% |
| --- | --- | --- | --- |
| $C_1$ | 67.69 | $C_6$ | 0.35 |
| $C_2$ | 12.75 | $C_7$ | 0 |
| $C_3$ | 12.13 | $CO_2$ | 0.37 |
| $C_4$ | 5.33 | $N_2$ | 0 |
| $C_5$ | 1.38 | — | — |

实验的岩心取自 QY2HF 井，由于岩性致密，基质渗透率太小，经人工压裂后组合建立长岩心物理模型（图 2-92），岩心孔渗、岩心排序等基础数据测试结果见表 2-30。

图 2-92 压裂后岩心样品

表 2-30 部分 QY2HF 人工裂缝岩心物性

| 岩心 | 长度/cm | 直径/cm | 孔隙度/% | 渗透率（净压力 5MPa）/mD | 外观体积/cm³ | 孔隙体积/cm³ | 排序至出口 |
|---|---|---|---|---|---|---|---|
| 3 | 5.10 | 2.56 | 5.63 | 44.31 | 26.55 | 2.47 | ↑ |
| 9 | 4.94 | 2.58 | 3.98 | 41.61 | 25.58 | 2.49 | |
| 7 | 5.09 | 2.56 | 8.93 | 90.89 | 27.00 | 2.34 | |
| 合计 | 15.13 | | | | | 7.30 | |

开采过程共采出油量 1.871mL，总采出程度为 29.68%。随着吞吐周期的增加，采出的油量逐渐减少；第 1 吞吐周期采出程度最高，随后逐渐降低（表 2-31、图 2-93、图 2-94）。

表 2-31 不同开采阶段的采油量和采收率

| 周期 | 采油量/mL | 采收率/% |
|---|---|---|
| 第 1 周期 | 0.6859 | 10.88 |
| 第 2 周期 | 0.4152 | 6.59 |
| 第 3 周期 | 0.3971 | 6.30 |
| 第 4 周期 | 0.2708 | 4.29 |
| 第 5 周期 | 0.0583 | 0.92 |
| 第 6 周期 | 0.0432 | 0.68 |

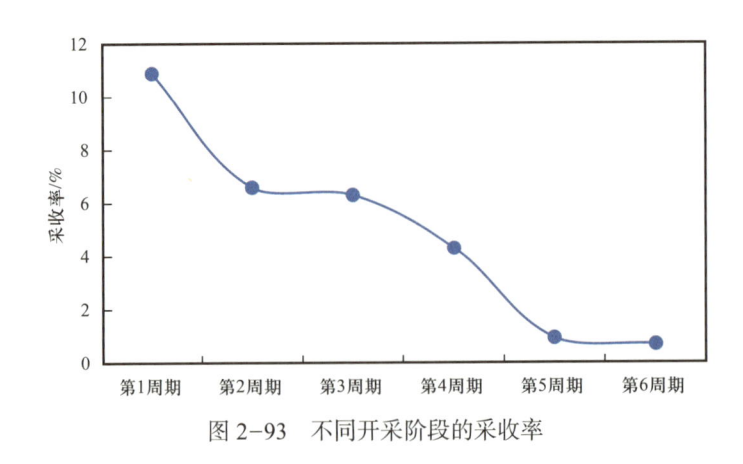

图 2-93 不同开采阶段的采收率

图 2-94 不同开采阶段的采气量和气油比变化

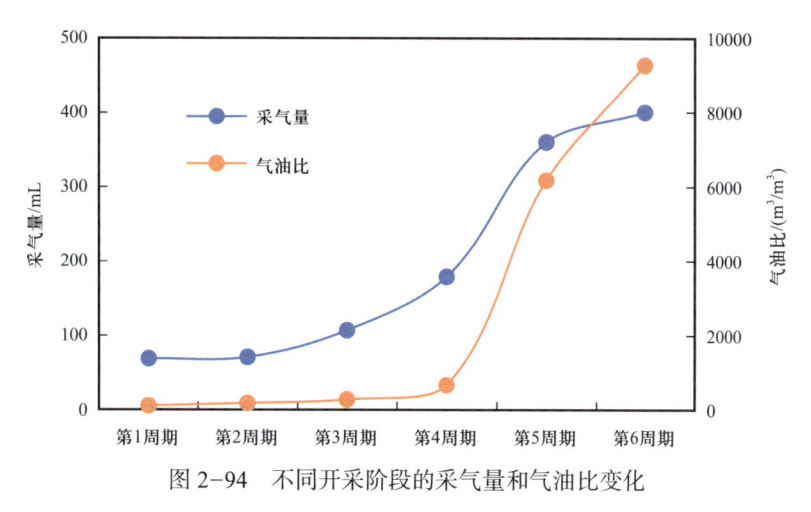

实验结果表明（表 2-32、图 2-95），相比依靠天然能量衰竭开采，$CO_2$ 吞吐能有效提高原油采收率；针对 QY2HF 井，在第 1 周期 $CO_2$ 吞吐后采收率提高幅度最大，采出程度最高；在第 5～6 周期吞吐时采收率大幅度降低，仅有 1.6%；为了满足经济效益，建议对 QY2HF 井进行四轮吞吐；页岩水敏性极强，这会导致页岩渗透率降低，在进行转样之前，建议对油样进行破乳脱水处理。

表 2-32 不同开采阶段、不同吞吐压力下的采油量

| 压力 /MPa | 采油量 /mL ||||||
|---|---|---|---|---|---|---|
| | 第 1 周期 | 第 2 周期 | 第 3 周期 | 第 4 周期 | 第 5 周期 | 第 6 周期 |
| 33 | 0.2716 | 0.1392 | 0.2340 | 0.0664 | 0.0200 | 0.0129 |
| 36 | 0.1826 | 0.1022 | 0.1171 | 0.0594 | 0.0160 | 0.0102 |
| 39 | 0.1594 | 0.0755 | 0.0189 | 0.0585 | 0.0148 | 0.0083 |
| 42 | 0.0396 | 0.0731 | 0.0107 | 0.054 | 0.0063 | 0.0077 |
| 45 | 0.0327 | 0.0252 | 0.0164 | 0.0325 | 0.0012 | 0.0041 |

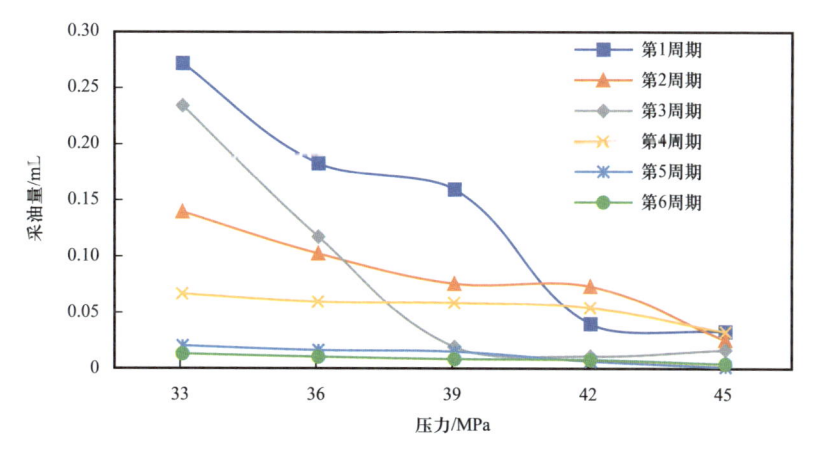

图 2-95 不同开采阶段、不同吞吐压力下的采油量

## 二、页岩油 $CO_2$ 压吞数值模拟

### 1. 多组分流体模型

基于QY2HF井下原油样品PVT实验数据,将井流物组分合并为7种组分,拟合高压物性参数,建立流体模型。根据分子量相近及物理性质相似原则合并组分。将提高最小混相压力的$C_1$单独1个拟组分、轻质组分$C_2$与$C_3$合并、$C_4$—$C_7$合并、$C_8$—$C_{15}$合并、$C_{16}$—$C_{23}$合并、$C_{24}$—$C_{30}$合并,而$CO_2$纯组分作为1种组分。合并后,拟组分体系由7种拟组分组成。根据已有实验数据,此次PVT分析过程拟合了原油饱和压力、原油黏度、原油密度、原油相对体积等,最终确定了拟组分的性质参数(图2-96、表2-33)。

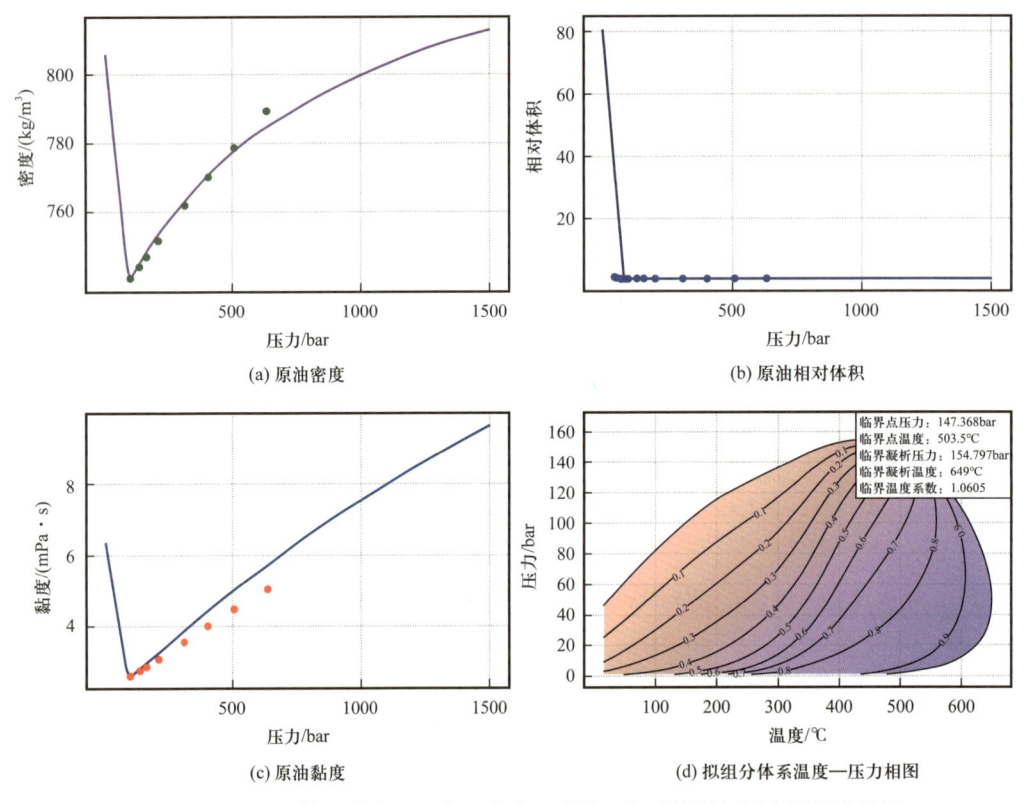

(a) 原油密度

(b) 原油相对体积

(c) 原油黏度

(d) 拟组分体系温度—压力相图

图 2-96 QY2HF井原油饱和压力、黏度、密度、相对体积与压力的拟合曲线

**表 2-33　QY2HF井拟组分性质参数表**

| 拟组分 | 临界温度/K | 临界压力/bar | 临界体积/m³/(kg·m) | 偏心因子 | 分子量 | 相对密度 |
|---|---|---|---|---|---|---|
| $CO_2$ | 304.19 | 73.82 | 0.09 | 0.23 | 44.01 | 0.82 |
| $C_2$—$C_3$ | 190.56 | 45.99 | 0.10 | 0.01 | 16.04 | 0.30 |
| $C_{16}$—$C_{23}$ | 336.33 | 49.30 | 0.20 | 0.11 | 35.27 | 0.43 |

续表

| 拟组分 | 临界温度 / K | 临界压力 / bar | 临界体积 / m³/（kg·m） | 偏心因子 | 分子量 | 相对密度 |
|---|---|---|---|---|---|---|
| $C_{24}$—$C_{30}$ | 420.16 | 31.55 | 0.36 | 0.22 | 77.85 | 0.68 |
| $C_4$—$C_7$ | 543.34 | 24.76 | 0.50 | 0.43 | 120.37 | 0.78 |
| $N_2$、$C_1$ | 658.13 | 12.56 | 0.97 | 0.80 | 269.60 | 0.87 |
| $C_8$—$C_{15}$ | 1038.34 | 11.51 | 1.65 | 0.84 | 392.64 | 0.90 |

## 2. 网格设计

根据井轨迹和压裂改造范围、泄油面积等确定数值模拟研究范围：沿井轨迹方向长度1080m，垂直于水平段方向宽度750m。基质和天然裂缝双重网格，网格步长30m×30m，时间步长1天，网格数44194个（有效网格），模拟层数23个，考虑嵌入式人工压裂，压裂共分7段，注入压裂液$2.8×10^4 m^3$（图2-97、图2-98），人工裂缝参数参考电位法压裂裂缝监测报告。

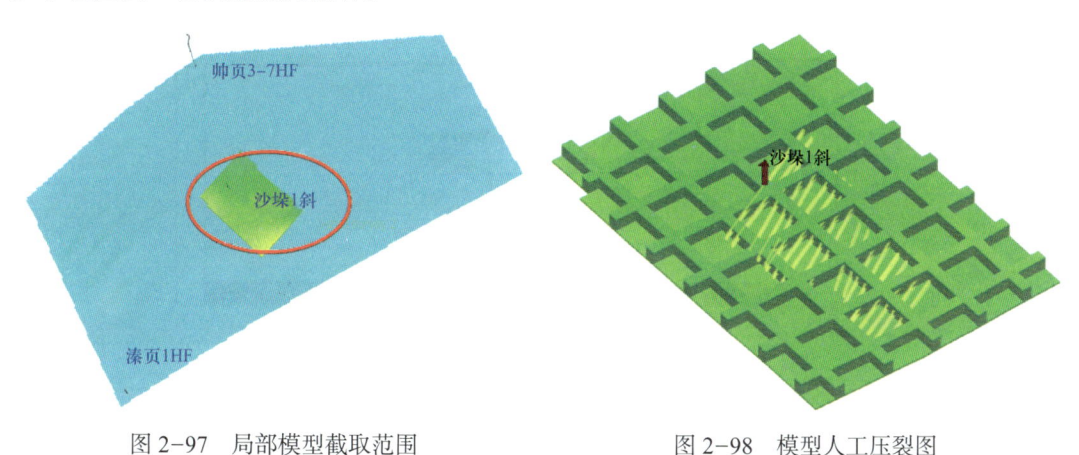

图2-97 局部模型截取范围　　图2-98 模型人工压裂图

## 3. 生产历史拟合

为满足注气吞吐参数优化需要，重点拟合油藏压力和井口压力。油藏压力：根据压裂后初期井口压力30MPa，折算油藏垂深3910m处压后地层压力为73MPa，反推油藏初始平均地层压力为54.8MPa。井口压力：井底流压与井口压力之间通过垂直流动性能（VFP）表进行转换计算，同时通过等比例调整基质、裂缝渗透率达到控制波及体积，进而拟合井口压力的目的（图2-99至图2-101）。

产量拟合：把日产液量作为已知条件来拟合日产油量、日产气量。主要通过调整相对渗透率曲线拟合日产油量、日产气量。与原始地层压力相比，地层压力下降6MPa（图2-102至图2-104）。

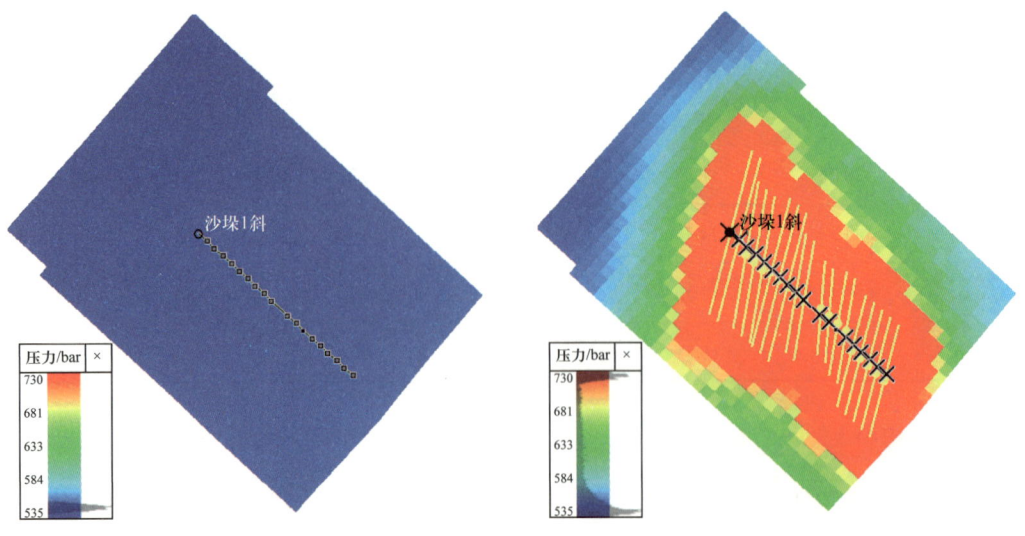

图 2-99　原始地层压力分布

图 2-100　压裂后地层压力分布

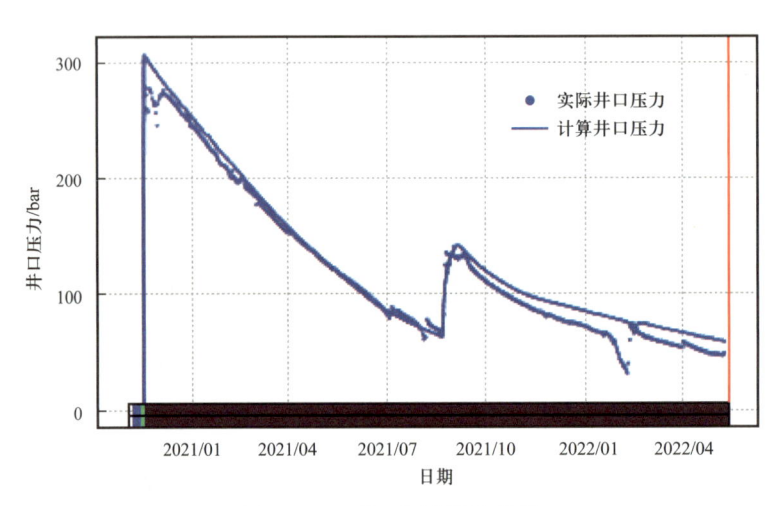

图 2-101　井口压力拟合曲线

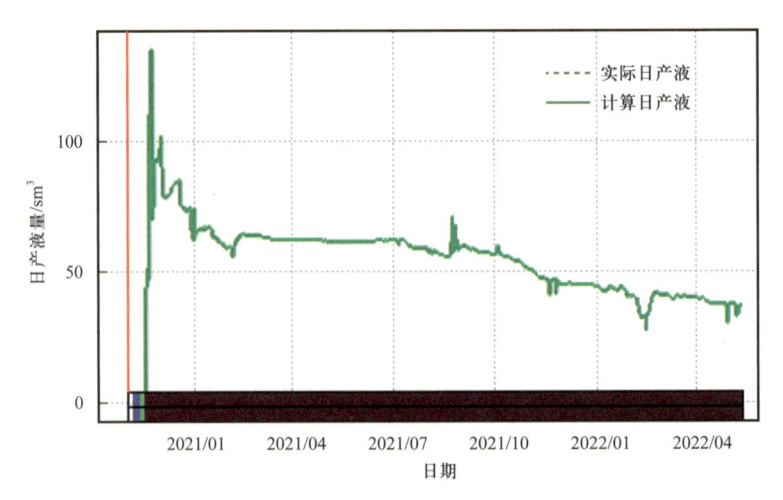

图 2-102　日产液量拟合曲线

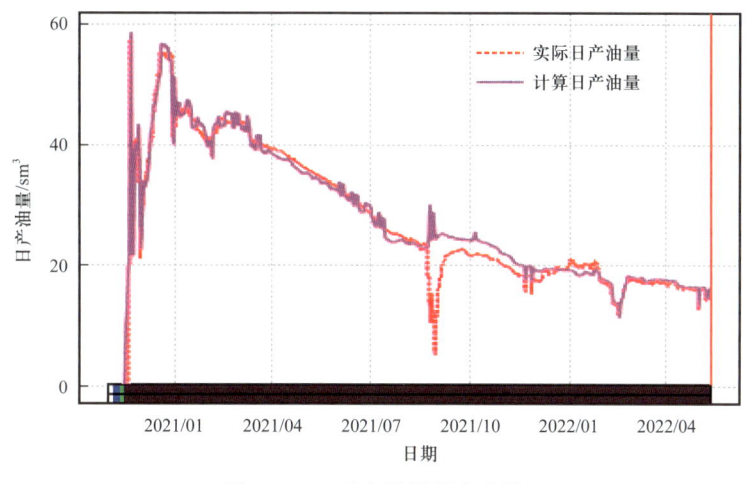

图 2-103 日产油量拟合曲线

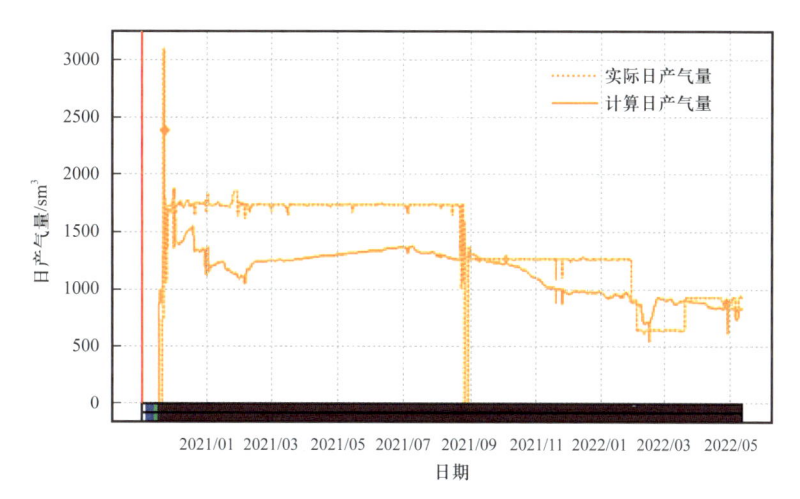

图 2-104 日产气量拟合曲线

## 4. 注入量优化

基于建立的考虑 $CO_2$ 溶解扩散的双重介质历史拟合模型，提出了以经济可行的快速大规模补充地层能量为目标的注气量优化方法，操作方法如下。

（1）根据历史拟合模型，建立重启模型计算得到某一生产参数条件下天然能量开发到某一截止时间的累计产油量。

（2）设定某一注气量、注气速度和焖井时间，其他生产参数与步骤（1）相同，重启建立新的预测模型，计算得到该条件下的预测累计产油量。

（3）改变注气量，其他参数不变，重复步骤（2），得到不同注气量下的累计产油量。

（4）计算不同注气量下累计增油量，从而得到累计增油量与注气量之间的关系、增油量与换油率之间的关系。当换油率保持在经济可行条件下，增油量在超过某一注气量后增量变缓时，认为该注气量为合理注气量。

设定注气速度为 600t/d，焖井时间 50 天，生产最低井底流压 20MPa，模拟对比不同注气量增油效果。由图 2-105 可知，当注气量达到或高于 25000t 时，增油量和换油率指标出现了明显的变差趋势，油藏溶解$CO_2$能力下降，随注气量增加，裂缝网格中气相$CO_2$大幅增加，油气流动能力下降，导致开井初期日产油量、日产气量下降。因此快速补充地层能量合理注气量可推荐为$2×10^4$t。

基于机理研究和数值模拟优化，沙垛1井注入速度500～650t/d，注气量$1.7×10^4$t，焖井53天，预计吞吐增油量7800t，提高采收率2.9%。

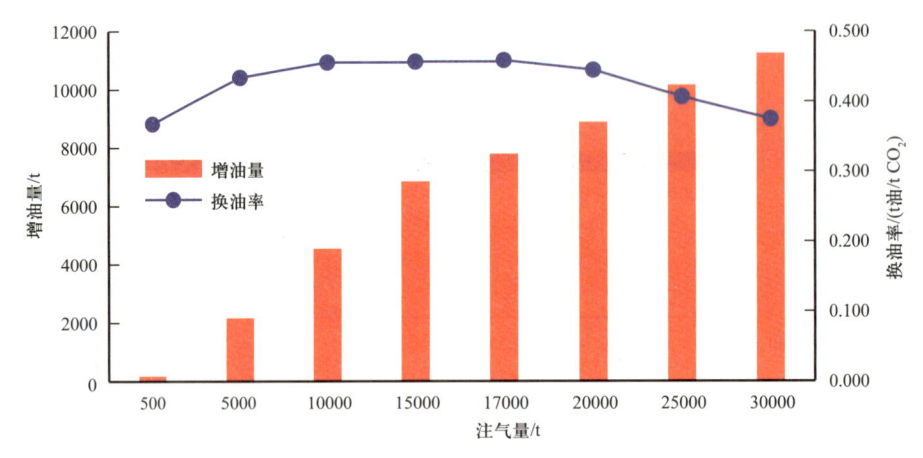

图2-105 沙垛1井注气增油曲线图

## 参 考 文 献

曹长霄，宋兆杰，师耀利，等，2023.吉木萨尔页岩油$CO_2$吞吐提高采收率技术研究［J］.特种油气藏，30（3）：106-114.

何应付，赵淑霞，刘学伟，2018.致密油藏多级压裂水平井$CO_2$吞吐机理［J］.断块油气田，25（6）：752-756.

蔺学军，2015.油藏数值模拟入门指南［M］.北京：石油工业出版社.

刘建仪，李牧，刘洋，等，2017.注$CO_2$吞吐微观机理可视化实验［J］.断块油气田，24（2）：230-232.

钱坤，杨胜来，马轩，等，2018.超低渗透油藏$CO_2$吞吐利用率实验研究［J］.石油钻探技术，46（6）：77-81.

邱伟生，2020.普光主体气藏注$CO_2$控水数值模拟［J］.世界石油工业，27（2）：49-56.

师调调，杜燕，党海龙，等，2023.志丹油区长7页岩油储层$CO_2$吞吐室内实验［J］.特种油气藏，30（6）：128-134.

唐维宇，黄子怡，陈超，等,2022.吉木萨尔页岩油$CO_2$吞吐方案优化及试验效果评价［J］.特种油气藏，29（3）：131-137.

王军，邱伟生，2024.高含水油藏$CO_2$人工气顶驱油—封存适宜条件研究［J］.油气藏评价与开发，14（1）：48-54.

王玉婷，2015.注空气重力稳定驱替机理与油藏模拟研究［D］.青岛：中国石油大学（华东）.

薛亮，吴雨娟，刘倩君，等,2019.裂缝性油气藏数值模拟与自动历史拟合研究进展［J］.石油科学通报，4（4）：335-346.

杨超，李彦兰，朝洁，等，2013.顶部注气油藏定量评价筛选方法［J］.石油学报，34（5）：938-946.

姚红生，高玉巧，郑永旺，等，2024.$CO_2$快速吞吐提高页岩油采收率现场试验［J］.天然气工业，44（3）：10-19.

姚红生，宋宗旭，唐建信，等，2023.苏北盆地溱潼凹陷页岩油 SD$_1$ 井万吨级 CO$_2$ 压吞矿场试验及效果评价［J］.西安石油大学学报（自然科学版），38（5）：50-57.

姚红生，云露，昝灵，等，2023.苏北盆地溱潼凹陷阜二段断块型页岩油定向井开发模式及实践［J］.油气藏评价与开发，13（2）：141-151.

张陈珺，2015.王场油田气体辅助重力驱机理研究［D］.成都：西南石油大学.

张瀚奭，2015.高倾角油藏 CO$_2$ 近混相驱三次采油开发机理及矿场应用研究［D］.成都：西南石油大学.

周炜，张建东，唐永亮，等，2017.顶部注气重力驱技术在底水油藏应用探讨［J］.西南石油大学学报（自然科学版），39（6）：92-100.

周元龙，赵淑霞，何应付，等，2019.基于响应面方法的 CO$_2$ 重力稳定驱油藏优选［J］断块油气田，26（6）：761-765.

邹积瑞，岳湘安，孔艳军，等，2016.裂缝性低渗油藏 CO$_2$ 驱注入方式实验［J］.断块油气田，23（6）：800-802，811.

Dehghanpour H，Shirdel M，2011. A triple porosity model for shale gas reservoirs［C］//Canadian Unconventional Resources Conference，Calgary.

Yan B，Wang Y，Killough J E，2016. Beyond dual-porosity modeling for the simulation of complex flow mechanisms in shale reservoirs［J］. Computational Geosciences，20（1）：69-91.

# 第三章 $CO_2$ 地质封存潜力评价技术

$CO_2$ 地质封存是指利用工程技术手段,将 $CO_2$ 注入地下储层,使其与大气长期隔绝。$CO_2$ 地质封存研究领域广泛,包括油藏、咸水层、气藏等。本章在 $CO_2$ 封存机制研究的基础上,综合利用物质平衡法、有效封存量技术法、类比法以及数值模拟法分别对华东油气田矿权内油藏、咸水层以及 $CO_2$ 气藏的 $CO_2$ 封存潜力进行评价。

## 第一节 油藏 $CO_2$ 封存潜力评价

$CO_2$ 注入油藏后先与地层流体接触、混合、溶解,导致其相态特征不断发生变化。另外,注入的 $CO_2$ 的纯度不同,其相态特征也会发生变化,将影响 $CO_2$ 的地质封存潜力。因此,本节在研究 $CO_2$ 基本性质及相态特征变化规律以及溶解封存机理的基础上,评价油藏中 $CO_2$ 封存潜力。

### 一、油藏中 $CO_2$ 封存机理

油藏处于高温高压、存在原油—高矿化度地层水两相的多孔介质环境。$CO_2$ 注入之后存在形式为:占据地层水和原油的空间,溶解在剩余油和地层水中,与岩石、地层水发生地球化学反应生成新的矿物,由于毛细管作用部分 $CO_2$ 被束缚不能流动,另外未溶解的 $CO_2$ 将以游离的方式存在。$CO_2$ 在油藏中的封存机制包括:油藏储层中游离态 $CO_2$ 封存、油藏储层中超临界 $CO_2$ 增溶封存、$CO_2$ 在地层水中溶解及化学封存和 $CO_2$ 的矿化封存机制。图 3-1 给出了油藏中 $CO_2$ 封存的主要机理和封存形式。

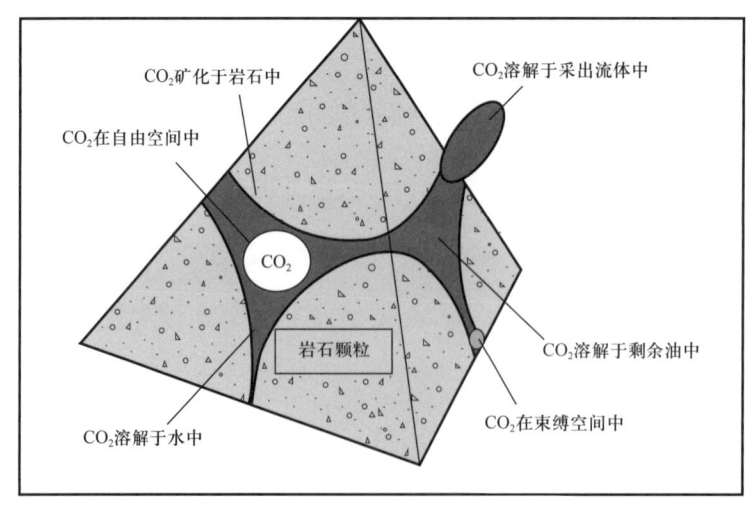

图 3-1 油藏中 $CO_2$ 封存形式(据沈平平等,2009)

1. $CO_2$ 在不同类型油藏溶解度变化

注 $CO_2$ 驱油与封存过程中，$CO_2$ 不断溶解到原油中，使得原油饱和压力增加，体积膨胀，黏度降低。$CO_2$ 在不同地层原油中溶解度的大小直接影响油藏中 $CO_2$ 溶解封存潜力的大小。

实验方法及原理：实验利用高温高压 PVT 仪，开展地层原油相态特征分析及原油注气相态特征实验，分析 $CO_2$ 在原油中的溶解规律。通过地层原油 PVT 实验测试，获得地层原油高温高压物性特征；通过原油注气膨胀实验，得到不同摩尔分数注入气条件下的气油比、体积系数和饱和压力等高温高压物性参数变化关系，并获得不同压力下原油溶解 $CO_2$ 的能力数据。

模拟油田地层条件：地层温度 94.7℃、地层压力 22.5MPa。$CO_2$ 在原油中溶解度及原油注 $CO_2$ 膨胀实验应用 JEFRI 可视无汞高温高压多功能地层流体分析仪完成。注入气样品选用工业纯 $CO_2$，其纯度为 99.5% 以上。

1）草舍油田苏 195 井

对复配原油进行了单次脱气和 PV 关系测试，实验测试结果见表 3-1。

表 3-1 苏 195 井地层原油测试数据

| 测试参数 | 测试结果 | 测试参数 | 测试结果 |
| --- | --- | --- | --- |
| 单脱气油比 /（m³/m³） | 34.00 | 脱气油相对分子量 | 230 |
| 体积系数 | 1.1222 | 收缩率 /% | 11.42 |
| 泡点压力 /MPa | 7.83 | 热膨胀系数 /$10^{-4}K^{-1}$ | 1.0509 |
| 气体平均溶解系数 /[m³/（m³·MPa）] | 4.12 | 地层压力下的黏度 /（mPa·s） | 1.7904 |
| 地层油密度 /（g/cm³） | 0.7861 | 脱气油密度 /（g/cm³） | 0.8437 |

表 3-2 和图 3-2、图 3-3 分别给出注 $CO_2$ 后，苏 195 井地层原油相态特征和 PVT 高压物性参数的变化规律。

表 3-2 注 $CO_2$ 对苏 195 井地层原油相态的影响

| 注入气（摩尔分数）/% | 饱和压力 /MPa | 膨胀因子 | 体积系数 $B_o$ | 溶解气油比 /m³/m³ | 原油黏度 /mPa·s | $CO_2$ 溶解度 /m³/m³ | 原油密度 /kg/m³ |
| --- | --- | --- | --- | --- | --- | --- | --- |
| 0 | 7.83 | 1.000 | 1.1222 | 32.38 | 1.42 | 0.00 | 769.22 |
| 10 | 9.43 | 1.028 | 1.1540 | 46.80 | 1.39 | 14.42 | 769.14 |
| 20 | 11.27 | 1.064 | 1.1937 | 64.67 | 1.33 | 32.29 | 769.08 |
| 30 | 13.48 | 1.109 | 1.2444 | 87.54 | 1.22 | 55.16 | 769.21 |
| 40 | 16.31 | 1.168 | 1.3110 | 117.96 | 1.09 | 85.58 | 769.98 |
| 50 | 20.46 | 1.248 | 1.4003 | 160.54 | 0.95 | 128.16 | 773.11 |
| 60 | 28.46 | 1.352 | 1.5177 | 224.54 | 0.84 | 192.16 | 785.57 |

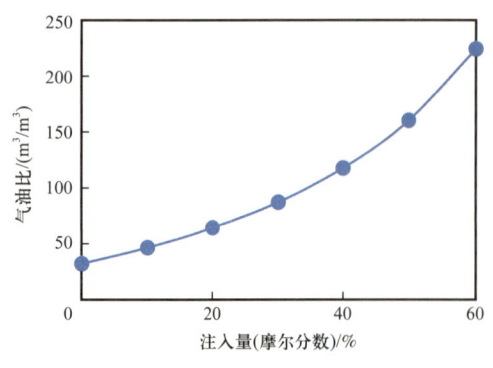

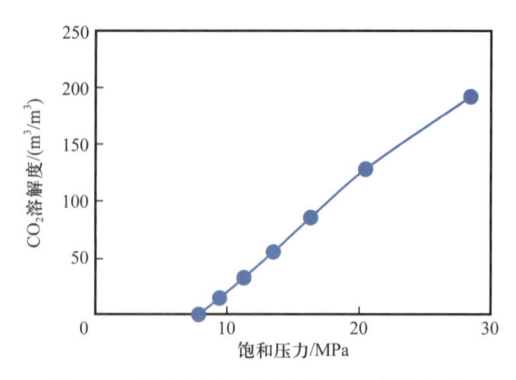

图 3-2　草舍苏 195 井 CO₂ 注入量与气油比的关系　　图 3-3　饱和压力下原油中 CO₂ 的溶解度

2）张家垛张 3 井

表 3-3 和图 3-4、图 3-5 分别给出注 CO₂ 后，张 3 井地层原油相态特征和 PVT 高压物性参数的变化规律。

表 3-3　张 3 井 CO₂ 注入对饱和压力下流体相态的影响

| 注入量<br>（摩尔分数）/% | 气油比 /<br>mL/mL | 饱和压力 /<br>MPa | 膨胀系数 | 密度 /<br>g/cm³ | 体积系数 |
|---|---|---|---|---|---|
| 0 | 14.9203 | 4.1379 | 1 | 0.7855 | 1.11 |
| 5 | 20.6603 | 5.1724 | 1.0159 | 0.7833 | 1.13 |
| 10 | 27.3039 | 6.2068 | 1.0278 | 0.7753 | 1.14 |
| 15 | 34.7292 | 7.5862 | 1.0527 | 0.7583 | 1.17 |
| 20 | 43.0826 | 9.8620 | 1.0716 | 0.7464 | 1.19 |
| 25 | 52.5498 | 11.1724 | 1.1004 | 0.7286 | 1.22 |
| 30 | 63.3694 | 13.3103 | 1.1243 | 0.7152 | 1.25 |

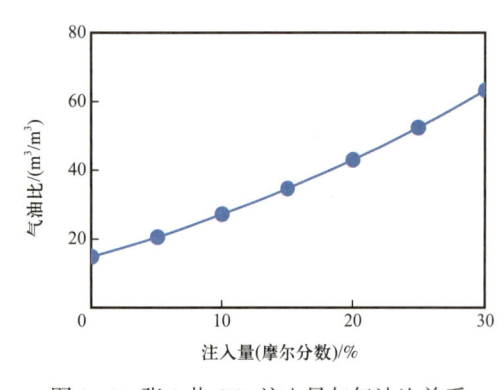

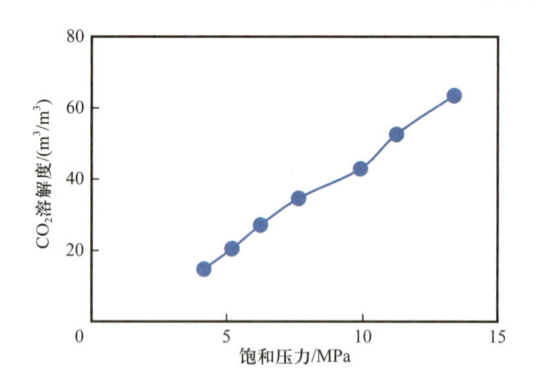

图 3-4　张 3 井 CO₂ 注入量与气油比关系　　图 3-5　饱和压力下原油中 CO₂ 的溶解度

3）金南油田

金南油田单次闪蒸实验数据见表 3-4，由表可知在地层温度 80.2℃的条件下，地层原油的饱和压力为 4.184MPa，而原始地层压力为 21.4MPa，饱和压力远小于地层原始压力，储层流体以单相存在于储层。气油比为 16.49m³/m³，属于低气油比原油。

表 3-4　金南油田地层流体拟组分划分

| 参数 | 参数值 |
| --- | --- |
| 地层原油体积系数 | 1.097 |
| 气油比 /（m³/t） | 18.65 |
| 气油比 /（m³/m³） | 16.49 |
| 平均溶解气体系数 /［m³/（m³·MPa）］ | 3.94 |
| 地层原油体积收缩率 /（m³/m³） | 8.84 |
| 地层原油密度*/（g/cm³） | 0.817 |
| 地面脱气油密度 /（g/cm³） | 0.884 |
| 脱气油分子量 | 297.3 |
| 饱和压力（80.2℃）/MPa | 4.184 |

\* 表示地层温度和压力条件下。

不同 $CO_2$ 注入量对应的气油比如图 3-6 所示，饱和压力下原油中溶解度如图 3-7 所示。

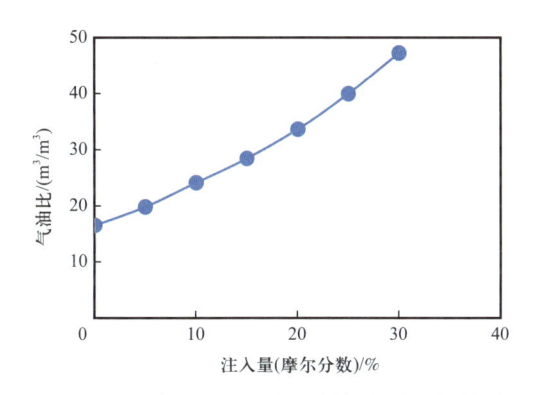

图 3-6　金南油田 $CO_2$ 注入量与气油比的关系 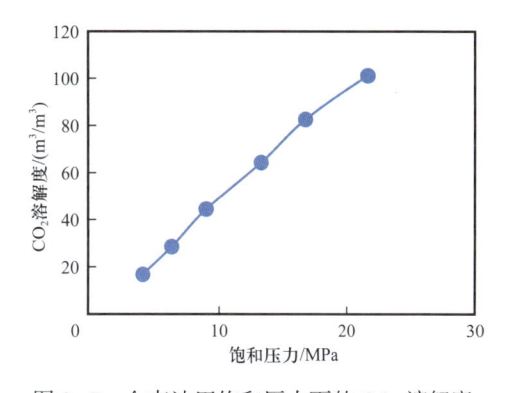　　图 3-7　金南油田饱和压力下的 $CO_2$ 溶解度

## 2. $CO_2$ 在地层水中的溶解度测试

1）实验目的、方法及条件

（1）实验目的。

设计以高温高压反应釜为主要设备的 $CO_2$ 在地层水溶解度实验方法，开展不同温度、压力条件下 $CO_2$ 在不同矿化度地层水样品中的溶解度测试，对比分析 $CO_2$ 在水中溶解度变化规律。基于实验结果与模型计算结果进行误差对比分析，选取最优的模型进行参数修正获取更适应模型参数，并计算出不同温度、压力及矿化度下的 $CO_2$ 溶解度数据绘制成一系列的 $CO_2$ 在水中溶解度图版，可为 $CO_2$ 地质封存过程中 $CO_2$ 在水中溶解封存潜力评价研究提供基础数据，而且还可为 $CO_2$ 在水中溶解封存潜力计算提供更可靠、更方便的数据。

（2）实验方法及条件。

利用高温高压反应釜配制实验温度和压力下的含过饱和 $CO_2$ 的水溶液，温度、压力稳定后开展饱和 $CO_2$ 水样品的单次脱气实验，测定不同温度、压力条件下不同水样品中溶解 $CO_2$ 的能力。单次脱气的气体体积用气量计计量，计量环境条件为20℃和1个大气压，单脱水体积用电子天平称重和密度计测得的密度进行计算而得。本次实验的条件主要包括温度、压力和盐水矿化度三方面条件。其实验温度、压力条件分别为 35～135℃、8～50MPa，水样品的矿化度分别为 0mg/L、4128mg/L、25000mg/L、50000mg/L。

2）实验设备及流程

该实验是利用高温高压反应釜对配制的含过饱和 $CO_2$ 地层水溶液进行单次脱气测试，主要实验设备包括高温高压反应釜、高压驱替泵、气液分离装置、气量计、水离子分析仪及密度计等。主要的实验设备及实验流程如图 3-8 和图 3-9 所示。主要设备技术指标见表 3-5。

(a) 高温高压反应釜 　　(b) 全自动高压驱替泵

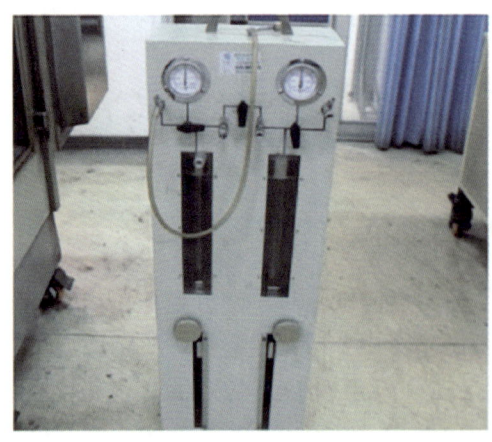

(c) 气量计 　　(d) 离子色谱仪

图 3-8　$CO_2$—地层水相互作用溶解度实验主要设备

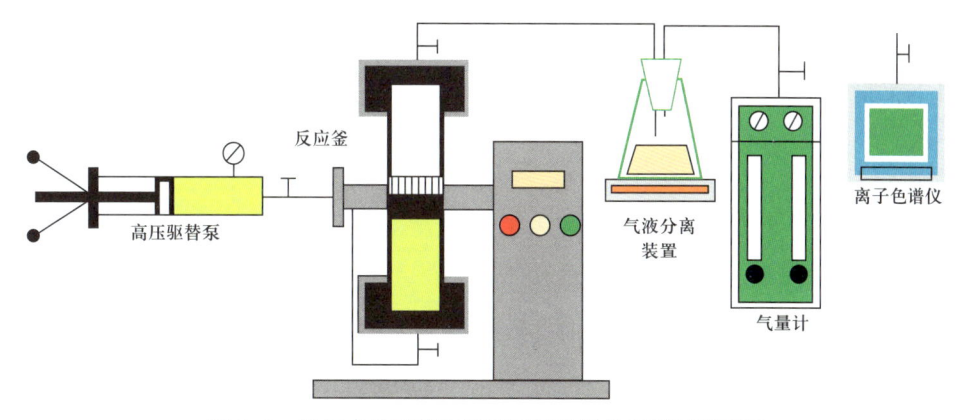

图 3-9 地层水相互作用溶解度实验设备及测试流程图

表 3-5 CO$_2$ 在水中溶解度实验主要设备技术指标

| 设备名称 | 量程 | 精度 | 工作温度范围 | 温度精度/℃ | 有效容积/cm³ | 体积精度/cm³ |
|---|---|---|---|---|---|---|
| 高温高压反应釜 | 0～100MPa | — | 室温至200℃ | 0.1 | 1000 | — |
| 高压驱替泵 | 0～100MPa | 0.1级 | 常温 | — | 500 | 0.001 |
| 气量计 | −60～60psi | 1psi | 常温 | — | 3000 | 1 |
| 离子色谱仪 | 阴阳离子 | 0.001mg/L | 常温 | — | — | — |
| 电子天平 | 0～210g | 0.0001g | 常温 | — | — | — |

3）实验样品准备

CO$_2$ 样品：工业分析纯 CO$_2$，其纯度大于 99.5%。

地层水样品：实验采用水样分别来自油田取得的地层水和实验室复配的盐水，地层水样品的具体含盐成分和矿化度数据见表 3-6。气液样品数据见表 3-7。

表 3-6 四种水样矿物组成表　　　　　　　　（单位：mg/L）

| 样品编号 | pH | Na$^+$+K$^+$ | Ca$^{2+}$ | Mg$^{2+}$ | Cl$^-$ | SO$_4^{2-}$ | HCO$_3^-$ | CO$_3^{2-}$ | 总矿化度 |
|---|---|---|---|---|---|---|---|---|---|
| 水样1 | 7 | 0 | 0 | 0 | 0 | 0 | 0 | 0 | 0 |
| 水样2 | 7 | 1369.0 | 3603.0 | 2526.0 | 13870.0 | 0 | 3630 | 0 | 24998 |
| 水样3 | 7 | 2738 | 7206.0 | 5052.0 | 27740.0 | 0 | 7260.0 | 0 | 49996 |

表 3-7 CO$_2$—地层水相互作用溶解度实验样品情况

| 样品名称 | CO$_2$ | 水样1 | 水样2 | 水样3 |
|---|---|---|---|---|
| 规格 | 99.5% | 纯水 | 1%CaCl$_2$+1%MgCl$_2$+0.5%NaHCO$_3$ | 2%CaCl$_2$+2%MgCl$_2$+1%NaHCO$_3$ |
| 来源 | 工业纯 | 实验室制 | 实验室配制 | 实验室配制 |

4）实验方案制定和实验步骤

（1）实验方案制定。

本次实验制定了以下方案：

采用4组不同矿化度的地层水样品，在温度变化范围为35～135℃、压力变化范围为8～50MPa条件下，测试相应的含过饱和$CO_2$地层水脱出气体量，计算不同温度压力下$CO_2$在地层水中的溶解度。具体测试方案见表3-8。

表3-8 $CO_2$在地层水中溶解度测试实验方案

| 实验样品 | 实验方案 | | |
|---|---|---|---|
| | 测试温度/℃ | 测试压力/MPa | 测试点数 |
| 样品1 | 35、55、95、135 | 8、10、12、15、22、30、40 | 28 |
| 样品2 | 35、55、75、95、115、135 | 8、10、12、15、22、30、40 | 42 |
| 样品3 | 35、55、95、135 | 8、10、12、15、22、30、40 | 28 |

（2）实验步骤。

$CO_2$在地层水中溶解度测试实验具体步骤如下：

① 设备准备：清洗高温高压反应釜并更换所有堵头和活塞密封圈，将活塞安装至反应釜中适当位置（根据装入地层水的量放置活塞位置），样品端放入搅拌器。

② 转水样：将一定量的地层水倒入样品端，排空样品端空气，关好排放阀；旋转后另一端倒满传压油，盖好密封盖，并用高压管线与高压驱替泵连接。

③ 转气样：用高压管线连接$CO_2$中间容器与高温高压反应釜，并排空管线，后转入过量的$CO_2$至反应釜样品端。

④ 升温恒压：高压反应釜温度和高压驱替泵压力，升温恒压至实验温度、压力，并保持温度压力恒定2h以上。

⑤ 搅拌：升温恒压的同时开启反应釜内搅拌器。

⑥ 测试$CO_2$在水中的溶解度：将达到相平衡的饱和$CO_2$的地层水样品端朝下，停止搅拌，静止10min后测试水中$CO_2$的溶解量，测试时准确计量排出水质量和气体体积。

⑦ 实验过程在气液分离器与气量计之间加装2m长的绕盘管线并放置在恒温水浴中，以便对排出气体进行冷却恒温处理。

5）实验结果与分析

通过实验测试不同温度、压力条件下$CO_2$在不同矿化度地层水中的溶解度，其测试结果如图3-10所示。

从图3-10可以得到以下认识：

（1）受压力的影响，$CO_2$在水中的溶解度随压力的增加而增加，且低压条件下$CO_2$在水中的溶解系数$\alpha$高，溶解度随压力变化增加幅度较大，随着压力进一步增加，溶解系数$\alpha$不断降低，当压力达到一定值后溶解度的增加幅度趋于一条直线，溶解度曲线在10MPa附近出现变平缓的拐点。

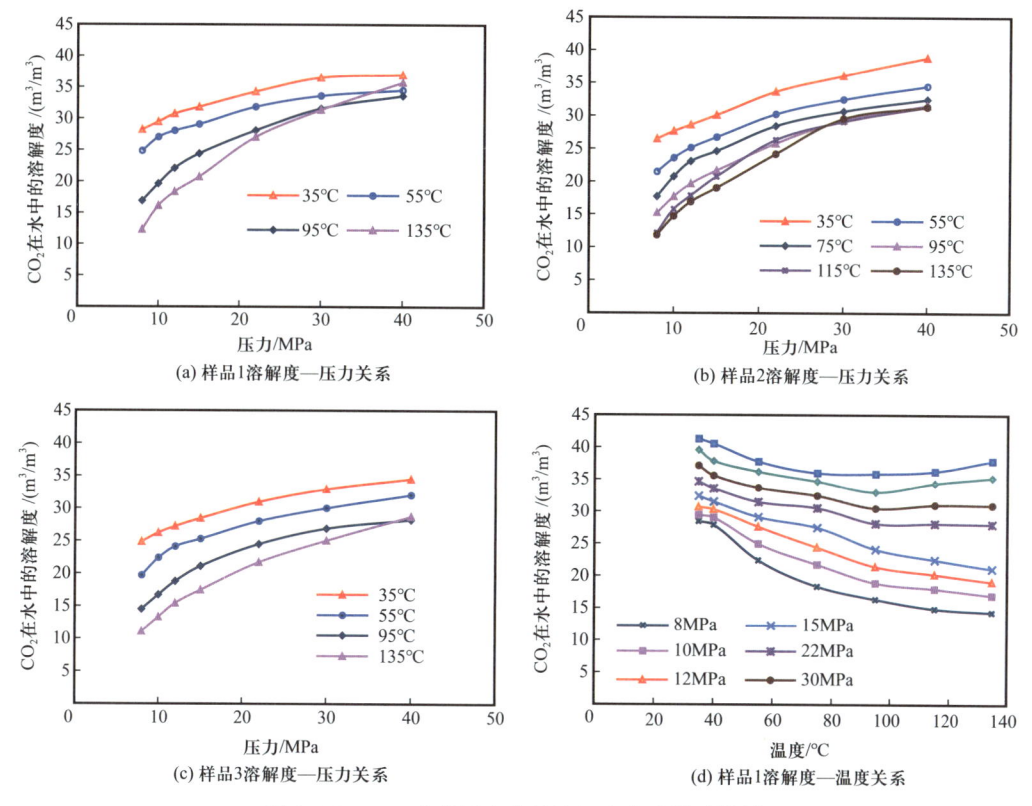

图 3-10 CO₂ 在地层水中的溶解度实验测试结果

（2）受温度的影响，$CO_2$ 在水中溶解度随温度变化的主要趋势为随温度的增加而降低，温度越低 $CO_2$ 在地层水中溶解度越高。当温度大于 100℃、压力为 22MPa 左右时，$CO_2$ 在水中溶解度将发生异常：低压时随温度的增加而降低，但在高压时 $CO_2$ 在水中溶解度将会超过低于 100℃时的溶解度。说明高温（超过 100℃）高压条件下 $CO_2$ 在水中的溶解能力随温度的升高而增强，这为 $CO_2$ 在水中溶解提供了更大的封存空间。

（3）受水矿化度的影响，$CO_2$ 在水中的溶解度随矿化度的增加而降低，且高压下矿化度对 $CO_2$ 在水中的溶解度影响更明显。

样品 2 测试后进行矿物离子分析后结果见表 3-9。从表 3-9 中可以看出，地层水中溶解 $CO_2$ 后 pH 值降低，阴、阳离子含量均有所增加，尤其是 $HCO_3^-$ 含量增加明显，总矿化度增加。造成阴、阳离子含量增加的原因主要有三点：①受高温环境的影响，地层水存在蒸发现象导致整体矿化度增加；②受 $CO_2$ 的抽提作用，在高温条件下部分水以蒸汽形式被抽提到过量的 $CO_2$ 中；③$CO_2$ 和 $H_2O$ 化学反应形成的酸性离子导致矿化度增加。

表 3-9 CO₂ 地层水相互作用地层水性质变化结果 （单位：mg/L）

| 项目 | pH | $Na^++K^+$ | $Ca^{2+}$ | $Mg^{2+}$ | $Cl^-$ | $SO_4^{2-}$ | $HCO_3^-$ | $CO_3^{2-}$ | 总矿化度 |
| --- | --- | --- | --- | --- | --- | --- | --- | --- | --- |
| 实验前 | 7 | 352 | 34.8 | 3 | 3250 | 484.6 | 0 | 0 | 4128 |
| 实验后 | 6.5 | 645.4 | 41.7 | 4.4 | 3250 | 501 | 1757.3 | 0 | 6202.6 |

3. $CO_2$ 矿化反应实验

随着 $CO_2$ 向油藏储层中的不断注入，$CO_2$ 与地层水溶解并反应生成碳酸，碳酸具有腐蚀性，在地层条件下碳酸将对储层岩石起到一定的酸化作用，溶蚀岩石中的一部分矿物随后生成可溶解于水的非沉淀物，从而对储层起到解堵或增大孔隙度及渗透率的作用；当溶解于水的量达到极值时则会再次发生沉淀而堵塞孔道。$CO_2$ 与地层水接触再与周围岩石发生反应的过程就是矿化封存反应过程，其反应的变化量即为矿化反应量。

1) $CO_2$—地层水—岩石相互作用静态实验

实验目的：通过开展 $CO_2$—地层水—岩石相互作用静态实验测试，通过反应前后固相元素、矿物组分、地层水离子成分的变化描述 $CO_2$ 与储层岩石反应规律。

岩心与流体：草舍油田泰州组油藏岩心 4 块、平均渗透率为 6.53mD，平均孔隙度为 15.89%；复配地层水、岩心研磨成 200 目的粉末、$CO_2$ 气。

实验方案设计见表 3-10。

表 3-10 $CO_2$—地层水—岩石相互作用静态实验方案设计表

| 样品状态 | 样品编号 | 规格尺寸 | 测试手段 | 目标参数 | 水岩比 | 温压条件 | 反应时间 |
|---|---|---|---|---|---|---|---|
| 粉末 | ① | 粒度<200目（75μm） | XRD | 矿物组分变化 | 3:1 | 100℃、25MPa | 7天、30天 |
| | ② | | XRF | 固相元素变化 | | | |
| | ③ | | ICP | 离子浓度变化 | | | |
| 段塞 | W3-4 | 长度 $L$=5.314cm 直径 $d$=2.528cm | 孔渗测试 | 压力、温度变化 | 2:1 | 100℃、25MPa | 7天、30天 |
| | | | SEM | 矿物溶蚀及生成 | | | |

对现场地层水样品进行离子组成分析后对地层水进行实验室复配；3 种岩粉称量后按照固相：液相为 1:3 的比例加入复配地层水，混合均匀放入高温高压反应釜中，用驱替泵将反应釜中的压力升高至所需压力，并保持压力不变，使岩粉在其中与地层水以及 $CO_2$ 充分反应 30 天；30 天后，将样品取出，并将岩粉与流体分离，取出后将上层浊液倒入烧杯中，静置至上层清液与岩粉分离后取上清液过滤，剩余岩粉在去离子水中清洗烘干；反应后测试岩石矿物组分（XRD）、固相元素（XRF）以及反应液离子浓度（ICP）变化情况。粉末反应前 XRF、ICP 数据见表 3-11 和表 3-12。

表 3-11 反应前后固相元素数据

| 元素种类 | 反应前相对含量/% | | | 反应 7 天后相对含量/% | | | 反应 30 天后相对含量/% | | |
|---|---|---|---|---|---|---|---|---|---|
| | 样品① | 样品② | 样品③ | 样品① | 样品② | 样品③ | 样品① | 样品② | 样品③ |
| Na | 3.41 | 3.77 | 3.52 | 3.19 | 3.55 | 3.25 | 2.79 | 2.16 | 2.09 |
| Mg | 1.66 | 1.84 | 1.85 | 1.64 | 1.87 | 1.87 | 1.22 | 1.06 | 1.06 |
| Al | 9.95 | 11.52 | 11.52 | 10.8 | 12.53 | 12.03 | 10.03 | 11.63 | 10.95 |

续表

| 元素种类 | 反应前相对含量 /% ||| 反应7天后相对含量 /% ||| 反应30天后相对含量 /% |||
|---|---|---|---|---|---|---|---|---|---|
| | 样品① | 样品② | 样品③ | 样品① | 样品② | 样品③ | 样品① | 样品② | 样品③ |
| Si | 54.8 | 49.3 | 50.85 | 55.37 | 51.23 | 54.25 | 54.44 | 51.06 | 54.6 |
| K | 4.33 | 5.02 | 4.59 | 4.01 | 4.53 | 4.16 | 4.17 | 5.19 | 4.47 |
| Ca | 17.5 | 20.1 | 17.26 | 16.86 | 18.29 | 15.35 | 18.27 | 20.15 | 16.32 |
| Fe | 8.35 | 8.44 | 10.67 | 8.13 | 8.01 | 9.09 | 9.08 | 8.74 | 10.5 |

表 3-12 反应前后反应液离子浓度数据　　　　　　　　　　　　　（单位：mg/L）

| 离子类型 | 反应前 || 反应7天后 ||| 反应30天后 |||
|---|---|---|---|---|---|---|---|---|
| | 离子浓度 | 矿化度 | 样品① | 样品② | 样品③ | 样品① | 样品② | 样品③ |
| $HCO_3^-$ | 363 | 37370 | 7.396 | 6.42 | 5.31 | 18.98 | 16.48 | 15.58 |
| $CO_3^{2-}$ | 56 | | 988 | 1105 | 1052 | 608 | 710 | 685 |
| $Cl^-$ | 18005 | | 1.996 | 3.882 | 5.394 | 0 | 15.66 | 14.84 |
| $SO_4^{2-}$ | 4936 | | 65.82 | 98.613 | 71.11 | 60.28 | 91.8 | 71.8 |
| $Ca^{2+}$ | 722 | | 120.9 | 150.6 | 155.9 | 170.84 | 199.4 | 180.6 |
| $Mg^{2+}$ | 118 | | 12150 | 11085 | 10649 | 10451 | 9396 | 8394 |
| $Na^+$ | 13170 | | 45.18 | 50.28 | 41.38 | 100.84 | 95.88 | 75.92 |

反应前、反应7天后岩心孔渗见表 3-13。

表 3-13 反应前后岩心基础物性

| 岩心编号 | 长度 /cm | 直径 /cm | 干重 /g | 孔隙度 /% | 渗透率 /mD |
|---|---|---|---|---|---|
| W3-4（反应前） | 5.31 | 2.53 | 58.10 | 16.26 | 4.29 |
| W3-4（反应后） | 5.31 | 2.53 | | 16.63 | 0.72 |

结果分析：

（1）固相元素变化。

岩石粉反应后，固相元素总体变化较小，其中 Na、Mg、Al、K 总体呈现减少的趋势，Si、Ca、Fe 总体呈现增多的趋势；其中 Na、Mg 元素在3个样品中均表现为减少的趋势，Al、Si 元素在三个油组中表现为先增多后减少的趋势，K、Ca、Fe 元素在3个样品中均表现为先减少后增多的趋势（图 3-11）。

（2）矿物组分变化。

岩石粉末反应前后矿物组成变化如图 3-12 和图 3-13 所示。岩石粉反应后，主要矿物总体上都呈现增多的趋势，方解石、铁白云石表现出先减少后增加的趋势。反应7天后高岭石、片钠铝石、石英、方解石以及铁白云石的衍射强度都有所下降，矿物含量减少，岩石粉末与 $CO_2$ 地层水反应主要表现为溶蚀作用。反应 30 天后高岭石、片钠铝石、石英、钾长石、斜长石、方解石以及铁白云石等矿物 XRD 衍射特征图谱的衍射强度都有所增加，此类矿物含量增加，岩石粉末与 $CO_2$ 以及地层水在 7～30 天有新矿物生成，主要表现为沉淀作用。

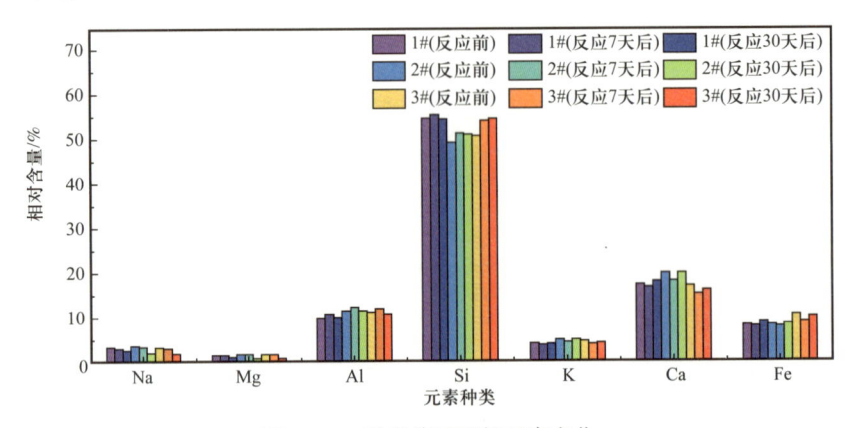

图 3-11　反应前后固相元素变化

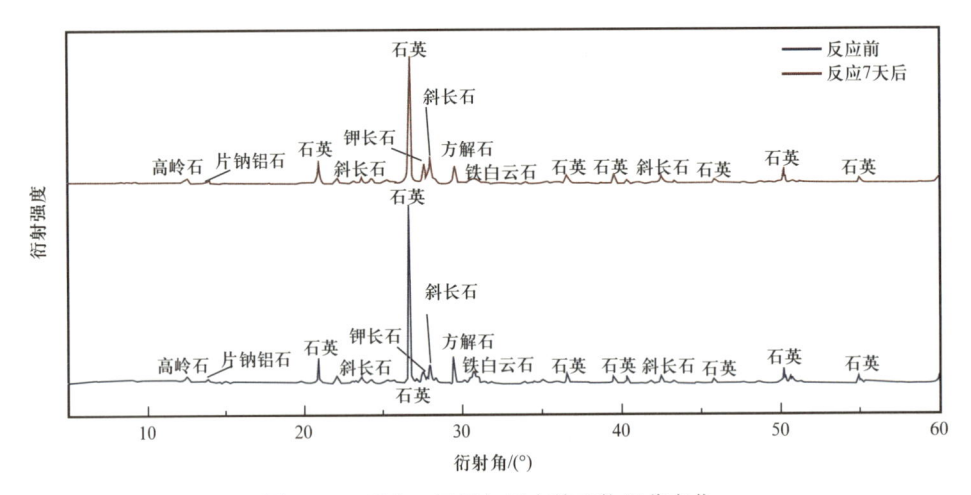

图 3-12　反应 7 天后与反应前矿物组分变化

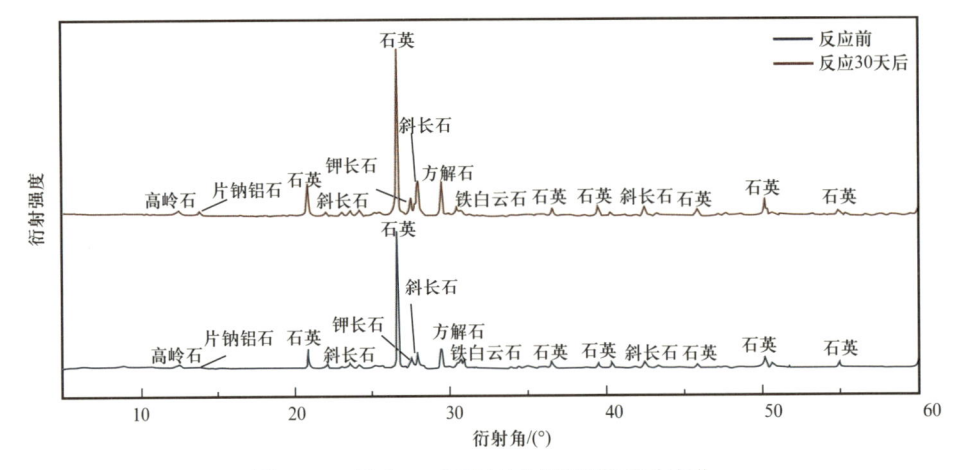

图 3-13　反应 30 天后与反应前矿物组分变化

（3）地层水离子浓度变化。

岩石粉末反应前后地层水离子增量见表 3-14。反应后新增 $Al^{3+}$、$Fe^{3+}$、$Si^{4+}$、$K^+$，其中 $Si^{4+}$ 浓度增幅较大；溶液中有新增离子表明粉末反应首先发生了矿物溶蚀。反应后 $Ca^{2+}$ 浓度先增加后减少，表明反应 0~7 天主要发生了方解石的溶蚀导致溶液中 $Ca^{2+}$ 浓度增加，7~30 天主要表现为 $Ca^{2+}$ 的沉淀，导致溶液中 $Ca^{2+}$ 减少。$Na^+$ 一直减少表明溶液中的 $Na^+$ 与 $CO_2$ 反应后生成了长石等矿物导致其离子浓度减小。其余离子有增加，但增幅不大。

表 3-14 地层水离子浓度增量

| 离子浓度增量 | $Al^{3+}$ | $Fe^{3+}$ | $K^+$ | $Si^{4+}$ | $Ca^{2+}$ | $Mg^{2+}$ | $Na^+$ |
|---|---|---|---|---|---|---|---|
| 反应 7 天后浓度增量 /（mg/L） | 5.3 | 5.4 | 71.1 | 41.38 | 330 | 37.9 | -2521 |
| 反应 30 天后浓度增量 /（mg/L） | 15.6 | 14.8 | 71.8 | 75.92 | -37 | 62.6 | -4776 |

（4）段塞反应后孔渗变化。

反应前后岩心对比如图 3-14 所示。段塞反应后孔隙度略微上升，增幅为 2.28%；渗透率大幅下降，降幅为 83.22%（表 3-15）。孔隙度略微上升是由于岩心中方解石溶蚀，其孔喉略微增大；孔隙度上升，但增幅不大，主要是由于静态反应 $CO_2$ 与水进入岩心内部较少，溶蚀作用较为轻微。而渗透率大幅下降的主要原因包括两个方面：一是反应后岩心生成了大量的方解石；二是由于岩石与水以及 $CO_2$ 的接触面积大且反应强烈，导致模拟地层水中的 $Ca^{2+}$ 被沉淀。

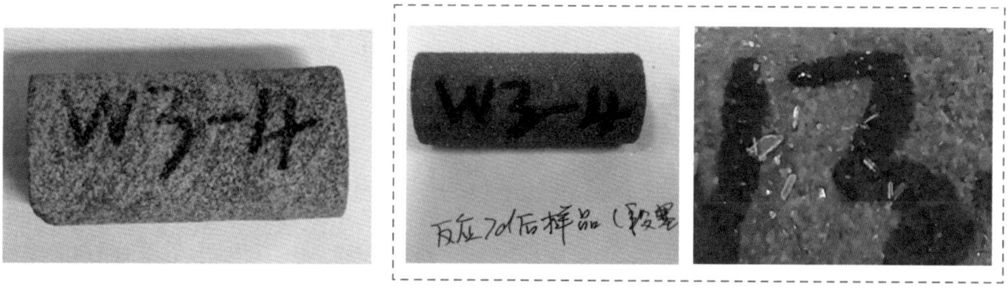

(a) 反应前　　　　　　　　　　　　(b) 反应后

图 3-14　反应前、反应 7 天后的岩心实拍对比

表 3-15　段塞反应前后孔渗变化

| 岩心编号 | 孔隙度 /% ||| 渗透率 /mD |||
|---|---|---|---|---|---|---|
| | 反应前 | 反应后 | 变化率 /% | 反应前 | 反应后 | 变化率 /% |
| W3-4 | 16.26 | 16.63 | 2.28 | 4.29 | 0.72 | -83.22 |

2）$CO_2$—地层水—岩石相互作用动态实验

实验目的与内容：通过高温高压下水气交替驱替岩心，模拟 $CO_2$ 驱过程中 $CO_2$—地层水—岩石相互作用，明确 $CO_2$ 与岩心在动态驱替过程中对不同物性岩心的影响以及

$CO_2$—地层水—岩石相互作用机理。

测试内容：110℃、32MPa 条件下 $CO_2$ 动态驱替后岩心孔隙度、渗透率变化。

$CO_2$ 动态驱替前后岩心基本物性及其变化见表 3–16。

表 3–16 驱替前后岩心基本物性变化

| 岩心编号 | 长度 /cm | 直径 /cm | 孔隙度 /% 反应前 | 孔隙度 /% 反应后 | 变化率 /% | 渗透率 /mD 反应前 | 渗透率 /mD 反应后 | 变化率 /% |
|---|---|---|---|---|---|---|---|---|
| W1–5 | 5.392 | 2.542 | 16.5 | 16.78 | 1.70 | 18.57 | 19.45 | 4.74 |
| W2–6 | 5.356 | 2.532 | 15.39 | 15.46 | 0.45 | 1.24 | 1.65 | 33.06 |

实验结果表明，动态驱替对孔隙度影响不大，其中 W1–5 增加了 1.70%，W2–6 增加了 0.45%；动态驱替后两块岩心的渗透率都有一定的增加（W1–5 的增幅为 4.74%，W2–6 的增幅为 33.06%）；随着注入时间的增加，W1–5 渗透率表现为先增加（最大达到 19.77mD）后降低，但总体上表现为增加。驱替后渗透率增加是因为岩心中方解石含量较多，注入 $CO_2$ 与盐水后方解石溶蚀。酸岩反应证实在长期气驱过程中储层岩石孔隙度、渗透率都会增大，导致储层非均质性增强，出现气驱窜流通道。

**4. 油藏中 $CO_2$ 封存机制数值模拟研究**

$CO_2$ 驱油及封存机理模型基于泰州组油藏地质与开发特征建立，模型网格系统 $I:J:K$ 为 20：20：10，网格大小 20×20×2，厚度 20m，模型网格总数为 20×20×10=4000 个，模型中共有两口井，其中 INJ 为注入井，PRO 为生产井，井距 565m，模型为均质模型，渗透率为 6.53mD，孔隙度为 15.89%，注采井射孔全部打开储层，油藏深度为 3000m。

机理模型的建立是基于草舍 Et 油藏基本地质参数以及流体参数，地层原油 P–T 相图如图 3–15 所示，油水、气液相对渗透率如图 3–16 和图 3–17 所示。

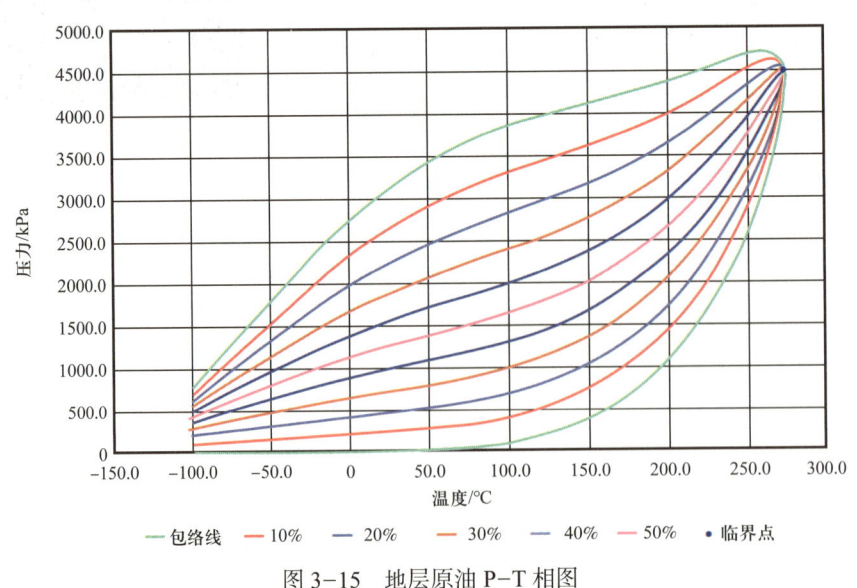

图 3–15 地层原油 P–T 相图

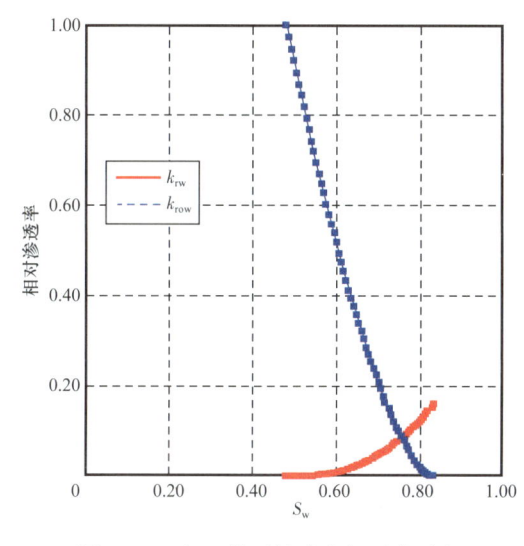

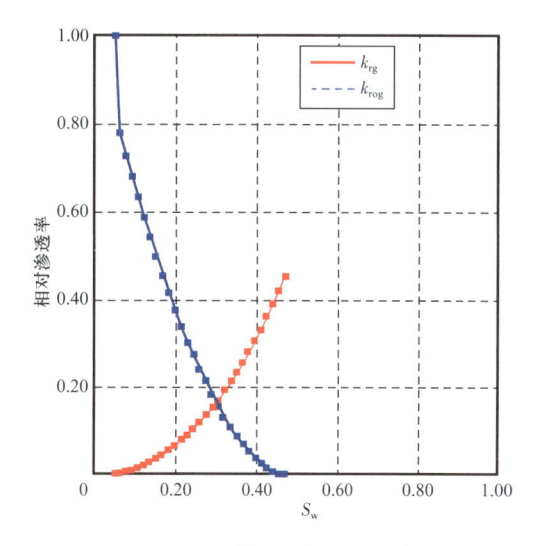

图 3-16 机理模型的油水相对渗透率　　图 3-17 机理模型的气液相对渗透率

该模型基础方案共分为衰竭开采、注气（$CO_2$）开发以及 $CO_2$ 封存三个阶段。其中衰竭开采阶段关闭注入井，生产井定产量（20m³/d）生产，衰竭到 10MPa。注气（$CO_2$）开发阶段，采用一注一采井网，注采平衡，其中注入井注入速度为 2300m³/d，当 $CO_2$ 突破后关闭生产井，突破标志为生产井采出气 $CO_2$ 摩尔分数达到 10%。$CO_2$ 封存阶段关闭生产井，注入井注入速度设置为 23000m³/d，注入到压力为 40MPa 时关井，并模拟 100 年 $CO_2$ 封存。模型基础方案参数设置见表 3-17。

表 3-17 模型基础方案参数设置

| 方案 | 参数设置 |
| --- | --- |
| 衰竭开采 | 注入井：关闭；生产井定量生产：20m³/d；衰竭到 10MPa |
| 注气（$CO_2$）开发 | 注入井注入速度：2300m³/d；生产井：14.6m³/d，当生产井采出气 $CO_2$ 摩尔分数为 10% 关闭生产井 |
| $CO_2$ 封存 | 注入井注入速度：23000m³/d，注入到地层压力为 40MPa 时关闭注入井；生产井：关闭 |

根据机理模型计算结果，该机理模型 $CO_2$ 封存量以及不同封存机制中的 $CO_2$ 封存量及其占比见表 3-18，不同机制 $CO_2$ 封存量随时间变化如图 3-18 所示。由图 3-18 和表 3-18 可知，$CO_2$ 在油藏中的封存以游离态的超临界封存为主，占总封存量的 85.87%；矿化封存则最少，占比为 0.12%；溶解及捕集封存则相差不多，其中溶解封存（8.32%）稍大于捕集封存（5.68%）的占比，但占比都不高。

表 3-18 不同封存机制 $CO_2$ 封存量及其占比

| 封存机理 | 注入总量 | 封存总量 | 溶解封存 | 捕集封存 | 矿化封存 | 超临界封存 |
| --- | --- | --- | --- | --- | --- | --- |
| $CO_2$ 质量 /10⁴t | 6.988 | 6.974 | 0.580 | 0.396 | 0.009 | 5.989 |
| 占比 /% | — | — | 8.32 | 5.68 | 0.13 | 85.87 |

机理模型 $CO_2$ 驱油与封存阶段不同矿物及地层水离子摩尔分数随时间变化如图 3-19 和图 3-20 所示。在衰竭阶段，地层中方解石、高岭石、白云石以及钾长石摩尔分数都略有

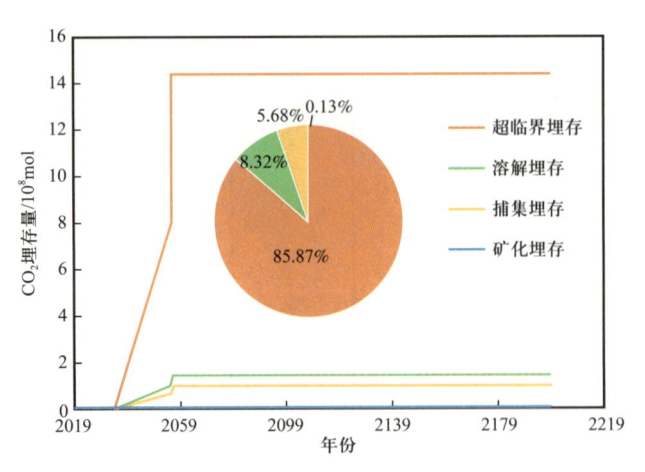

图 3-18 不同 $CO_2$ 封存机制随时间变化及封存含量占比

增加，因为地层原油中含有一定量的 $CO_2$，与地层岩石及地层水发生反应，但总体上保持动态平衡。一旦向地层注入 $CO_2$，各矿物含量均发生大幅下降，矿物发生较明显的溶蚀反应。此时 $CO_2$ 快速溶解于水中，地层水由中性向酸性转变，方解石、白云石、钾长石均是易发生酸蚀矿物，因此发生了较强的酸蚀反应，地层中矿物含量急剧下降，而地层水中相关的金属阳离子（$Ca^{2+}$、$Mg^{2+}$、$K^+$、$Al^{3+}$）浓度则开始上升。而在封存阶段，地层中 $CO_2$ 已经过饱和，$H^+$ 含量已经达到最高点，方解石、白云石、钾长石矿物沉淀作用开始占主导作用。而高岭石这类黏土矿物则持续发生溶蚀作用，但相较于驱油阶段，溶蚀速度明显变缓。在 $CO_2$ 封存阶段，矿物沉淀反应速率较大，但随着时间的推移，反应速率逐渐变缓，直到封存后期，矿物反应已经达到了动态平衡并实现了 $CO_2$ 的永久封存。

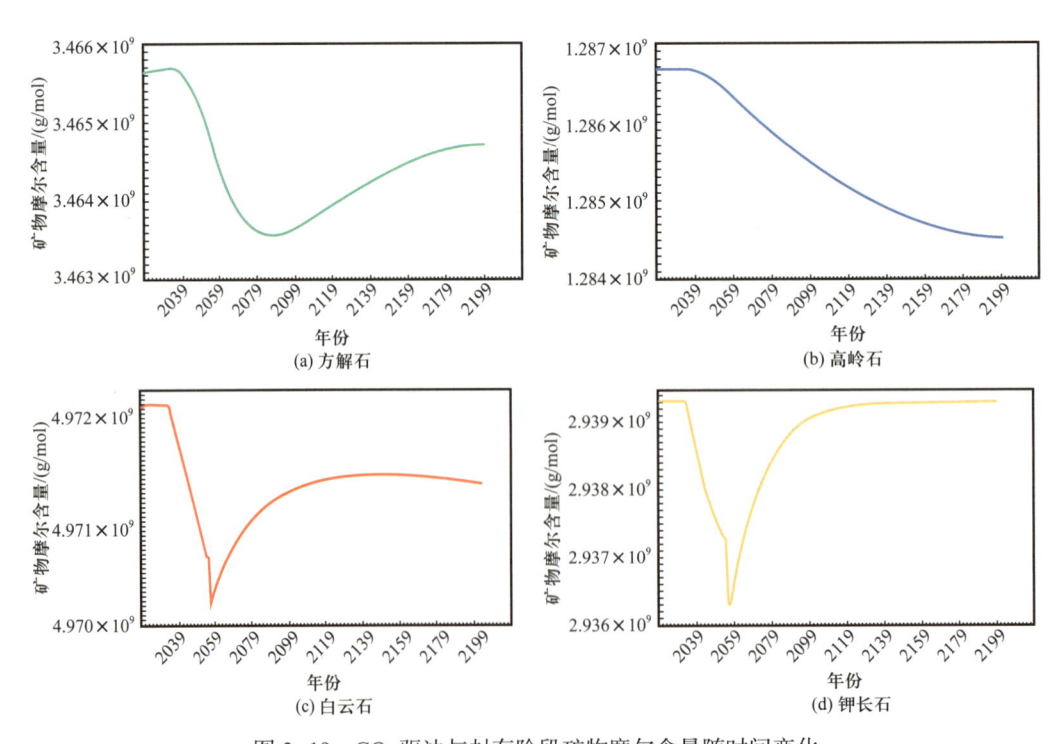

图 3-19 $CO_2$ 驱油与封存阶段矿物摩尔含量随时间变化

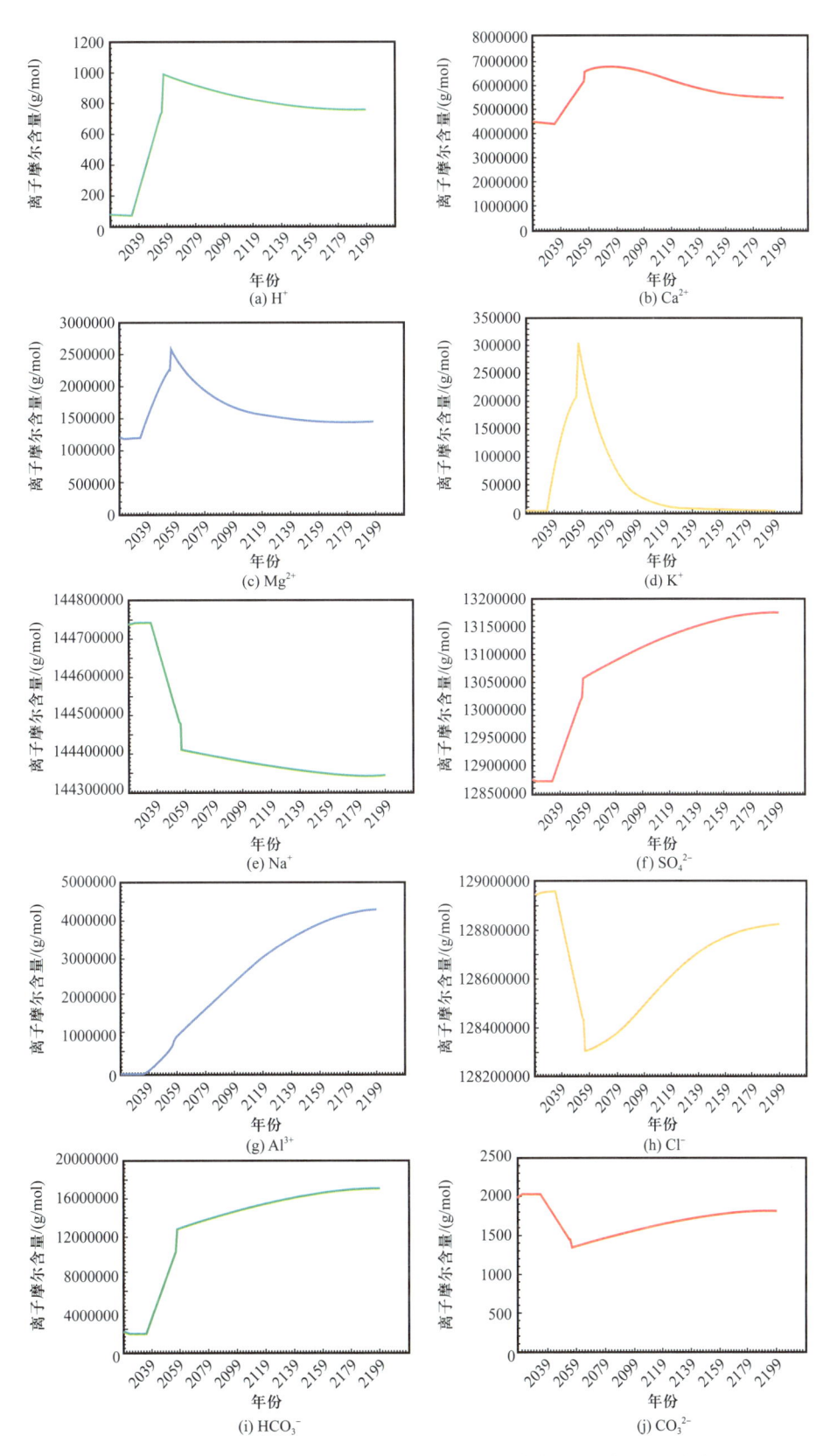

图 3-20 CO$_2$驱油与封存阶段地层水中离子摩尔含量随时间的变化

## 二、油藏封存量计算方法

### 1. 基于物质平衡的理论封存量计算方法

$CO_2$ 在油藏中封存量的计算方法与封存机理相关，同时与油藏所处的状态有关。$CO_2$ 在油藏中封存主要通过构造地层储存、束缚气储存、溶解储存和矿化储存等机理来实现，其中最主要的是构造地层储存。如何确定出油藏中可以供给 $CO_2$ 储存的几何空间是计算油藏中 $CO_2$ 理论封存量的关键问题。同时也应充分考虑长时间 $CO_2$ 地质封存及 $CO_2$ 在流体中的溶解。

$CO_2$ 理论封存量指地质系统所能接受的物理极限量，它构成整个资源金字塔的基础。目前 $CO_2$ 在油藏中理论封存量的计算方法主要是以物质平衡方程为基础建立起来的。在计算油藏中理论封存量时，假设油气采出所余留的空间都用于 $CO_2$ 存储。国内封存 $CO_2$ 的油藏主要可以分为两类：注水开发后气驱的油藏以及 $CO_2$ 驱油藏。

在注水开发后的油藏的理论封存量计算中，假设 $CO_2$ 被注入油藏中直到恢复该油藏的原始地层压力，即油气采出的所余留的空间全部为 $CO_2$ 封存空间，其计算公式如下：

$$M_{CO_2 to} = \rho_{CO_2 r} \times \left( E_R \times N \times B_o - V_{iw} + V_{pw} \right) \tag{3-1}$$

或：

$$M_{CO_2 to} = \rho_{CO_2 r} \times \left[ E_R \times \frac{A \times h \times \phi}{10^6} \times (1 - S_w) - V_{iw} + V_{pw} \right] \tag{3-2}$$

式中　$M_{CO_2 to}$——$CO_2$ 在油藏中的理论封存量，$10^6 t$；

　　　$\rho_{CO_2 r}$——$CO_2$ 在油藏条件下的密度，$kg/m^3$；

　　　$E_R$——原油采收率；

　　　$N$——原油地质储量，$10^9 m^3$；

　　　$B_o$——原油体积系数，$m^3/m^3$；

　　　$A$——油藏面积，$km^2$；

　　　$h$——油藏厚度，$m$；

　　　$\phi$——油藏孔隙度，%；

　　　$S_w$——油藏束缚水饱和度，%；

　　　$V_{iw}$——注入油藏的水量，$10^9 m^3$；

　　　$V_{pw}$——从油藏产出水量，$10^9 m^3$。

同时考虑 $CO_2$ 在地层水以及剩余油中的溶解。其计算公式如下：

$$M_{CO_2 to} = \rho_{CO_2 r} \times \left\{ E_R \times \frac{A \times h \times \phi}{10^6} \times (1 - S_w) - V_{iw} + V_{pw} + C_{ws} \times \left( \frac{A \times h \times \phi}{10^6} \times S_w + V_{iw} - V_{pw} \right) + C_{os} \times \left[ (1 - E_R) \times \frac{A \times h \times \phi}{10^6} \times (1 - S_w) \right] \right\}$$

$$\tag{3-3}$$

其中　$C_{ws}$——$CO_2$ 在水中的溶解系数；
　　　$C_{os}$——$CO_2$ 在原油中的溶解系数。

而在开展注气提高采收率（特别是注 $CO_2$）的油藏中，经验表明，注入的 $CO_2$ 大约有 40% 被采出。在开展注 $CO_2$ 提高采收率时，$CO_2$ 在油藏中的理论封存量要分别考虑 $CO_2$ 是否突破。

在 $CO_2$ 突破之前，理论封存量可通过式（3-4）计算：

$$M_{CO_2to} = \rho_{CO_2r} \times (E_{RBT} \times N \times B_o) \tag{3-4}$$

在 $CO_2$ 突破之后，理论封存量可通过式（3-5）计算：

$$M_{CO_2to} = \rho_{CO_2r} \times \left[ E_{RBT} + 0.6(E_{RHCPV} - E_{RBT}) \right] \times N \times B_o \tag{3-5}$$

其中　$N$——原油的地质储量，$10^9 m^3$；
　　　$E_{RBT}$——$CO_2$ 突破之前的原油采收率，%；
　　　$E_{RHCPV}$——注入某一烃类孔隙体积（HCPV）$CO_2$ 时原油的采收率，%。

若考虑注入和采出水量，则式（3-4）和式（3-5）需要加入相应的参数。计算公式如下：
在 $CO_2$ 突破之前，理论封存量可通过式（3-6）计算：

$$M_{CO_2to} = \rho_{CO_2r} \times (E_{RBT} \times N \times B_o - V_{iw} + V_{pw}) \tag{3-6}$$

在 $CO_2$ 突破之后，理论封存量可通过式（3-7）计算：

$$M_{CO_2to} = \rho_{CO_2r} \times \left\{ \left[ E_{RBT} + 0.6(E_{RHCN} - E_{RBT}) \right] \times N \times B_o - V_{iw} + V_{pw} \right\} \tag{3-7}$$

同时考虑 $CO_2$ 在油藏中原油以及地层水的溶解机理，可通过下面公式计算：
在 $CO_2$ 突破之前，理论封存量可通过式（3-8）计算：

$$M_{CO_2to} = \rho_{CO_2r} \times \left\{ E_{RBT} \times N \times B_o - V_{iw} + V_{pw} + C_{ws} \times \left( \frac{N \times B_o}{1 - S_w} \times S_w + V_{iw} - V_{pw} \right) + C_{os} \times \left[ (1 - E_{RBT}) \times N \times B_o \right] \right\} \tag{3-8}$$

在 $CO_2$ 突破之后，理论封存量可通过式（3-9）计算：

$$M_{CO_2to} = \rho_{CO_2r} \times \left\{ (0.4E_{RBT} + 0.6E_{RHCPV}) N \times B_o - V_{iw} + V_{pw} + C_{ws} \times \left( \frac{N \times B_o}{1 - S_w} \times S_w + V_{iw} - V_{pw} \right) + C_{os} \times \left[ (1 - 0.4E_{RBT} - 0.6E_{RHCPV}) \times N \times B_o \right] \right\} \tag{3-9}$$

**2. 有效封存量计算方法**

有效封存量则是在理论封存量计算方法的基础上考虑 $CO_2$ 封存时受到流体流度、重力分离作用、油藏非均质性和地下水体等因素的影响，不能达到理想状态的理论封存量，即考虑了储层性质、储层的封闭性、封存深度、储层压力系统及孔隙体积等因素影响的封存量。目前已有许多学者基于物质平衡法和类比法开展了 $CO_2$ 有效封存量的计算。

目前已有学者基于理论封存量计算方法，考虑浮力、重力超覆、流度比、非均质性、含水饱和度以及水体强度等因素的影响，开展了有效封存量的计算，其计算方法如下：

$$M_{CO_2eo} = C_e \times M_{CO_2to} = C_m \times C_b \times C_h \times C_w \times C_a \times M_{CO_2to} \quad (3-10)$$

式中　$M_{CO_2eo}$——$CO_2$ 在油藏中的有效封存量，$10^6$t；

　　　$C_e$——各因素综合影响的有效封存系数；

　　　$C_m$——流度不同造成影响的有效封存系数；

　　　$C_b$——浮力作用造成影响的有效封存系数；

　　　$C_h$——油藏非均质性造成影响的有效封存系数；

　　　$C_w$——含水饱和度造成影响的有效封存系数；

　　　$C_a$——地下水体造成影响的有效封存系数。

这些有效封存系数的确定往往需要通过数值模拟方法来获取。式（3-10）也可以应用于衰竭油藏中 $CO_2$ 有效封存量计算，也可以用于利用 $CO_2$ 提高采收率油藏中 $CO_2$ 有效封存潜力计算。

**3. 基于类比法的封存量计算方法**

基于类比法的封存量计算方法主要应用于注 $CO_2$ 提高采收的油藏中的 $CO_2$ 有效封存量的计算。类比法是通过利用 $CO_2$ 提高油藏采收率时的获得的实际数据开展 $CO_2$ 封存量计算的一种方法。使用类比法所需系数需从油藏开发数据中获取。国外已有学者针对注 $CO_2$ 开发油藏基于类比法计算封存量开展了深入的研究。首先有学者考虑了通过引入 $CO_2$ 利用系数这个参数来获取有效封存量，其计算方法如下：

$$M_{CO_2eo} = 6.29 \times 10^3 \times N_P \times R_{CO_2} \quad (3-11)$$

式中　$M_{CO_2eo}$——$CO_2$ 在油藏中的有效封存量，$10^6$t；

　　　$N_P$——注入 $CO_2$ 获得原油提高采收率的量，$10^9$m³；

　　　$R_{CO_2}$——$CO_2$ 利用系数，净 $CO_2$ 注入量与原油采出量的比值，t/bbl。

式（3-11）需要确定由于 $CO_2$ 注入而增加的原油量，可以用式（3-12）计算：

$$N_P = \frac{E_{EXTRA}}{100} \times N_C \quad (3-12)$$

式中　$E_{EXTRA}$——$CO_2$ 注入而获得的额外采收率，%；

　　　$N_C$——与 $CO_2$ 相接触的原始原油地质储量，$10^9$m³。

2002 年，Lysen 对 $CO_2$ 利用系数的研究成果进行了综述，见表 3-19。不同地区的 $CO_2$ 利用系数是不同的，其大小范围为 0.1~0.8t/bbl，大小跨度比较大。因此针对不同油藏需要比对其油藏特征确定其 $CO_2$ 利用系数。Ecofys 等在 2005 年提出了用 3 个等级表示 $CO_2$ 利用系数：最高（0.8t/bbl）、中等（0.45t/bbl）和最低（0.15t/bbl）。

表 3-19　不同油田 $CO_2$ 利用系数表（据 Lysen，2002）

| 项目 | $CO_2$ 利用系数 /（$10^3 ft^3$/bbl） | $CO_2$ 利用系数 /（t/bbl） |
|---|---|---|
| Weyburn | 2.7 | 0.15 |
| Willard-Wasson | 3~4 | 0.17~0.22 |
| SAROC 先注气驱 | 4.6 | 0.26 |
| SAROC 先导实验区 | 5~14 | 0.28~0.78 |
| Little Creek | 13.5 | 0.76 |
| Permian，North Sea | 5.3 | 0.3 |
| 混相驱平均值 | 6 | 0.336 |
| 非混相驱平均值 | 10 | 0.599 |

而 Stevens 等在 1999 年基于 7 个利用 $CO_2$ 提高石油采收率的资料确定了原油重度与由于 $CO_2$ 注入而提高采收率之间的经验关系，如图 3-21 所示。

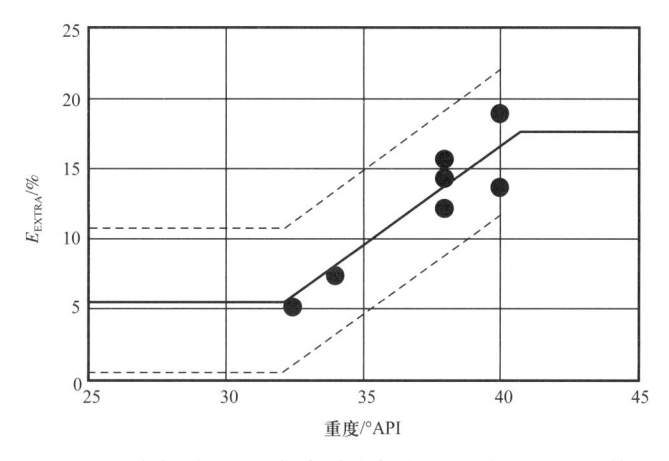

图 3-21　原油重度与利用 $CO_2$ 提高采收率关系图（据 Hendriks 等，2004）

同样地，2004 年 $CO_2$ 注入获得的额外采收率的值被 Hendriks 等（2024）根据图 3-21 分为了三个等级：最高（提高采收率值 5）、中等（提高采收率值 12）以及最低（提高采收率值 20）。

$CO_2$ 在注入地层后只有驱替前沿的 $CO_2$ 会与原油接触混相，而大部分 $CO_2$ 并不会直接与原油接触，因此，式（3-12）中引入了接触系数 $N_C$，接触系数 $N_C$ 可用式（3-13）表示：

$$N_C = N \times C \tag{3-13}$$

式中　$N$——原始原油地质储量，$10^9 m^3$；

　　　$C$——接触系数。

一般认为，在注 $CO_2$ 提高原油采收率的油田，$CO_2$ 与原油的接触系数为 0.75。而对于原油的原始地质储量通常可通过式（3-14）计算：

$$N = \frac{N_R \times 100}{API + 5} \tag{3-14}$$

式中　$N_R$——最终可采储量，$10^9 m^3$；
　　　API——原油重度，°API。

原油重度计算如下：

$$API = \frac{141.5}{\gamma_0} - 131.5 \tag{3-15}$$

式中　$\gamma_0$——相对密度。

### 三、苏北盆地油藏封存潜力预测

本次选用类比法对苏北盆地油藏的封存潜力进行评价，根据评价封存潜力约 $1089 \times 10^4 t$。

苏北盆地的油藏构造复杂、小碎贫散、类型多样，在场地级—灌注级评价阶段，应用分布密度的统计方法，统计国内外已经成功实施的 $CO_2$ 混相驱项目的地质参数和工程参数出现的频率，确立了包括流体性质、油藏特征、储层特征及其他参数在内的五类三十项适宜度评价指标，基于室内实验和气驱现场效果评价，综合应用模糊数学评判方法、气驱产量预测模型及经济评价方法，建立了三种不同类型 $CO_2$ 驱油与封存适宜性评价体系，对所有储量开展 $CO_2$ 驱适宜性评价，适宜 $CO_2$ 混相驱储量 $1643 \times 10^4 t$，适宜非混相驱储量 $1567 \times 10^4 t$，适宜重力驱储量 $671 \times 10^4 t$，适宜吞吐储量 $627 \times 10^4 t$。根据 $CO_2$ 驱替类型，利用类比法，类比已驱油区块的提高采收率及换油率两个指标，再结合不同驱替类型覆盖的储量规模，预估其油藏封存量，具体参数见表 3-20。

表 3-20　华东油气田苏北盆地不同类型 $CO_2$ 驱封存潜力评价

| 驱替类型 | 储量/$10^4 t$ | 区块/个 | 适宜储量/$10^4 t$ | 提高采收率/% | 换油率/t 油/t $CO_2$ | 预计封存量/$10^4 t$ |
|---|---|---|---|---|---|---|
| 混相驱 | 1643 | 15 | 1643 | 12 | 0.4 | 493 |
| 非混相 | 3246 | 29 | 1567 | 6 | 0.25 | 376 |
| 重力驱 | 681 | 9 | 671 | 10 | 0.33 | 201 |
| 吞吐 | 669 | 10 | 627 | 2 | 0.67 | 19 |
| 合计 | 6239 | 63 | 4508 | | | 1089 |

## 第二节　咸水层 $CO_2$ 封存潜力评价

国际上许多国家和组织以及研究人员对 $CO_2$ 在咸水层的封存潜力进行了计算，并提出了许多计算方法。本节对这些方法进行梳理，从理论封存量计算和有效封存量计算两方面进行阐述，从而为 $CO_2$ 在咸水层中封存潜力评价提供技术和方法。

## 一、咸水层封存机制及数值模拟

### 1. 咸水层封存机制

根据前人研究总结，$CO_2$封存机理主要有构造封存、束缚封存、溶解封存、矿化封存四种封存机理（图3-22）。研究表明，在目前主要的$CO_2$地质封存技术中，咸水层的封存潜力最大。截至目前，国内$CO_2$封存潜力为$40508.45\times10^8 t$，其中咸水层封存量最高，占比约为98%，是未来我国碳封存的主要储库。

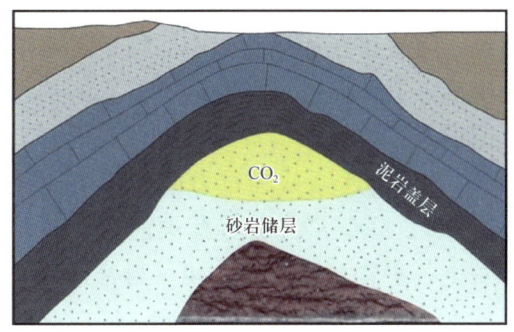

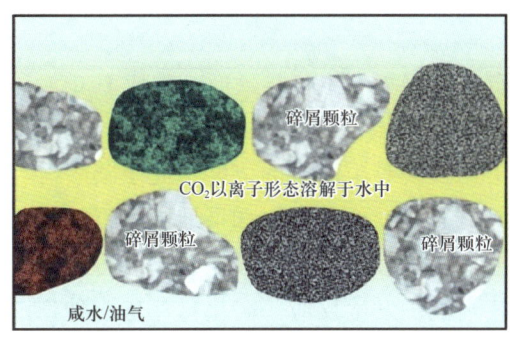

(a) 构造封存机理　　　　　　(b) 束缚封存机理

(c) 溶解封存机理　　　　　　(d) 矿化封存机理

图3-22　$CO_2$在咸水层中的封存机理

地质构造封存又称静态封存，是$CO_2$地质封存中最主要的一种封存机制。因为超临界$CO_2$的密度小于盐水，注入地层中以后，在浮力的作用下$CO_2$会向含水层上方运移，遇到盖层$CO_2$气体垂向运移受到阻挡之后，向侧向运移扩散。作为盖层的岩石储层多具有非常致密的结构，其孔隙度和渗透率也很小，一般呈穹顶的形状处于封层的上方，在较大的毛细管力作用下，封层中的超临界$CO_2$将很难进入到盖层，无法形成漏失。构造圈闭封存在超临界$CO_2$注入地下后就立即开始作用，是最主要的封存机理，对封存量的贡献也最大。

作为封层的含水层中通常存在着一定数量的孔隙空间，在$CO_2$封存运移的过程中，$CO_2$分子会在注入压力和盐水的浮力作用下进入那些微小的孔道，留存在这些孔隙之中，这个过程是超临界$CO_2$驱替孔道中盐水并形成临时界面的过程，为注入过程。在注入过程后，大量地层盐水回流，重新占据注入过程中被超临界$CO_2$占据的孔隙空间，并在孔隙喉道处截断界面，称为吸入过程。吸入过程中，位于细微孔隙末端的$CO_2$由于外部流体的界面压力和吸附作用留存在这些岩石颗粒之间，呈球滴状，经过长时间的束缚与溶解机理相互作用，最终这部分$CO_2$会溶解到地层矿物与流体之中，这就是$CO_2$地质封存的束缚封存机理。在地质封存的过程中，束缚封存机理的封存作用通常从注入开始持续到地质封存的几十甚至上百年后。

$CO_2$注入油藏后不断与原油和地层水接触，最终溶解其中。尽管大多数溶解$CO_2$会与采出流体一起排出，但仍有相当一部分会和残余油与残余水一起滞留在油藏中，$CO_2$因此而被封存。地层的温度与压力、地层水的盐度和时间等因素决定着溶解作用中$CO_2$的封存量。$CO_2$主要通过扩散作用和对流混合作用溶解在地层盐水中，当地层水中溶解的$CO_2$超过了一定质量，将导致地层水的密度上升，促使这部分溶解了$CO_2$的盐水向地层下部运移，形成整个封存层内部的对流混合。与地质构造封存中较轻的$CO_2$向顶部盖层运移不同，溶解封存的过程中$CO_2$溶于地层水，并在重力的作用下向下沉积，这种封存方式会减少地层中气相$CO_2$的数量，降低$CO_2$运移漏失的风险，是较为安全稳定的封存状态。溶解封存过程中会发生各种物理与化学作用，与普通的气水溶解不同，这些物理与化学作用同时对地层盐水中的$CO_2$物性产生影响，同时影响了封存过程中$CO_2$的运移过程和溶解过程，因此溶解封存的具体封存总量并不易于精确计算。

矿化封存作用指封存状态下的$CO_2$与岩石及地层水产生化学反应，生成$H_2CO_3$等具有酸性的物质，降低地层水的pH值，与矿物中的方解石、白云石等产生反应，增加地层水的矿化度。矿化封存作用会增加地层盐水中钙、镁等阳离子的浓度，促使碳酸盐等阴离子结合形成较为稳定的次生矿物，从而达到固定$CO_2$的目的。如果地层岩石的主要成分是较为活跃的碳酸盐类，则其反应的速度也会相对较快；而如果地层是以石英为主的砂岩类，矿化封存的反应时间就相当漫长，甚至很少发生反应。矿化封存是一种稳定长久封存$CO_2$的作用机理，具有很高的研究价值，几乎所有的矿化反应都十分缓慢，其作用的时间尺度也非常漫长，通常几百至上千年才可完成。

对于苏北盆地来说，由于矿化封存是一个长期的过程，短期内主要是构造封存、束缚封存以及溶解封存。

2. 咸水层封存数值模拟

建立咸水层注$CO_2$驱及封存模拟模型，模型长：宽：高 =1000m：10m：100m。将网格划分为$100 \times 1 \times 20$，$I$方向网格尺寸为100m×10m，$J$方向网格尺寸为10m，$k$方向网格尺寸为20m×5m。模型中只有一口井，模型为均质模型，初始压力12MPa，渗透率为100mD，孔隙度为18%，注入井射孔全部打开储层，油藏深度为1300m。

咸水层中油水相对渗透率曲线、油气相对渗透率曲线如图3-23和图3-24所示。

基础方案设置为注入井配注$1 \times 10^4 m^3/d$，累计注入一年后关井，进行200年的$CO_2$封存模拟。

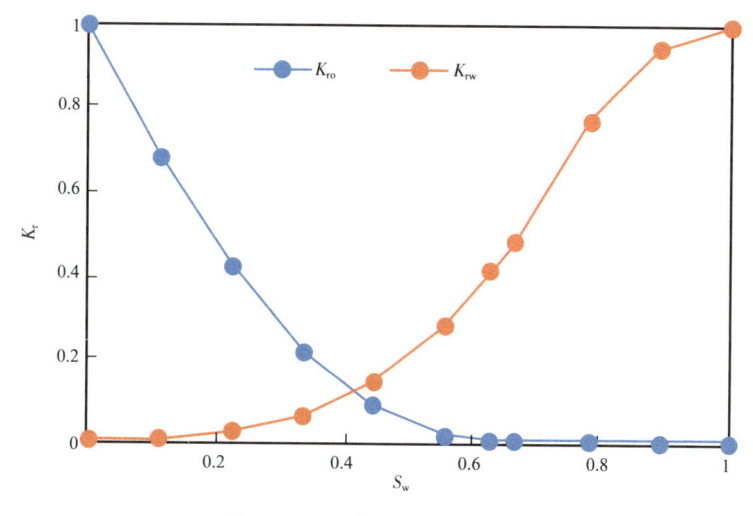

图 3-23 油水相对渗透率曲线

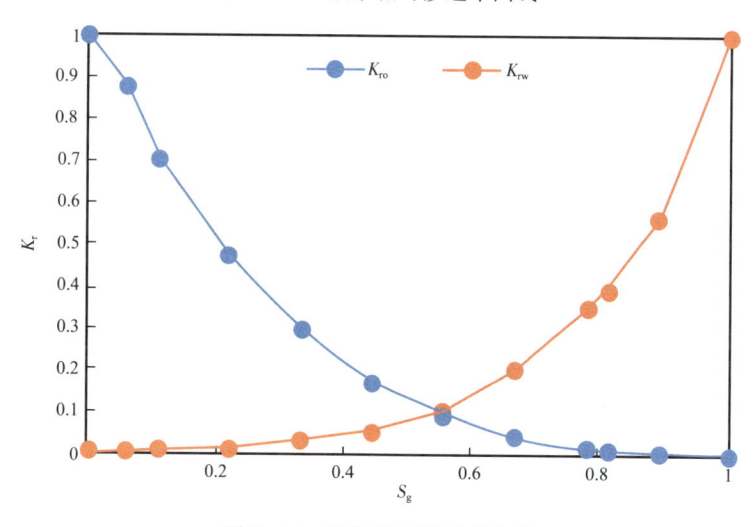

图 3-24 油气相对渗透率曲线

$CO_2$ 注入咸水层后，经历一系列物理和化学过程，一般通过四种机制被长久地封存在咸水层中：构造封存、残余气封存、溶解封存、矿化封存。以均质模型计算结果为例，不同封存机制的封存量及占比见表 3-21。$CO_2$ 超临界封存量、矿化封存量和溶解封存量等结果可通过数值模拟软件得到，其中 $CO_2$ 主要以超临界状态（游离态）的形式被封存，占总封存量的 49.72%；其次是矿化封存，占总封存量的 37.08%；少部分是在水中的溶解封存，占总封存量的 12.92%。$CO_2$ 封存量随时间变化如图 3-25 所示。

表 3-21 不同封存机制的封存量及占比

| $CO_2$ 封存机制 | 总注入 $CO_2$ 量 | $CO_2$ 总封存量 | 超临界封存量 | 矿化封存量 | 溶解封存量 |
|---|---|---|---|---|---|
| 实际含量 /10³t | 7.29 | 7.20 | 3.58 | 2.67 | 0.93 |
| 占总封存比例 /% | — | — | 49.72 | 37.08 | 12.92 |

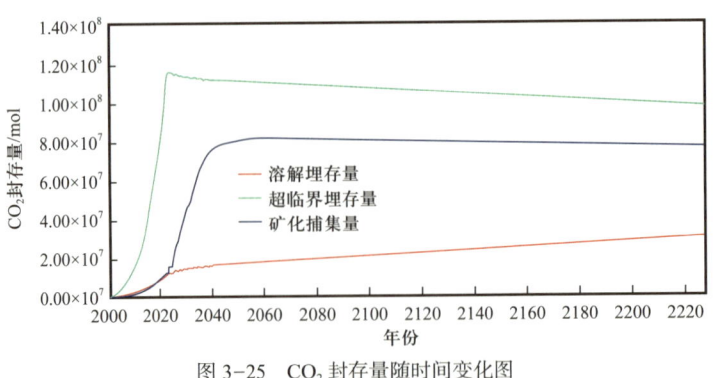

图 3-25　$CO_2$ 封存量随时间变化图

## 二、咸水层 $CO_2$ 封存量计算方法

$CO_2$ 在咸水层的封存机理主要有构造地层封存、束缚气封存、水动力封存、溶解封存和矿化封存等。在这些封存机理中，束缚气封存，水动力封存和矿化封存跟时间尺度关系更大，这些机理的计算方法需要涉及具体某一时刻物理参量的变化值，并且也关系到具体封存场所问题，需要应用复杂数值模拟技术，因此在此不考虑这些机理。

1. 理论封存量的计算

许多国家或国际组织对 $CO_2$ 在咸水层中理论封存潜力进行了计算，并提出了许多计算方法。

欧盟提出了一种咸水层理论封存量的计算方法，其假设条件为咸水层是密闭的，且封存空间来源于咸水层基质和孔隙流体的压缩性，咸水层的理论封存量可用式（3-16）计算：

$$M_{CO_2ts} = A \times ACF \times SF \times H \tag{3-16}$$

式中　$M_{CO_2ts}$——$CO_2$ 在深部咸水层中的理论封存量，$10^6$t；

$A$——深部咸水层所在盆地的面积，$km^2$；

ACF——深部咸水层覆盖系数，通常取 0.5；

SF——封存系数，$10^6$t/（$km^2 \cdot m$），通常取 $0.2 \times 10^6$t/（$km^2 \cdot m$）；

$H$——咸水层厚度，m。

只要知道该公式深部含水层所在盆地面积则可以概算咸水层 $CO_2$ 封存潜力的大小。很明显，所得的数值只能大概反映咸水层 $CO_2$ 封存潜力的大小，该值的范围可能变化较大，应谨慎使用。

美国能源部提出了一种咸水层理论封存量计算方法，其假设条件为咸水层内所有的孔隙空间都可以封存 $CO_2$，要实现此假设，实际上假设咸水层有一排泄出口。理论封存量可以用式（3-17）计算：

$$M_{CO_2ts} = \rho_{CO_2r} \times A \times H \times \phi / 10^6 \tag{3-17}$$

式中　$\rho_{CO_2r}$——在地层条件下 $CO_2$ 的密度，$kg/m^3$，通常为 1.977$kg/m^3$；

$\phi$——深部咸水层岩石的孔隙度，%。

Ecofys 和 Tno-Ting（2002）提出了一种深部咸水层 $CO_2$ 封存理论计算方法，假设深咸水层的1%体积为构造地层圈闭，且仅仅有2%的构造地层圈闭可用作 $CO_2$ 的封存。具体计算公式如下：

$$M_{CO_2ts} = \frac{\rho_{CO_2s} \times A \times H \times 0.01 \times 0.02 \times \phi}{10^6} \quad (3-18)$$

式中　$M_{CO_2ts}$——$CO_2$ 在深部咸水层中理论封存量，$10^6$t；

$\rho_{CO_2r}$——在地层条件下 $CO_2$ 的密度，$kg/m^3$，通常为 $1.977kg/m^3$；

$A$——深部咸水层所在盆地的面积，$km^2$；

$H$——深部咸水层平均厚度，m；

$\phi$——深部咸水层岩石的孔隙度，%。

Ecofys 和 Tno-Ting（2002）将水层厚度和孔隙度划分为三个等级（表3-22）。

表3-22　不同等级的水层厚度和孔隙度

| 级别 | 水层厚度/m | 孔隙度/% |
| --- | --- | --- |
| 最低 | 50 | 5 |
| 中等 | 100 | 20 |
| 最高 | 300 | 30 |

碳封存领导人论坛提出根据封存机理，在咸水层中的理论封存量由三部分构成，即在构造地层封存、束缚气封存和溶解封存三部分中的理论封存量。

（1）构造地层封存的理论封存量。在咸水层构造地层圈闭中封存 $CO_2$ 和衰竭油气藏中封存 $CO_2$ 相类似，所不同的是圈闭里是水而不是烃类物质。构造地层封存时的理论封存量计算公式为：

$$M_{CO_2s} = V_{trap} \times \phi \times (1-S_{wirr}) \times \rho_{CO_2r} = A \times H \times \phi \times (1-S_{wirr}) \times \rho_{CO_2r} \quad (3-19)$$

式中　$M_{CO_2s}$——$CO_2$ 在深部咸水层中构造地层圈闭的理论封存量，$10^6$t；

$A$——圈闭面积，$km^2$；

$V_{trap}$——构造或地层圈闭的体积，$10^6 m^3$；

$S_{wirr}$——残余水饱和度，%。

这些构造地层圈闭的位置和几何性质必须要弄清楚并且能够被确定，这可利用油气勘探中所使用的技术来确定，因此所需要的成本很高。

如果咸水层岩石的孔隙度和残余水饱和度 $S_{wirr}$ 是空间可变，则理论封存量需要应用式（3-20）来确定：

$$M_{CO_2s} = \frac{\rho_{CO_2r}}{10^9} \times \iiint \phi(1-S_{wirr}) dxdydz \quad (3-20)$$

式中　$x$，$y$，$z$——空间变量，m。

在应用论坛提出理论封存量计算方法时需要注意，$\rho_{CO_2r}$是地层压力和温度的函数，尤其是地层压力在$CO_2$注入过程中是变化的，它会高于原始地层压力$p_i$，同时又低于盖层的阈压$\rho_{max}$，因此$\rho_{CO_2r}(p_i, T) \leqslant \rho_{CO_2r} \leqslant \rho_{CO_2r}(p_{max}, T)$。

（2）束缚气封存的理论封存量。与咸水层中的构造地层圈闭不同，束缚气封存的封存量与时间有关，随着$CO_2$气柱又被水侵入，造成束缚气封存，使$CO_2$封存量随着水侵时间而增加，故束缚气封存中的$CO_2$封存量必须在某点及时计算出来，并且只要注入的$CO_2$继续移动，$CO_2$封存量的值则随时间而变化。$CO_2$的封存量可以通过封存体积乘以储层条件下的$CO_2$密度而获得，但是该密度与时间和空间位置有关：

$$M_{CO_2r} = \Delta V_{trap} \times \phi \times S_{CO_2t} \times \rho_{CO_2r} \qquad (3-21)$$

式中　$M_{CO_2r}$——$CO_2$在深部咸水层中束缚气的理论封存量，$10^6$t；

$\Delta V_{trap}$——原先被$CO_2$饱和后被水侵入的岩石体积，$10^6 m^3$；

$S_{CO_2t}$——液流逆流后被圈闭的$CO_2$饱和度，%。

孔隙度和相对渗透率（与饱和度有关）能够通过岩心样本分析的实验测量而确定，但是$CO_2$饱和度$S_{CO_2t}$和原先被$CO_2$饱和后被水侵入的岩石体积$\Delta V_{trap}$能够仅仅通过数值模拟方法确定。

因此残余气圈闭的$CO_2$封存量计算可以仅仅在目标区和封存地点级别评价上完成而不能在盆地和区域级别评价上完成。由此获得的$CO_2$封存量值可能是有效或可执行的封存量，这取决于$CO_2$封存潜力计算的目的和精确程度。

（3）溶解封存的理论封存量。溶解封存主要是指$CO_2$溶解到咸水层中而封。$CO_2$的溶解度随着压力增加而增加，随着温度和水的矿化度的增加而降低。在扩散、弥散和对流过程中，$CO_2$溶解到地层水中。溶解封存是一个连续的与时间有关的过程，因此，通过溶解封存的$CO_2$封存量必须针对具体某点及时计算出来。以哪种速率发生溶解封存主要取决于游离相$CO_2$进入与之相接触但还未被$CO_2$所饱和的地层水量。

近来，出现了一些人想用强制的方法将被$CO_2$饱和的水层取代未饱和水的方式来加速溶解过程。无论是阻碍或者加速上述过程，溶解封存$CO_2$封存相对缓慢，而且是与时间有关的一个过程，该过程在注入终止后比较活跃，并且很可能仅仅通过局部级的数值模拟才能计算出来，具体计算公式如下：

$$M_{CO_2d} = 10^{-9} \iiint \phi(\rho_s X_s^{CO_2} - \rho_i X_i^{CO_2}) dxdydz \qquad (3-22)$$

式中　$M_{CO_2d}$——$CO_2$在深部咸水层中溶解气的理论封存量，$10^6$t；

$\rho_s$——地层水被$CO_2$饱和时的密度，$kg/m^3$；

$\rho_i$——初始的地层水密度，$kg/m^3$；

$X_s^{CO_2}$——饱和时$CO_2$占地层水的质量分数，%；

$X_i^{CO_2}$——原始$CO_2$占地层水的质量分数，%。

原始$CO_2$含量和饱和时的$CO_2$含量取决于含水层的压力、温度和矿化度分布。如果在计算中咸水层的厚度和孔隙度使用平均值，并且咸水层的$CO_2$含量也用平均值（原始和饱和时的），则可以使用式（3-23）的简便关系式：

$$M_{CO_2d} = A \times H \times \phi \times (\rho_s X_s^{CO_2} - \rho_i X_i^{CO_2})/10^6 \tag{3-23}$$

溶解封存与咸水层中的化学特征和压力温度有很大的关系，因此对溶解的 $CO_2$ 封存潜力计算的地点要求十分明确。由于涉及与时间相关的过程，除了计算地点十分明确的外推法之外，盆地和区域级别的 $CO_2$ 封存潜力计算不可能被精确可靠地计算出来。

综上所述，要计算咸水层中的 $CO_2$ 封存潜力，需要结合所发生的各种封存机理，对以上3种方法所计算出的封存潜力进行综合从而得到总的咸水层中的 $CO_2$ 封存潜力，即理论封存量可以用式（3-24）得到

$$M_{CO_2ts} = M_{CO_2s} + M_{CO_2r} + M_{CO_2d} \tag{3-24}$$

### 2. 有效封存量的计算

在咸水层封存过程中受到储层的非均质性、$CO_2$ 的浮力、$CO_2$ 的波及效率以及 $CO_2$ 在整个咸水层中散开和溶解的影响，理论封存量是无法达到的，而其有效封存量可以用式（3-25）计算：

$$M_{CO_2es} = E \times M_{CO_2ts} \tag{3-25}$$

式中　$M_{CO_2es}$——$CO_2$ 在深部咸水层中的有效封存量，$10^6$t；

　　　$E$——有效封存系数。

目前文献中没有给出有效封存系数的具体值，该值要根据具体的实际情况来确定。同时可以通过数值模拟技术或实际工作经验来确定。一般情况下，通过数值模拟来求有效封存系数 $C_e$ 的函数表达式或数值是可能实现的，但需要更多的数据信息资料。

美国能源部只考虑咸水层中自由空间封存 $CO_2$ 问题，提出了咸水层中 $CO_2$ 有效封存量的计算方法：

$$M_{CO_2es} = A \times H \times \phi \times \rho_{CO_2r} \times E /10^6 \tag{3-26}$$

式中　$M_{CO_2es}$——$CO_2$ 在深部咸水层中的理论封存量，$10^6$t；

　　　$A$——深部咸水层岩石的面积，km²；

　　　$\phi$——深部咸水层岩石的孔隙度，%；

　　　$H$——深部咸水层岩石的面积，km²；

　　　$\rho_{CO_2r}$——在地层条件下 $CO_2$ 的密度，kg/m³；

　　　$E$——有效封存系数。

在计算方法中，有效封存系数 $E$ 反映了 $CO_2$ 占据了整个孔隙体积的比例，利用蒙特卡罗（Monte Carlo）模拟可以得到咸水层置信区间在15%～85%时的有效封存系数 $E$ 的范围是4%～15%，置信区间为50%时有效封存系数 $E$ 的平均值为2.4%。

实际的 $CO_2$ 在咸水层中的封存潜力必须具体盆地具体分析，并且对 $CO_2$ 的注入地点进行严格的研究、实证和检测后才能被确定。

## 三、苏北盆地咸水层封存潜力预测

苏北盆地新生界由 3 个构造层组成，即下构造层：泰州组和阜宁组，中构造层：戴南组和三垛组，上构造层：盐城组和东台组，发育多套储盖组合，区域地质构造稳定，具有良好的储层条件，又有分布范围广且发育稳定的盖层，地震、火山活动不发育。苏北盆地作为油气勘探开发的区块，开展咸水层封存的优点表现在以下几个方面：一是构造地层圈闭内的原油数百万年没有泄漏足以说明其地质构造的完整性和封存 $CO_2$ 的安全性；二是由于油藏的开发，已经充分掌握储层的地质构造和物理特性，有利于节省封存成本和提高安全性；三是已有的油井和井场基础设施有利于实施 $CO_2$ 封存作业。苏北盆地源汇匹配合理，成本相对较低，并符合相关法律政策和环境保护目标要求，其地下深部存在体积巨大的咸水层，可作为封存介质。以溱潼凹陷戴南组为例，其上覆盖层组合数量多，储层平面展布连续，储层物性好。根据上述咸水层封存计算方法统计，溱潼凹陷戴南组封存目的层为戴一段底部地层，岩性为砂岩，且厚度大，东部鲁 1 井厚 160m，孔隙度取均值 24%。戴一段砂岩与 20m 以上盖层叠合较好的面积 198km$^2$，水体体积 $54.2×10^8m^3$，封闭条件好，直接顶底板均为大套泥岩，顶板厚度 20～40m，底板厚度 200～400m，抗压强度大，根据潜力评价方法计算出包含溶解封存及孔隙束缚封存等理论封存量，咸水层 $CO_2$ 封存潜力约 $6.65×10^8t$。

# 第三节 气藏 $CO_2$ 封存潜力评价

废弃的天然 $CO_2$ 气藏作为 $CO_2$ 封存场所安全性较高，已发现的两个 $CO_2$ 气藏——红庄气田、黄桥气田。本节通过梳理气藏 $CO_2$ 封存量计算方法，为 $CO_2$ 在废弃气藏中的封存潜力评价提供技术和方法。

## 一、气藏封存机制及数值模拟

$CO_2$ 在天然气藏中的封存机理主要为构造封存、残余气封存、溶解封存、矿化封存。天然气藏储层完整封闭，有利于 $CO_2$ 封存的稳定与安全，且气藏开采的基础设施可改造用于 $CO_2$ 运输与注入，大大降低了 $CO_2$ 封存的时间与经济成本。当 $CO_2$ 注入气藏后，受地层条件的影响，$CO_2$ 主要以超临界状态稳定存在，且在水平波及区形成超临界 $CO_2$ 封存带、$CO_2$—天然气过渡带以及天然气带；在垂向波及区内，由于重力分异作用，$CO_2$—天然气过渡带和超临界 $CO_2$ 封存带依次叠置在天然气带下方（图 3-26）。

建立低渗气藏注 $CO_2$ 驱气及封存模拟模型，采用"一注四采"井网，模型长：宽：高 =1625m：1625m：30m，面积为 2.64km$^2$。将网格划分为 65×65×20，$I$ 方向网格尺寸为 65m×25m，$J$ 方向网格尺寸为 65m×25m，$k$ 方向网格尺寸为 20m×1.5m。

建立机理模型所用的基础参数等资料皆根据低渗气藏数据，表 3-23 为建模所用参数及取值。

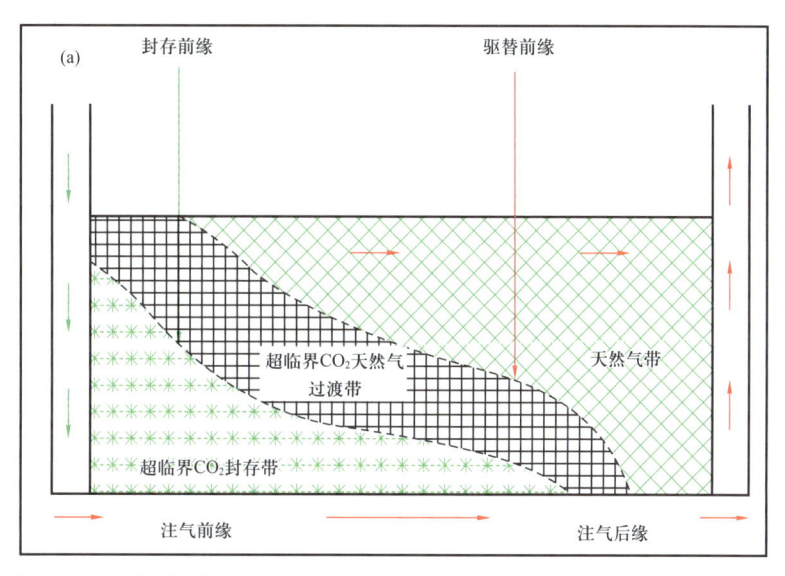

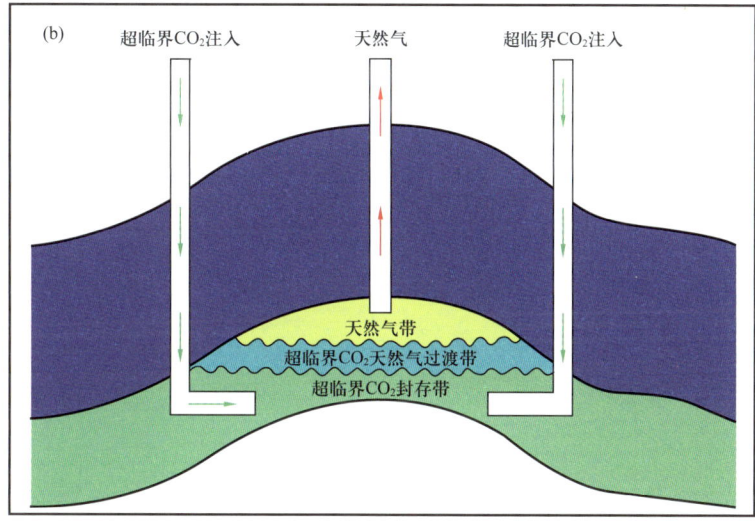

图 3-26 CO₂ 气驱水平运移（a）和垂直运移（b）示意图

表 3-23 机理模型参数设置表

| 参数 | 参数值 | 参数 | 参数值 |
|---|---|---|---|
| 海拔深度 | −1540m | 气藏温度 | 85℃ |
| 初始压力 | 25MPa | 平均渗透率 | 0.4mD |
| 井网 | 五点井网，一注四采（直井） | 平均孔隙度 | 8.00% |
| 井距 | 600m | 束缚水饱和度 | 0.35 |
| 网格大小 | 平面 25m×25m，65×65=4225 个纵向 1.5m，20 层 | 组分 | 0.1%CO₂+97.782%CH₄+1.87%C₂H₆+0.248%C₃H₈ |
| 模型厚度 | 30m | 基础水体 | 无 |

气藏中只考虑气水两相，气液相对渗透率数据如表 3-24 和图 3-27 所示。

表 3-24 气液相对渗透率表

| $S_g$ | $K_{rg}$ | $K_{rog}$ | $P_{cog}$ |
|---|---|---|---|
| 0 | 0 | 1 | 0.0 |
| 0.15 | 0 | 0.2 | 0 |
| 0.275 | 0.037 | 0.095 | 0 |
| 0.362 | 0.074 | 0.065 | 0 |
| 0.45 | 0.16 | 0.04 | 0 |
| 0.519 | 0.252 | 0.02 | 0 |
| 0.6 | 0.386 | 0.004 | 0 |
| 0.65 | 0.48 | 0.0 | 400 |
| 0.8 | 0.8 | 0 | 600 |
| 1 | 1 | 0 | 700 |

注：$K_{rog}$ 为气相相对渗透率；$P_{cog}$ 为气液毛细管压力。

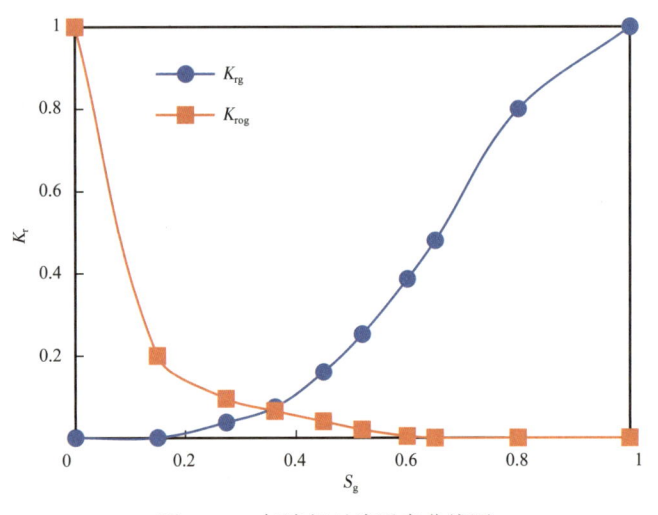

图 3-27 气液相对渗透率曲线图

井网设置为五点井网，基础方案设置分为三个阶段：气藏衰竭开采阶段、注 $CO_2$ 提高采收率阶段和 $CO_2$ 封存阶段。

气藏衰竭开采阶段：5 口井均设为生产井，射开 1~20 层所有气层，每口井配产 $3×10^4 m^3/d$，衰竭至地层压力 5MPa。

注 $CO_2$ 提高采收率阶段：中间的生产井转为注入井，每口生产井配产 $5000m^3/d$，注气井配注 $2×10^4 m^3/d$，保持注采平衡。当生产井采出气中 $CO_2$ 摩尔分数达到 10% 时，关闭生产井。

$CO_2$ 封存阶段：注入井配注 $20×10^4 m^3/d$，当地层压力恢复到原始地层压力 25MPa 时关井，进行 100 年的 $CO_2$ 封存模拟。

以均质模型计算结果为例，不同封存机制的封存量及占比如表 3-25 和图 3-28 所示，$CO_2$ 总封存量=$CO_2$ 总注入量-$CO_2$ 总采出量，$CO_2$ 超临界封存量、矿化封存量和溶解封存量结果可通过数值模拟软件得到，其中 $CO_2$ 主要以超临界状态（游离态）的形式被封存，占总封存量的 94.11%，其次是在水中溶解封存，少部分的 $CO_2$ 以被矿化捕集的形式封存。

表 3-25　不同封存机制封存量及其占比

| 参数 | 总注入量 | 总封存量 | 超临界封存 | 矿化封存 | 溶解封存 |
|---|---|---|---|---|---|
| 实际封存量 /10⁴t | 219.3 | 219.1 | 206.2 | 3.2 | 9.7 |
| 占总封存量比例 /% | — | — | 94.11 | 1.46 | 4.43 |

## 二、气藏中 $CO_2$ 封存量计算方法

### 1. 基于物质平衡的理论封存量计算方法

气藏中 $CO_2$ 的封存机理与油藏中 $CO_2$ 的封存机理相似，其潜力计算方法也相类似。

假设气藏中生产出天然气产生的空间可以用来封存 $CO_2$，则在气藏中 $CO_2$ 的理论封存量可以由式（3-27）计算：

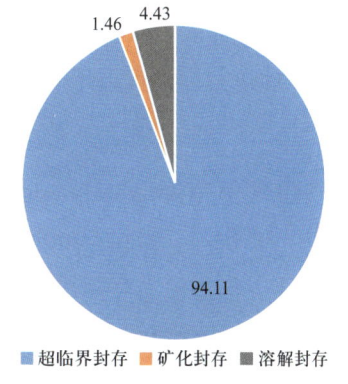

图 3-28　不同封存机制封存量占比图

$$M_{CO_2to} = V_{gas}(stp) \times R_{CO_2/CH_4} \times \rho_{CO_2s} \quad (3-27)$$

式中　$M_{CO_2to}$——$CO_2$ 在气藏中的理论封存量，$10^6$t；

$V_{gas}$（stp）——在标准条件下最终可采出天然气的体积，$10^9 m^3$；

$R_{CO_2/CH_4}$——在某一气藏深度下 $CO_2$ 与 $CH_4$ 物质的量之比；

$\rho_{CO_2s}$——$CO_2$ 在地面条件下的密度，kg/m³，通常为 1.977kg/m³。

根据气体定律：

$$V = \frac{Z \times n \times R \times T}{p} \quad (3-28)$$

可以得到：

$$n = \frac{V \times p}{Z \times R \times T} \quad (3-29)$$

式中　$V$——气体在某压力 $p$ 和某温度 $T$ 下的体积，m³；

$p$——气体的压力，MPa；

$n$——气体的摩尔数，mol；

$T$——气体的温度，K；

$R$——气体常数，8.31441×10⁻⁶J/(mol·K)；

$Z$——气体偏差因子。

因此，考虑到在同一深度的气藏中相同的温度、压力和体积，$CO_2$ 与 $CH_4$ 摩尔数分别为

$$n_{CO_2} = \frac{V \times p}{Z_{CO_2} \times R \times T} \quad (3-30)$$

$$n_{CH_4} = \frac{V \times p}{Z_{CH_4} \times R \times T} \quad (3-31)$$

这样，在某一气藏深度下 $CO_2$ 与 $CH_4$ 摩尔数比为

$$R_{CO_2/CH_4} = \frac{n_{CO_2}}{n_{CH_4}} = \frac{Z_{CH_4}}{Z_{CO_2}} \quad (3-32)$$

与油藏中计算 $CO_2$ 理论封存量计算方法相类似，碳封存领导论坛（CSLF）提出在气藏中 $CO_2$ 理论封存量可以用式（3-33）计算：

$$M_{CO_2ts} = \rho_{CO_2r} \times E_{Rg} \times (1 - F_{IG}) \times G \times \left[ (p_s \times Z_r \times T_r) / (p_r \times Z_s \times T_s) \right] \quad (3-33)$$

式中 $M_{CO_2ts}$——$CO_2$ 在气藏中的理论封存量，$10^6 t$；

$\rho_{CO_2r}$——$CO_2$ 在地层条件下的密度，$kg/m^3$；

$G$——原始天然气地质储量，$10^9 m^3$；

$E_{Rg}$——天然气的采收率，%；

$F_{IG}$——注入气体分数；

$p_s$——地面条件下的压力，MPa；

$T_s$——地面条件下的温度，K；

$Z_s$——地面条件下的天然气气体偏差因子；

$p_r$——油藏条件下的压力，MPa；

$T_r$——油藏条件下的温度，K；

$Z_r$——油藏条件下的天然气气体压缩系数。

式（3-33）中出现的 $E_{Rg}$ 可根据中国几个大区的天然气标定采收率 $E_{Rg}$ 的取值根据张抗（2002）提出的天然气可采资源量计算方法取得，见表 3-26。

表 3-26 中国几个大区的天然气标定采收率 $E_{Rg}$ 的取值表

| 地区 | 标定采收率 $E_{Rg}$ | 地区 | 标定采收率 $E_{Rg}$ |
| --- | --- | --- | --- |
| 东部区 | 0.42 | 东南区 | 0.66 |
| 中部区 | 0.63 | 大陆架 | 0.60 |
| 西北区 | 0.55 | | |

2. 枯竭气藏 $CO_2$ 有效封存量计算方法

实际上，气藏中生产出天然气产生的空间并不可以完全用来封存 $CO_2$，只是某一百分数比例可以封存 $CO_2$，则在气藏中 $CO_2$ 的有效封存量可以由下式计算：

$$M_{\mathrm{CO_2eg}} = V_{\mathrm{gas}}(\mathrm{stp}) \times R_{\mathrm{CO_2/CH_4}} \times \rho_{\mathrm{CO_2s}} \times S \tag{3-34}$$

式中 $M_{\mathrm{CO_2eg}}$——$CO_2$ 在气藏中的有效封存量，$10^6$t；

$S$——孔隙系数，可用于 $CO_2$ 封存的孔隙所占原始孔隙的百分比，通常可取 0.75。

与油藏一样，在理论封存量计算方法的基础上，提出考虑浮力、重力超覆、流度比、非均质性、含水饱和度以及水体强度等因素的影响，有效封存量可以用式（3-35）进行计算：

$$M_{\mathrm{CO_2eg}} = C_{\mathrm{e}} \times M_{\mathrm{CO_2to}} = C_{\mathrm{m}} \times C_{\mathrm{b}} \times C_{\mathrm{h}} \times C_{\mathrm{w}} \times C_{\mathrm{a}} \times M_{\mathrm{CO_2to}} \tag{3-35}$$

式中 $C_{\mathrm{e}}$——各因素综合影响的有效封存系数；

$C_{\mathrm{m}}$——流度不同造成影响的有效封存系数；

$C_{\mathrm{b}}$——浮力作用造成影响的有效封存系数；

$C_{\mathrm{h}}$——油藏非均质性造成影响的有效封存系数；

$C_{\mathrm{w}}$——含水饱和度造成影响的有效封存系数；

$C_{\mathrm{a}}$——地下水体造成影响的有效封存系数。

### 3. 不同采出程度气藏 $CO_2$ 封存潜力计算方法

物质平衡方程是一种非常有用的湿气藏和干气藏油气采收率估算方法，采用了储层压力和温度下体积平衡的概念，并考虑了天然气的生产历史，因此天然气储气库也可以利用物质平衡方程来估算注气效率。在采油结束后和注气过程中，总产气量是恒定的。气藏的 $CO_2$ 储存量为

$$G_{\mathrm{injCO_2}} = \left(G_{\mathrm{p}} + 1.33 \times 10^5 \frac{\gamma_{\mathrm{o}} N_{\mathrm{p}}}{M} - G_{\mathrm{i}}\right) + \frac{p_{\mathrm{r}}}{Z_{\mathrm{mix}}}\left(\frac{Z_{\mathrm{i}}}{p_{\mathrm{i}}} G_{\mathrm{i}}\right) \tag{3-36}$$

式中 $G_{\mathrm{injCO_2}}$——标准条件下累计注入的 $CO_2$ 体积，ft$^3$；

$G_{\mathrm{p}}$——标准条件下累计产气量，ft$^3$；

$G_{\mathrm{i}}$——标准条件下原有气体的体积，ft$^3$；

$\gamma_{\mathrm{o}}$——油的相对密度（水的相对密度为 1）；

$N_{\mathrm{p}}$——累计产液量，bbl；

$M$——分子量；

$p_{\mathrm{r}}$——在 $CO_2$ 注入期间，气藏的恢复压力，psi；

$p_{\mathrm{i}}$——原始储层压力，psi；

$Z_{\mathrm{i}}$——初始储层条件下的气体偏差因子（$Z$ 因子）；

$Z_{\mathrm{mix}}$——天然气和 $CO_2$ 的混合物的气体偏差因子。

### 4. 考虑溶解作用的气藏 $CO_2$ 封存潜力计算方法

相较于容积法、压缩系数法、类比法等静态法而言，传统物质平衡法考虑影响封存量的因素更全面，计算结果更贴近实际，且具有更高的精度。但传统物质平衡方法未考虑 $CH_4$、$CO_2$ 的溶解作用对封存量的影响。当温度为 37℃、压力为 0.1MPa 时，$CO_2$ 在地层水中的溶解度能够达到 50kg/m$^3$，而地层温度和压力下更有利于 $CO_2$ 的溶解。因此，在

进行气藏 $CO_2$ 封存时，不能忽略溶解捕集 $CO_2$ 的封存机制。

$$G_{CO_2} = \frac{p_{HC-CO_2-fgr}\left[1-c_e\left(p_i - p_{HC-CO_2-fgr}\right)\right]}{Z_{HC-CO_2-fgr}T_{HC-CO_2-fgr}} \cdot \frac{GZ_{fgi}T_i}{p_i} - \frac{p_{HC-CO_2-fgr}\left(W_e - W_p B_w\right)T_{sc}}{Z_{HC-CO_2-fgr}T_{HC-CO_2-fgr}} \cdot \frac{Z_{sc}}{p_{sc}} +$$

$$\frac{p_{sc}\left\{\left[1+c_w\left(p_i - p_{HC-CO_2-fgr}\right)\right]\left(n+S_{wc}\right)\right\}R_{HC-CO_2-sw}}{Z_{sc}B_w\left(1-S_{wi}\right)} \cdot \frac{Z_{fgi}T_i}{p_i} \cdot G +$$

$$\frac{W_e R_{HC-CO_2-sw}}{B_w} - W_p R_{HC-CO_2-sw} - G - \frac{p_{sc}\left(n+S_{wc}\right)R_{swi}}{Z_{sc}B_{wi}\left(1-S_{wi}\right)} \cdot \frac{Z_{fgi}T_i}{p_i} \cdot G + G_p$$

（3-37）

式中 $p_{HC-CO_2-fgr}$——剩余混合气时的地层压力，MPa；

$c_e$——有效压缩系数；

$G$——地质储量，$m^3$；

$Z_{fgi}$——原始自由气偏差因子；

$W_e$——水侵量，$m^3$；

$W_p$——累计产水量，$m^3$；

$B_w$——混合状态下地层水体积系数，$m^3/m^3$；

$Z_{sc}$——标准状况下偏差因子；

$p_{sc}$——标准状况下压力，MPa；

$c_w$——地层水压缩系数；

$n$——水体倍数；

$S_{wc}$——束缚水饱和度；

$R_{HC-CO_2-sw}$——混合状态下溶解气水比，$m^3/m^3$；

$S_{wi}$——原始含水饱和度；

$R_{swi}$——原始状态下溶解气水比，$m^3/m^3$；

$B_{wi}$——原始状态下地层水体积系数，$m^3/m^3$；

$G_p$——累计井流物产量，$m^3$；

$Z_{HC-CO_2-fgr}$——剩余混合气偏差因子；

$T_{HC-CO_2-fgr}$——剩余混合气温度，K；

$T_{sc}$——标准状况下温度，K；

$T_i$——原始地层温度，K；

$G_{CO_2}$——$CO_2$ 封存量，$m^3$。

## 三、苏北盆地气藏封存潜力预测

苏北黄桥 $CO_2$ 气田位于江苏省泰兴市黄桥镇，构造上处于苏北新生代坳陷区与苏南隆起区过渡的斜坡带，气田为既具有早期褶皱构造形迹又经晚期拉张断裂改造形成的复式构造单元，$CO_2$ 矿区面积 28.74km²，2009 年进行了储量复算和新增，向全国矿产资源委员会上报黄桥地区$CO_2$气田探明地质储量$142.01×10^8m^3$。黄桥气田是我国已发现的探明储量最大的$CO_2$气田，可以分为下层和上层两套多层系的气藏，下层气藏发育于中—古生界，在志留系、泥盆系、石炭系、二叠系、白垩系各地层中均有气藏发现，储层厚度大、物性好，有分布稳定的盖层，具有良好的圈闭条件。作为$CO_2$调峰中心，其具有封存调节的作用，黄桥$CO_2$气田累计产气$36.67×10^8m^3$，按1∶1回注可封存$720.2×10^4t$，且可利用华东油气田江苏华扬液碳有限责任公司（以下简称华东液碳）现有各地面配套装置及流程。

红庄气田位于江苏省东台市时堰乡红庄西北侧，在构造上红庄气田位于苏北盆地东台坳陷溱潼凹陷南部断阶带东段，西邻时堰次凹，东南靠泰州凸起，北连溪南庄油田，是一低幅度断鼻构造，矿区面积$0.8km^2$，2004年申报并复算其气藏储量$5.98×10^8m^3$。根据气田的情况，利用容积法及气体状态方程计算出，红庄气田的封存体积为$17.62×10^8m^3$，封存量为$346×10^4t$。因此，将$CO_2$气藏作为封存介质，封存潜力为$0.11×10^8t$。

## 参 考 文 献

曹成，陈星宇，张烈辉，等，2024.气藏注$CO_2$提高采收率及封存评价方法研究进展［J］.科学技术与工程，24（18）：7463-7475.

刁玉杰，马鑫，李旭峰，等，2021.含水层$CO_2$地质封存地下利用空间评估方法研究［J］.中国地质调查，8（4）：87-91.

谷丽冰，李治平，侯秀林，2008.$CO_2$地质封存研究进展［J］.地质科技情报，27（4）：80-84.

贺陆胜，万建华，张建强，等，2024.$CO_2$地质封存研究与中国$CO_2$地质封存潜力评述［J］.甘肃地质，33（1）：59-71.

侯大力，龚凤鸣，陈泊，等，2024.底水砂岩气藏注$CO_2$驱气提高采收率机理及封存效果［J］.天然气工业，44（4）：93-103.

李阳，2021.碳中和与碳捕集利用封存技术进展［M］.北京：中国石化出版社.

李阳，王锐，赵清民，等，2023.含油气盆地咸水层$CO_2$封存潜力评价方法［J］.石油勘探与开发，50（2）：424-430.

梁凯强，王宏，杨红，等，2018.$CO_2$地质封存层级和尺度划分标准探讨［J］.标准建设，（15）：7-8.

刘廷，马鑫，刁玉杰，等，2021.国内外$CO_2$地质封存潜力评价方法研究现状［J］.中国地质调查，8（4）：101-108.

屈红军，李鹏，李严，等，2023.咸水层$CO_2$不同捕获机理封存量计算方法及应用范围［J］.西北大学学报（自然科学版），53（6）：913-925.

沈平平，廖新维，刘庆杰，2009.$CO_2$在油藏中封存量计算方法［J］.石油勘探与开发，36（2）：216-220.

孙亮，陈文颖，2012.$CO_2$地质封存选址标准研究［J］.生态经济（中文版），（7）：33-38.

王闯，朱前林，黄春霞，等，2019.吴起油田油藏$CO_2$地质封存潜力评价与分析［C］//《环境工程》2019年全国学术年会论文集（中册）.《工业建筑》杂志社有限公司.

王高峰，廖广志，李宏斌，等，2022.$CO_2$驱气机理与提高采收率评价模型［J］.油气藏评价与开发，12（5）：734-740.

王涛，2010.含水层$CO_2$封存潜力及影响因素分析［J］.岩性油气藏，22（增刊）：85-88.

胥蕊娜，姜培学，2018. $CO_2$ 地质封存与利用技术研究进展［J］. 中国基础科学，20（4）：44-48.

张抗，2002. 对中国天然气可采资源量的讨论［J］. 天然气工业，（6）：6-9，12.

张炜，李义连，2006. $CO_2$ 储存技术的研究现状和展望［J］. 环境污染与防治，28（12）：950-953.

赵玉龙，杨勃，曹成，等，2023. 盐水层 $CO_2$ 封存潜力评价及适应性评价方法研究进展［J］. 油气藏评价与开发，13（4）：484-494.

朱清源，吴克柳，张晟庭，等，2024. 致密砂岩气藏注 $CO_2$ 提高天然气采收率微观机理［J］. 天然气工业，44（4）：135-145.

Bachu S, Adams J J, 2003. Sequestration of $CO_2$ in geological media in response to climate change: Capacity of deep saline aquifers to sequester $CO_2$ in solution［J］. Energy Conversion and Management, 44（20）: 3151-3175.

Bachu S, Bonijoly D, Bradshaw J, et al, 2007. $CO_2$ storage capacity estimation: Methodology and gaps［J］. International Journal of Greenhouse Gas Control, 1（4）: 430-443.

Bachu S, Shaw J, 2003. Evaluation of the $CO_2$ sequestration Capacity in Alberta's Oil and the effect of underlying aquifers［J］. Journal of Canadian Petroleum Technology, 42（9）: 51-61.

Bachu S, Shaw J, Robert M, 2004. Estimation of oil recovery and $CO_2$ Storage capacity in EOR incorporating the effect of underlying aquifers［C］//SPE/DOE Symposium on Improved Oil and Recovery, Tulsa.

He Y, Liu M, Tang Y, et al, 2024. $CO_2$ storage capacity estimation by considering $CO_2$ Dissolution: A case study in a depleted gas Reservoir, China［J］. Journal of Hydrology, 630: 130715.

Hendriks C, Graus W, van Bergen F, 2004. Global carbon dioxide storage potential and costs［R］. Utrecht: Ecofys.

Juanes P, Spiteri E J, Orr F M, et al, 2006. Impact of relative permeability hysteresis on geological $CO_2$ storage［J］. Water Resources Research, 42（12）: 1-13.

Kumar A, Ozah R, Noh M, et al, 2005. Reservoir simulation of $CO_2$ storage in deep saline aquifers［J］. SPE Journal, 10（3）: 336-348.

Lai Y T, Shen C H, Tseng C C, et al, 2015. Estimation of carbon dioxide storage capacity for depleted gas reservoirs［J］. Energy Procedia, 76: 470-476.

Lysen E H, 2002. Opportunities for early application of $CO_2$ sequestration technology project［R］. Padualaan: PEACS.

Lysen E H, 2002. Opportunities for early application of $CO_2$ sequestration technology project: Final report［R］. Petten: PEACS.

Rubin E S, Manancourt A, Gale J, 2005. A review of capacity estimates for the geological storage of carbon dioxide［J］. Greenhouse Gas Control Technologies, 7: 2051-2054.

Sanguinito S, Singh H, Myshakin M, et al, 2007. Methology for estimating the prospective $CO_2$ storage resource of residual oil zones at the national and regional scale［J］. International Journal of Greenhouse Gas Control, 1（1）: 62-68.

Schwartz B, 2022. The spatial-temporal influence of grouped variables on pressure plume behavior at a geologic carbon storage project［J］. International Journal of Greenhouse Gas Control, 114（1）: 103599.

Stevens S H, Schoeling L, Pekot L, 1999. $CO_2$ injection for enhanced coalbed methane recovery: project screening and design［C］//Proceedings of the 1999 International Coalbed Methane Symposium, Tuscaloosa.

TNO, 2002. Assessment of $CO_2$ storage capacity in deep saline aquifers: A theoretical and regional analysis for the Netherlands［R］. The Hague: TNO.

# 第四章 改善 $CO_2$ 驱油效果的防气窜技术

$CO_2$ 驱效果受波及系数制约，矿场应用时亦发现 $CO_2$ 气窜会导致波及系数降低，严重制约了气驱的开发效果。因此防气窜技术研究对改善气驱开发效果、降低气驱成本尤为重要。

本章介绍了水窜（气窜）优势通道的识别和表征方法，通过理论分析和实验研究，从静态和动态角度阐述水窜（气窜）优势通道的产生过程和影响因素；并利用多因素分析和工艺技术改进的方法，探讨改善 $CO_2$ 驱油效果的综合防气窜技术方法；同时，结合数值模拟方法和工艺技术矿场应用评价，以实例评价多种防气窜技术的驱油效果，验证防气窜技术的可行性和有效性。

## 第一节 优势通道表征及识别

受 $CO_2$ 低黏度、高流度影响，对于非均质性油藏，驱油过程沿优势渗流通道产生的气窜现象是影响 $CO_2$ 驱油效果的主要因素。因此，准确识别优势通道可为建立有效的防气窜技术提供基础。

以草舍油田的泰州组、草中阜三段，张家垛油田阜三段等油藏为例，介绍有关储层优势通道识别及表征方法。

### 一、优势通道的定义

优势通道是指因地质和开发因素在储层局部形成的低阻流体优先渗流的通道。优势通道常被称为窜流通道、大孔道等。在油田开发过程中，注入流体优先进入的条带即为优势通道，这种条带在注入流体动力冲刷下逐渐形成高渗透强水（气）洗通道，注入流体沿着优势通道，造成低效或无效注采循环，油藏开发存水（气）率和水（气）驱指数下降，严重影响注水（气）驱油效率和最终采收率。储层优势通道的形成对注入流体驱替方向和剩余油分布起着重要的控制作用，描述注入水（气）开发区块优势通道分布规律，对确定剩余油的富集区，制定合理的开发调整措施具有重要意义。

### 二、优势通道形成的机理及表征

在长期注水开发过程中，一方面注入水的浸泡、冲刷作用使储层微观属性发生物理、化学变化，致使储层参数发生变化；另一方面受储层非均质性、油水黏度比、注采强度等各种参数影响产生的渗流差异导致流体趋向于某一局部区域流动，最终在局部产生优势渗流，形成优势渗流通道，如图 4-1 所示为优势通道表征图。

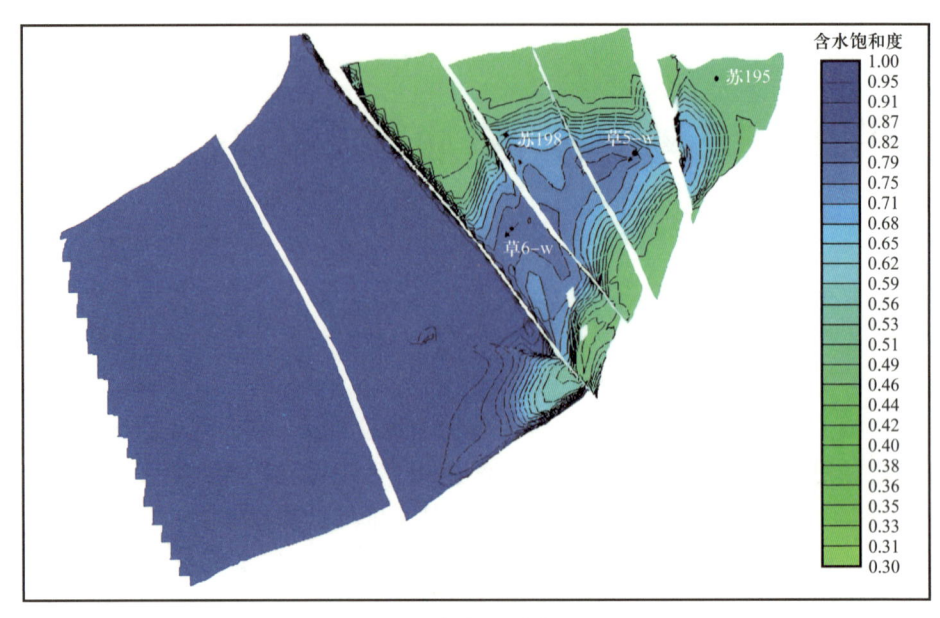

图 4-1 优势通道表征图

从优势通道形成的内因和外因考虑，砂岩油藏优势通道的主要类别有：沉积微相控制的优势通道、天然微裂缝网络连通形成的优势通道、储层压裂改造形成的优势通道、长期注水微颗粒迁移形成的优势通道、不同岩性沉积界面优势通道等。

储层中优势渗流通道形成后，注水（气）井注入动态和采油井生产动态均会发生明显变化，主要表现在以下几个方面：（1）注入流体气窜后，注水（气）井井口压力下降快。（2）注入水（气）单层突进严重，正韵律储层油藏注入水沿底部突进严重；多层笼统注入井，高渗层相对吸水（气）量很大。（3）处于优势通道的油井产水（气）量日渐增大，含水（气）率上升速度快，动液面相对较高；油井见气周期短，一般见气不见效。（4）注示踪剂见剂时间短，见剂方向单一。

## 三、优势通道识别及监测方法

优势通道的识别既可以定性识别也能量化表征，定性识别目前主要通过动态监测进行判识，注气压力低（7MPa）、启动压力低（5.6MPa）、吸气指数大［>300m³/（d·m·MPa）］、吸气剖面差异大（相对吸气量>30%）、气驱前缘推进快（>2.3m/d）等是定性判识优势通道的主要依据。目前，优势通道的量化表征主要是通过建立窜流通道判识指数，开展注气油藏优势通道的量化表征。

1. 优势通道定性识别

优势通道的定性识别有静态识别法、动态识别法。静态识别法包括油藏孔隙度、渗透率、裂缝大小方向、油层厚度等；动态识别法包括注气井吸气剖面大小、注气强度大小、注气压力变化、采油井日产量变化、气油比变化、示踪剂试验、驱替前缘试验，且动态识别法更直接更可靠。下面以张家垛阜三段油藏为例，详细介绍静态、动态定性识别优势通道。

1）静态法

张家垛阜三段张3B及张1-4断块为岩性—构造双重控制油藏，构造高部位张3B、张3斜1、张1-4、张3-2HF等井的孔隙度、渗透率相对较高，主力层为Ⅲ-4；对4口井均进行了压裂，其中张3-2HF井分7段压裂；张3-3HF井分4段压裂；张3-4HF井分6段压裂，平均缝长242m，支撑缝长164m；张3斜1井为小型压裂。根据张3-2HF井裂缝监测，压裂裂缝主方向NE50°～70°，与大断层走向相近。张1-5井、张1-7井直井压裂注气，裂缝方向近似于90°（图4-2）。另外，张3-4HF井压裂时与张3-2HF井连通，张3-2HF井液面由1800m涨至井口。油井的压裂缩短了注采井距，造成非均质程度增加，人为造就了优势通道。

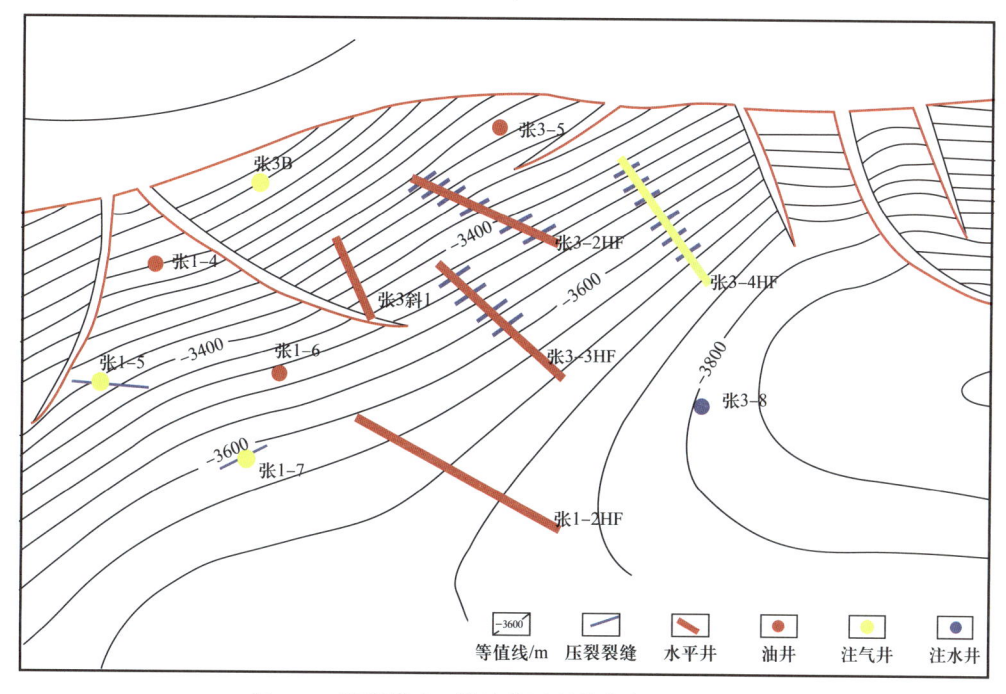

图4-2 张家垛阜三段油藏压裂井分布及裂缝方向

2）动态法

（1）气油比监测。

2014年2月张3B注气，2019年4月张3-4HF井转注气。2020年6月各井日产气如图4-3所示，气油比如图4-4所示。从图4-3可以看出，张3B注采井组，张3斜1井日产气最大，平均日产气6576m³；其次是张3-2HF井，日产气5184m³。张3斜1井基岩孔渗相对较高，加之小型压裂，产气量最大，但该井混相，日产油一直稳定在10t左右，该井气油比880m³/t。采油井张3-2HF及注气井张3-4HF由于大规模压裂改造，两口井平均缝长300m，两井压裂时沟通，加之该井受双向注气影响，导致张3-2HF井气窜，该井日产油3.4t，日产气5184m³，气油比1547.6m³/t。张1-6井受双向注入，且注气井均压裂，张1-5井裂缝方向恰好指向张1-6井。因此张1-6井日产气量及气油比均较高，其中气油比5586m³/t，气窜严重。

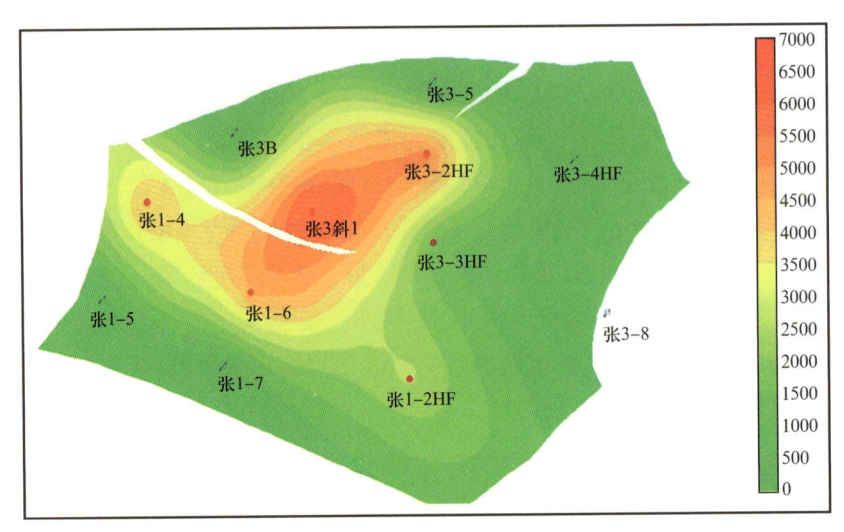

图 4-3　张 3B 断块各井日产气量（2020 年 6 月）（单位：m³/d）

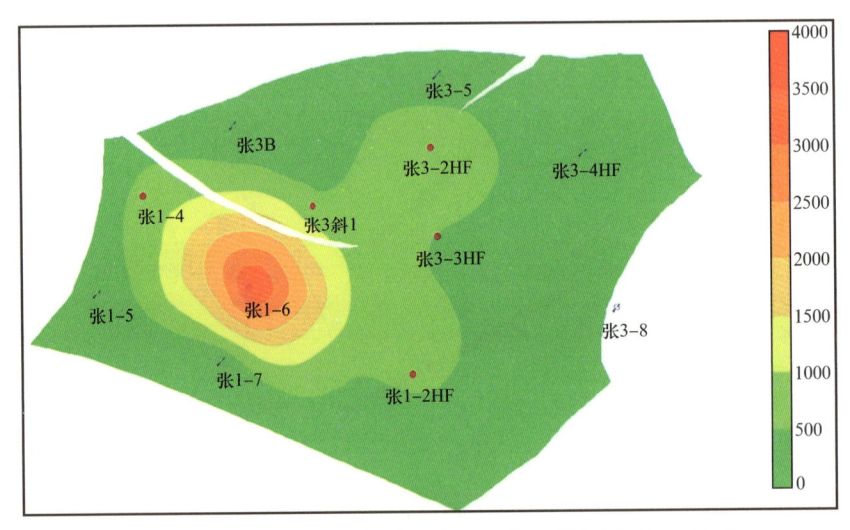

图 4-4　张 3B 断块各井气油比（2020 年 6 月）（单位：m³/m³）

（2）吸气剖面监测。

从历年吸气剖面监测跟踪对比（图 4-5），张 3B 断块Ⅲ-4、Ⅲ-5 是主要吸气层，由于采油井均为水平井，且均压裂改造，造成Ⅲ-4、Ⅲ-5 上下层均已沟通。

因此张 3B 断块优势通道主要为张 3 斜 1 井、张 3-2HF 井、张 1-6 区域（图 4-6）。

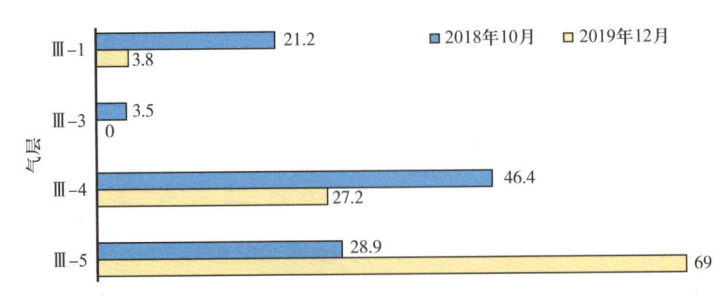

图 4-5　张 3B 断块不同时期吸气剖面
图中数据为各气层吸气量的占比（%）

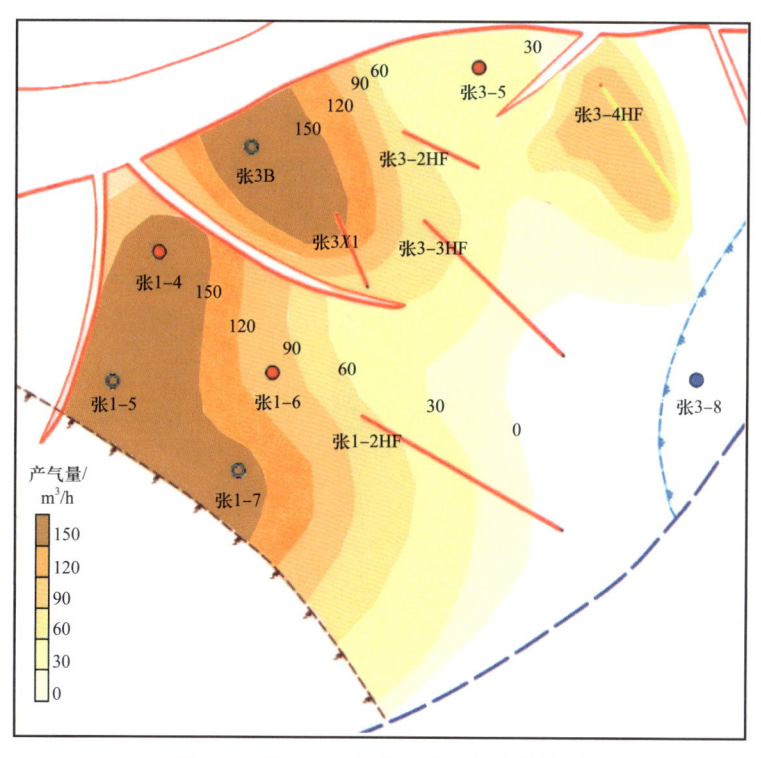

图 4-6 张 3B 区块井口产气量等值线图

**2. 优势通道定量识别**

优势通道的定量表征方法是指运用静态、生产动态和动态监测资料，选取影响优势通道形成的地质与开发因素和表征优势通道特征的开发指标，建立识别优势通道的指标体系并形成计算评判指标；然后利用所得到的评判指数，进行优势通道的识别表征。目前优势通道定量表征技术已经成功应用于中高渗油藏洲城垛一段和低渗油藏草舍油田泰州组。

1）中高渗油藏

洲城垛一段中高渗油藏优势通道定量表征技术通过引入洛伦兹曲线进行不均匀系数计算，建立模型进行流场评价，通过模拟发现洲城垛一段油藏注采井间形成的优势通道明显，非优势通道区域和未波及区域的流场强度较低。

（1）不均匀系数计算。

通过对洲城中高渗油藏吸水剖面测试评价，将统计学上的洛伦兹曲线引入油藏工程评价中，仿照"基尼系数"定义了产液（吸水）剖面的不均匀系数，量化表征油藏吸水的不均匀程度，为治理优势通道和油田开发提供依据。不均匀系数定义为图中弧形曲线（实际曲线）与直线（完全均匀线）所夹面积（$S_1$）与上三角形面积（0.5）之比。

通过无因次 PI 值方法、不稳定试井方法、干扰试井方法、井间示踪剂测试方法、井间动态连通性等多种方法寻找优势油流通道，定性或定量描述洲城油田垛一段渗流通道发育情况，并应用到地质建模中，形成具有针对洲城中高渗油藏优势渗流通道发育的精细地质模型。

对洲 11 井、QK11 井、QK23 井和洲 18 井的不同时间吸水剖面测试结果进行统计（图 4-7 至图 4-13、表 4-1），基于 Matlab 编程实现不均匀系数的计算。吸水剖面测试结果表明，洲 11 井的不均系数最大，各层吸水能力差别大，对于 QK23 井不均匀系数随着测试先增大后减小，不均匀程度有所改善。利用不均匀系数指导堵水工作，有利于 2C 复合驱更好地发挥作用，避免产生水窜影响导致 2C 驱替效果不佳的情况。

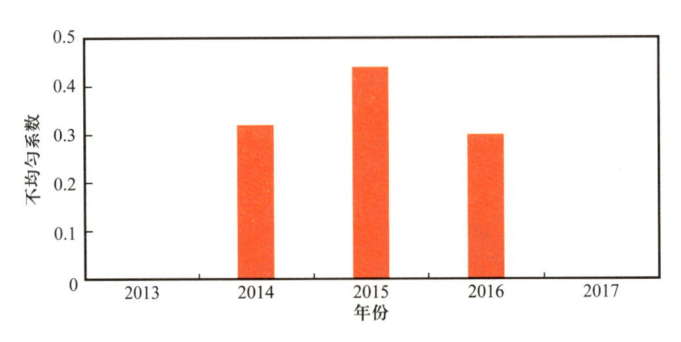

图 4-7 QK23 井不均匀系数随时间变化

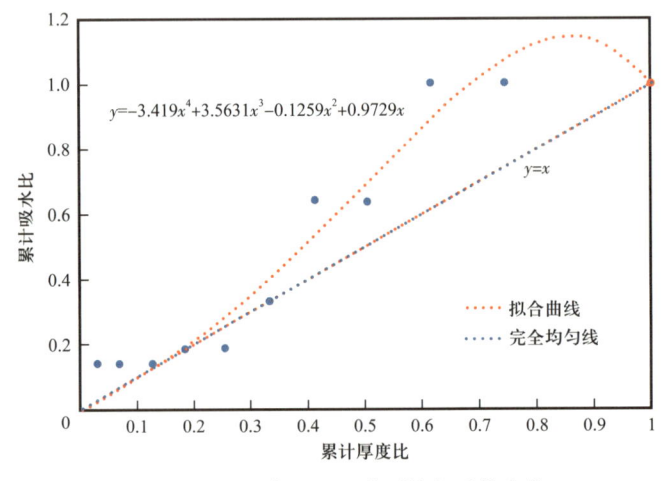

图 4-8 2016 年 QK23 井不均匀系数变化

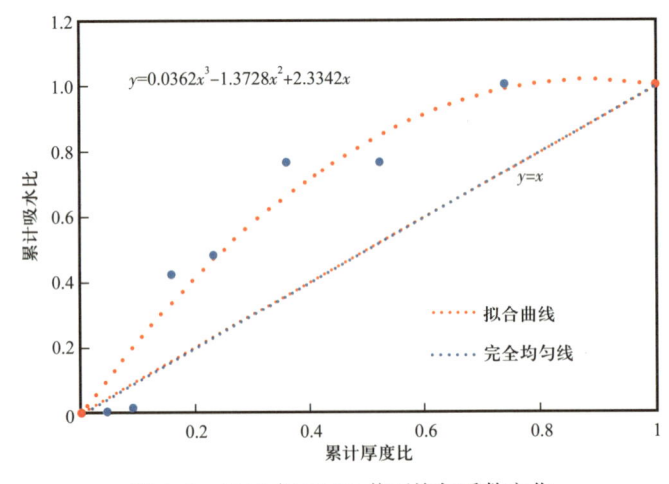

图 4-9 2015 年 QK23 井不均匀系数变化

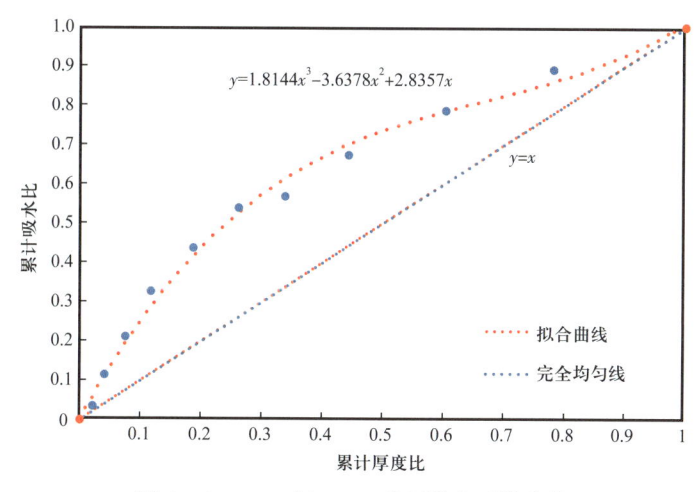

图 4-10  2014 年 QK23 井不均匀系数变化

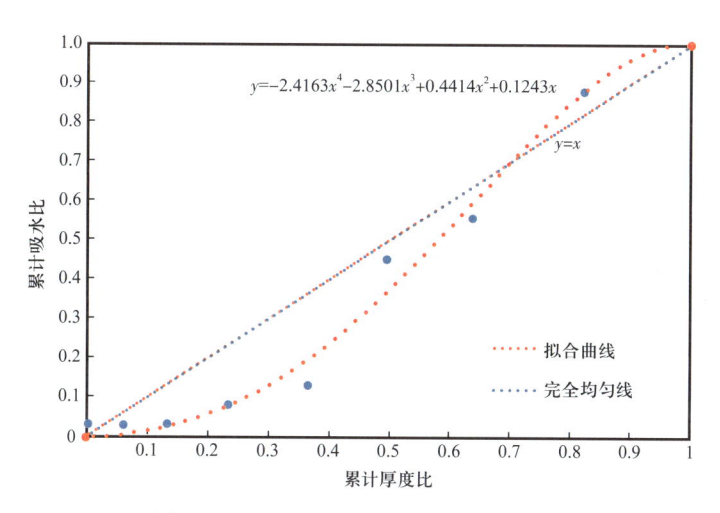

图 4-11  2016 年 QK11 井不均匀系数变化

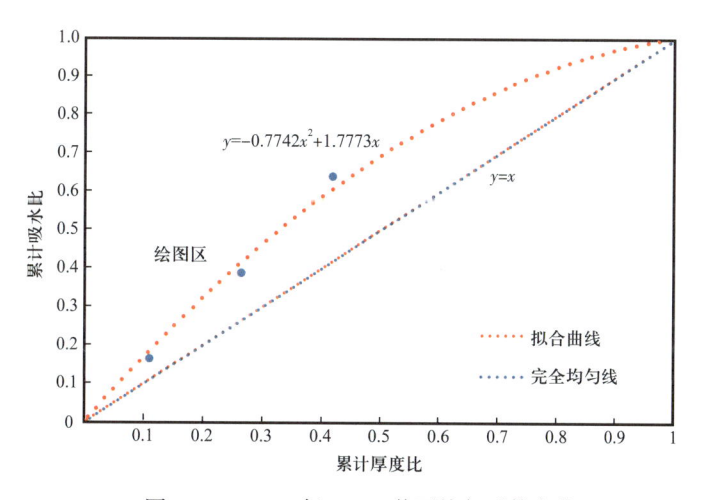

图 4-12  2014 年 QK11 井不均匀系数变化

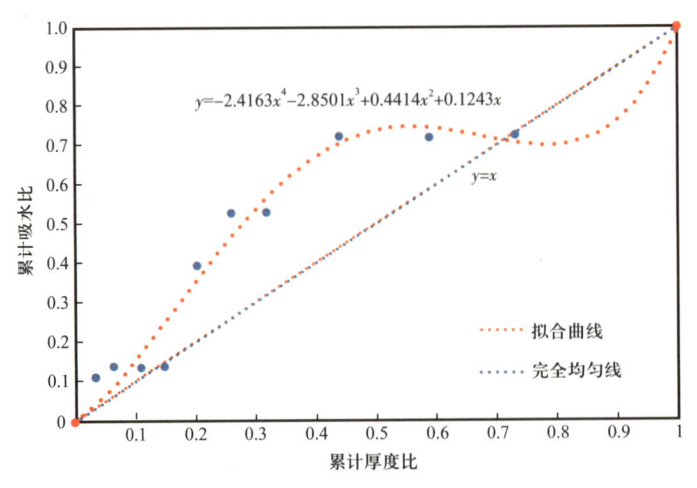

图 4-13　2013 年洲 11 井不均匀系数变化

表 4-1　井不均匀系数参数

| 井名 | 测试年份 | 吸水剖面不均匀系数 | 主力吸水层位 | 对应深度 /m |
| --- | --- | --- | --- | --- |
| 洲 11 | 2013 | 1.666 | $Es_1^{13}$ | 1693.0～1694.8、1695.4～1699.7 |
| QK11 | 2014 | 0.262 | $Es_1^3$ | 1622.20～1629.60、1632.0～1634.0 |
| QK11 | 2016 | 0.122 | $Es_1^3$ | 1622.20～1628.60、1615.2～1618.8 |
| QK23 | 2014 | 0.318 | $Es_1^{4-3}$、$Es_1^{4-5}$ | 1637.2～1643.80、1649.4～1657.6 |
| QK23 | 2015 | 0.438 | $Es_1^{4-11}$、$Es_1^{4-3}$ | 1668.4～1671.0、1639.0～1643.8 |
| QK23 | 2016 | 0.304 | $Es_1^{4-11}$、$Es_1^{4-10}$ | 1666.2～1667.4、1668.4～1672.7 |
| 洲 18 | 2017 | 0.098 | $Es_1^9$ | 1679.4～1681.5、1662.5～1667.3 |

（2）流场定量表征优势渗流通道强度。

设计概念模型计算出油藏流场强度图，流场强度易反映高渗通道，验证该流场强度评价方法可行；针对治理 2C 优势渗流通道编制完成大通道预测软件。

首先利用层次分析方法和模糊数学综合评判方法确定静态流场强度、动态流场强度，然后归一化静态和动态流场强度；然后利用层次分析法和模糊数学方法求得静态流场强度和动态流场强度的权值，分别与各自的值相乘再相加，最终归一化后得到总流场强度的大小。

首先根据筛选出的指标和层次分析法，建立油藏流场的评价矩阵，建立层次结构模型（图 4-14），对于同一个层次的，可以进行两两比较，以 1～9 标度法来求每个指标的权重值。

① 静态流场强度。

静态指标选取的是孔隙度和渗透率。通过前面的分析可知，孔隙度的大小对岩石的渗透率起决定性作用，而岩石渗透性是形成优势通道的必要条件，因此，孔隙度和渗透率这两个因素对优势通道形成的具有决定性作用。

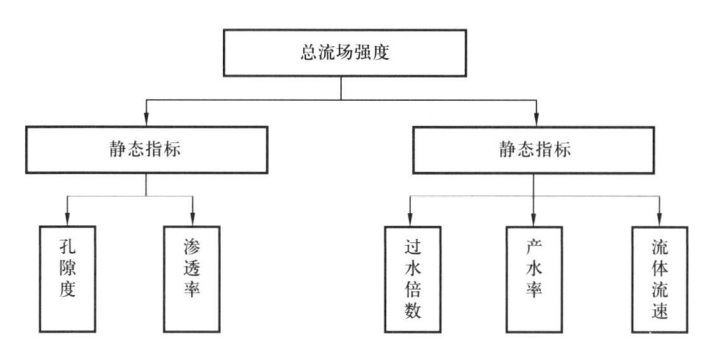

图 4-14 油藏流场的层次结构模型

通过对压汞资料和密闭取心井的分析资料可以看出，大量水驱后，油层渗透率越来越高，孔隙度越来越大，可用孔隙的孔道半径下限越来越大。这就可能使原本能够驱入的小孔径孔隙，因渗流优势通道的形成而无法被水驱波及。若这些小孔隙含油，那就变成了采不出的油。

孔隙度的表达式为

$$\phi = \frac{8K\tau^2}{r^2} \tag{4-1}$$

式中 $\phi$——岩石孔隙度；

$r$——孔道半径，$\mu m$；

$K$——渗透率，表征多孔介质允许流体通过的能力，mD；

$\tau$——与流体在多孔介质中流动路径的曲折程度有关的参数。

研究表明，孔隙度、渗透率越大，流体在多孔介质中的渗流阻力就越小，越容易形成优势流场，因此，采用升梯形公式法来计算其隶属度：

$$r = \frac{r(i) - r_{\min}}{r_{\max} - r_{\min}}, \quad i = 1, 2, \cdots, n \tag{4-2}$$

式中 $r_{\min}$，$r_{\max}$——相应参数（如孔隙度、渗透率等）的最小值和最大值，例如研究孔隙半径的隶属度时，$r_{\min}$ 和 $r_{\max}$ 分别为孔隙度的最大值和最小值；

$r(i)$——相应参数的取值，例如研究孔隙半径时，$r(i)$ 即为孔隙半径。

对上述孔隙度求取 $n$ 个网格的隶属度，求得静态因素的隶属度矩阵为

$$\boldsymbol{R}_j = \left(r_{11}, r_{21}, \cdots, r_{n1}\right)^{\mathrm{T}} \tag{4-3}$$

静态指标只有一个参数，因此，孔喉半径的权值为 1，与其隶属度值相乘即可计算出静态流场强度，进行归一化处理后，可求取静态流场强度的分布，用 $\boldsymbol{F}_J$ 来表示：

$$\boldsymbol{F}_J = \left(b_1, b_2, \cdots, b_n\right)^{\mathrm{T}} / \max\left(b_1, b_2, \cdots, b_n\right) \tag{4-4}$$

式中 $b$——静态流场强度；

$n$——网格编号。

② 动态流场强度。

动态指标可分为两大类：一类为累积指标，对流场强度的影响是长时间的累积作用的结果，过水倍数就是累积指标；另一类为瞬时指标，是对瞬时流场强度大小的反映，产水率和流体流速都是瞬时参数。由过水倍数、流体流速、产水率三个指标确定的流场分布大小定义为动态流场强度。

根据前面的流场强度评价体系，采用模糊数学的方法来确定各指标的隶属函数。

a. 过水倍数。

过水倍数的定义是单位孔隙体积内累计通过的注入水的体积，按照对流场强度的影响来看是累积指标。研究表明，流场强度与过水倍数的对数有较好的线性关系，采用升梯形法来确定过水倍数的隶属函数 $f[R_w(i)]$ 为

$$f[R_w(i)] = \frac{\ln R_w(i) - \ln R_{w\min}}{\ln R_{w\max} - \ln R_{w\min}}, \quad i = 1, 2, \cdots, n \tag{4-5}$$

式中 $f[R_w(i)]$——过水倍数的隶属度函数；

$R_{w\min}$，$R_{w\max}$——过水倍数的最小值和最大值；

$R_w(i)$——网格 $i$ 的过水倍数。

b. 产水率。

优势通道形成的另一特点是产水率突变。水的黏度小，容易在不均介质中造成指进，形成优势通道。开发中后期的油田，属于高含水期，部分区域产水率高达98%以上，因此，产水率是研究优势流场形成的关键动态因素之一。产水率的隶属函数 $f(F_w)$ 采用升梯形法来确定：

$$f(F_w) = \frac{F_w(i) - F_{w\min}}{F_{w\max} - F_{w\min}}, \quad i = 1, 2, \cdots, n \tag{4-6}$$

式中 $f(F_w)$——产水率的隶属度函数；

$F_{w\min}$，$F_{w\max}$——产水率的最小值和最大值，%；

$F_w(i)$——网格 $i$ 的产水率，%。

c. 流体流速。

流体流速是一个瞬时指标，流体流速越大，流体对油藏的瞬间冲刷程度也就越大，油藏流场强度也就越大。流体速度的隶属函数 $f(Q_l)$ 用升梯形法来确定：

$$f[Q_l(i)] = \frac{\ln Q_L(i) - \ln Q_{l\min}}{\ln Q_{l\max} - \ln Q_{l\min}}, \quad i = 1, 2, \cdots, n \tag{4-7}$$

式中 $f[Q_l(i)]$——流体流速的隶属度函数；

$Q_{l\min}$，$Q_{l\max}$——流体流速的最小值和最大值，m/s；

$Q_L(i)$——网格 $i$ 的流体流速，m/s。

分别求出过水倍数、产水率、流体流速三个指标的隶属度，每个指标有 $n$ 个网格的隶属度，组成隶属度矩阵为

$$\boldsymbol{R}_\mathrm{d} = \begin{pmatrix} r_{11} & r_{12} & r_{13} \\ r_{21} & r_{22} & r_{23} \\ \vdots & \vdots & \vdots \\ r_{n1} & r_{n2} & r_{n3} \end{pmatrix} \qquad (4-8)$$

根据层次分析方法，建立动态指标的评判矩阵，见表4-2。

表4-2 动态特征参数的评判矩阵

| 动态因素 | 过水倍数 | 流体流速 | 产水率 |
|---|---|---|---|
| 过水倍数 | 1 | 1/2 | 1/3 |
| 流体流速 | 2 | 1 | 1/2 |
| 产水率 | 3 | 2 | 1 |

通过层次分析法可以得到过水倍数、流体流速、含水率的权重向量为

$$\boldsymbol{\omega}_\mathrm{d} = (0.1634, 0.297, 0.5396)^\mathrm{T} \qquad (4-9)$$

$$\boldsymbol{F}_\mathrm{d} = \boldsymbol{R}_\mathrm{d} \cdot \boldsymbol{\omega}_\mathrm{d} = \begin{pmatrix} r_{11} & r_{12} & r_{13} \\ r_{21} & r_{22} & r_{23} \\ \vdots & \vdots & \vdots \\ r_{n1} & r_{n2} & r_{n3} \end{pmatrix} \cdot (0.1634, 0.297, 0.5396)^\mathrm{T} = (b_1, b_2, \cdots, b_n)^\mathrm{T} \qquad (4-10)$$

式中 $\boldsymbol{\omega}_\mathrm{d}$——权重向量。

式（4-8）中的 $\boldsymbol{R}_\mathrm{d}$ 与 $\boldsymbol{\omega}_\mathrm{d}$ 相乘，即式（4-10），即动态流场强度的分布 $\boldsymbol{F}_\mathrm{d}$。

将上述动态流场强度进行归一化处理，可求取动态流场强度的分布，动态流场强度用 $\boldsymbol{F}_\mathrm{s}$ 来表示：

$$\boldsymbol{F}_\mathrm{s} = (b_1, b_2, \cdots, b_n)^\mathrm{T} / \max(b_1, b_2, \cdots, b_n) \qquad (4-11)$$

式中 $b$——动态流场强度；

$n$——网格编号。

③综合流场强度。

所有事物都是外因与内因共同作用的结果，油藏流场也不例外，油藏最终的总流场强度是静态因素（内因）与动态因素（外因）综合作用的结果。因此需要将动态流场强度和静态流场强度分别求取隶属度和权值，确定总流场强度的大小。

同理，采用层次分析法建立总流场强度的判断矩阵。由于静态指标只是优势通道形成的物理条件之一，动态指标是形成优势通道的重要条件，因此，动态指标比静态指标权重大，表示动态指标比静态指标稍微重要。根据层次分析法建立两指标的判断矩阵，计算两个指标的权值，见表4-3。

将前面计算的静态流场强度与动态流场强度分别乘以其权重值，再相加得到油藏综合流场强度分布。

表 4-3  静态、动态指标权重值

| 参数 | 静态指标 | 动态指标 | 权重值 |
|---|---|---|---|
| 静态指标 | 1 | 0.5 | 0.33 |
| 动态指标 | 2 | 1 | 0.67 |

则综合流场强度为

$$F_Z = F_D \cdot \omega_D + F_J \cdot \omega_J \tag{4-12}$$

式中  $F_Z$——综合流场强度；

$F_D$——动态流场强度的分布；

$\omega_D$——各个动态参数的权重向量；

$F_J$——静态流场强度的分布；

$\omega_J$——各个静态参数的权重向量。

将流场强度评价体系应用到实际区块，研究油田流场强度，并进行流场强度分级（表 4-4），确定出优势流场所在的位置，进而进行流场重整，提高整个油田的采收率。

表 4-4  总流场强度分级统计结果

| 级别 | 名称 | 范围 |
|---|---|---|
| 1 | 绝对优势流场 | >0.6 |
| 2 | 优势流场 | 0.4～0.6 |
| 3 | 非优势流场 | 0.2～0.4 |
| 4 | 绝对非优势流场 | <0.2 |

（3）模型的建立及流场评价。

根据上述计算过程可得到综合流场强度的定量评价。利用 Matlab 编程软件读入数据，可作出整个油藏的流场强度图。现选取以下少井高产、早期注聚合物、厚油层底部水淹的参数，作为对比条件，利用 Eclipse 软件分别设计概念模型（图 4-15、图 4-16），以验证该流场强度评价方法是否可行，进行少井、多井开发对比。

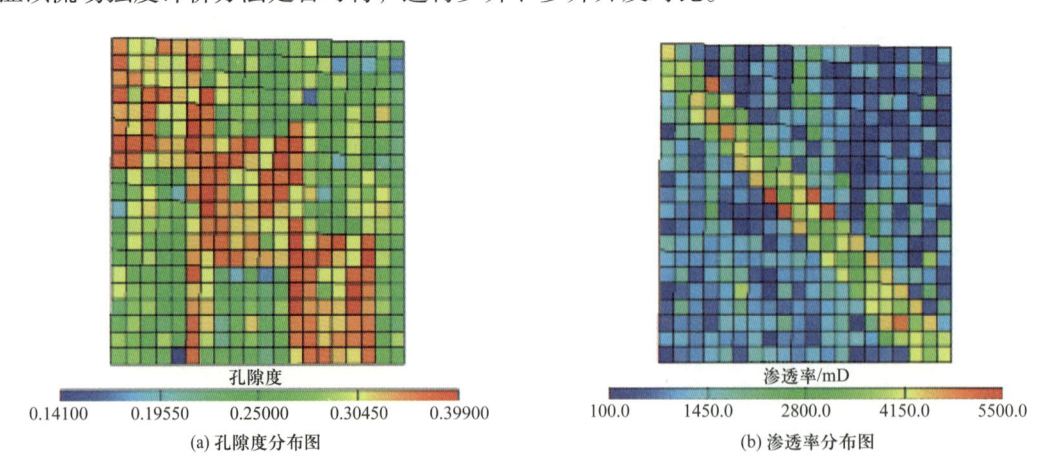

图 4-15  模型孔隙度和渗透率分布图

(a) 少井开发井位分布　　　　　(b) 多井开发井位分布

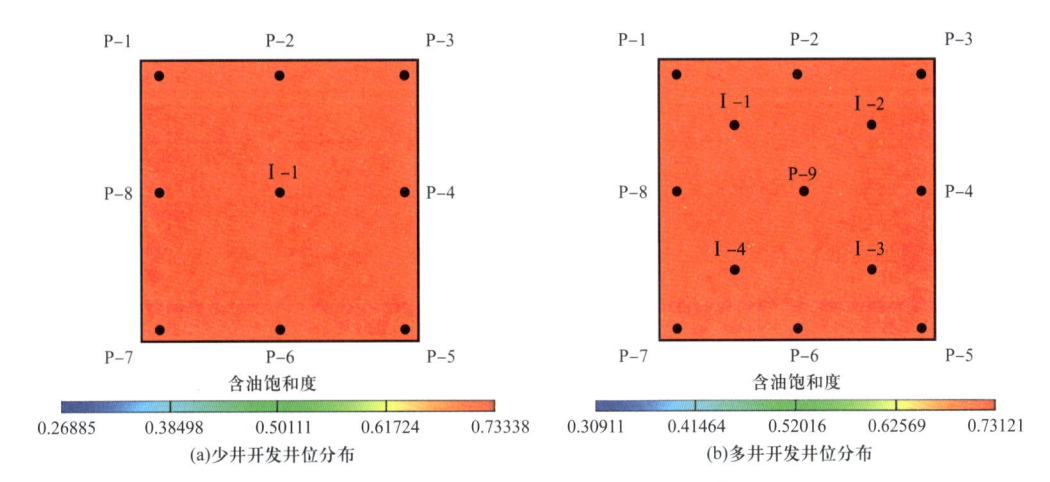

图 4-16　模型少井和多井开发井位分布

① 网格设置：网格数为 20×20×3 个，长度为 50×50×10m，纵向为 1 层。孔隙度为 0.3 左右，渗透率为 300～4000mD。

② 井网设置：根据早期井网与目前井网排列形式。

③ 工作制度：根据平均注采比，设置模型注采比为 1；定液量生产，生产周期为 800 天。

（4）模拟结果分析。

经过一段时间水驱，少井与多井模型的驱替结果如下（图 4-17 至图 4-21）。

① 多井开发比少井开发更容易看出高渗条带，即动态生产参数对高渗通道的识别影响更大。

② 在多井开发中，反映高渗通道效果流场强度图好于剩余油饱和度图和过水倍数图。

③ 流场图分级更明显，对高渗区域分级化治理更具意义。

④ 对流场强度进行分级，当流场强度大于 0.5 时，生产井、注水井之间具有连通性，则可认定存在高渗条带。

洲城油田未波及区域和非优势通道区域的流场强度较低，注采井间形成的优势通道明显（流场强度较大）。

2）低渗油藏

草舍油田泰州组为典型的低渗透油藏，2005 年开始注气开发，经过多年的注气开发，优势通道形成，运用动态、静态数据在一定程度上能定性判别优势通道，但无法定量表征，后续通过研究建立优势通道判识指数，开展注气油藏窜流通道的量化表征，达到了定量表征优势通道的目的。

（1）定义窜流通道综合判别指数 $CF_i$，反映 $CO_2$ 指进和超覆。

①利用专家评价法结合实验结果确定影响优势通道的"五参数"。

优势通道影响参数很多，静态参数包括渗透率级差、渗透率变化值、储层厚度、沉积微相、孔隙度、孔喉半径等，动态参数包括混相程度、流度比、气油比、换油率、驱油效率、压力、产水率、流线、流体流速等。通过分析各影响因素与气相渗透率的相关性，筛选出影响优势通道分布的主要因素有 5 个：渗透率级差、流度比、混相程度、气油比上升率、注入压力变化率。

(a)少井开发含油饱和度图

(b)多井开发含油饱和度图

(c)少井开发过水倍数

(d)多井开发过水倍数

(e)少井开发流场强度

(f)多井开发流场强度

(g)少井开发流场强度分级

(h)多井开发流场强度分级

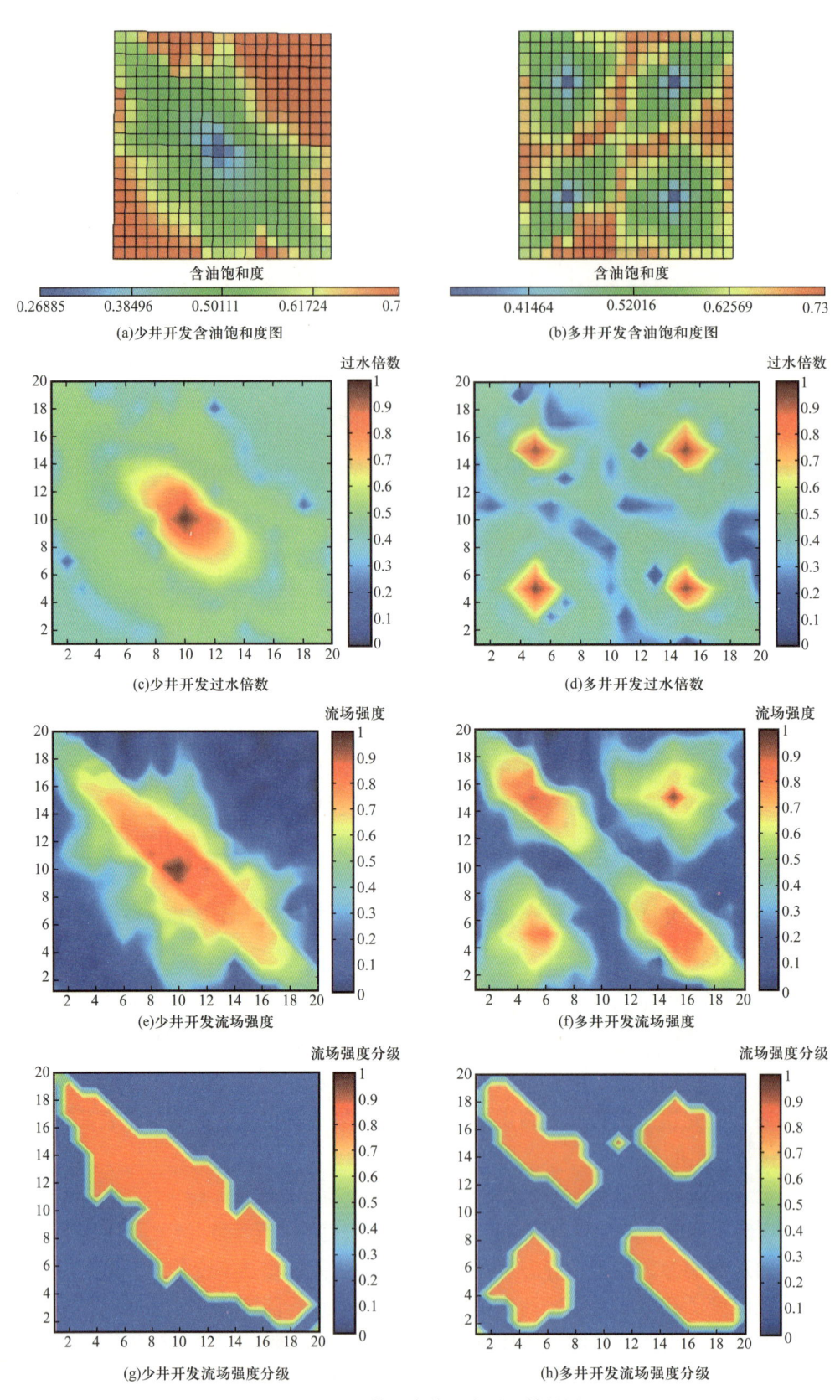

图 4-17  少井和多井开发对比结果图

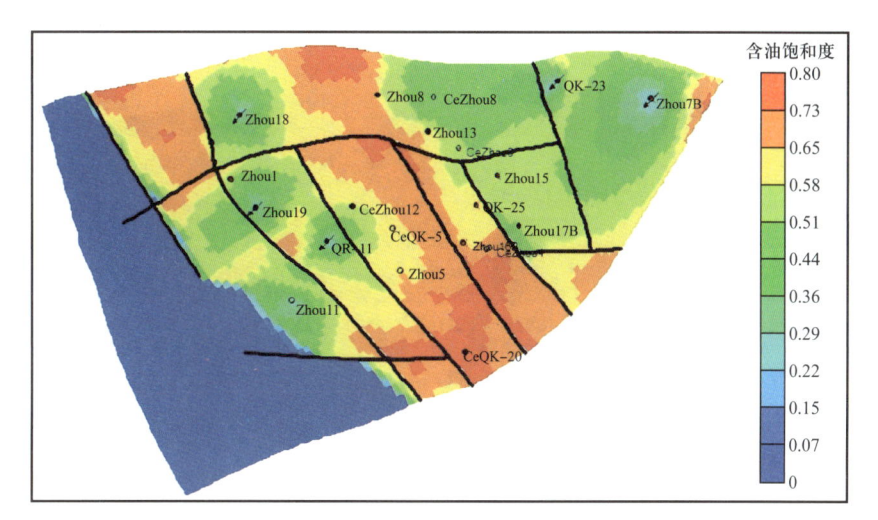

图 4-18 主力层 2 层含油饱和度分布图

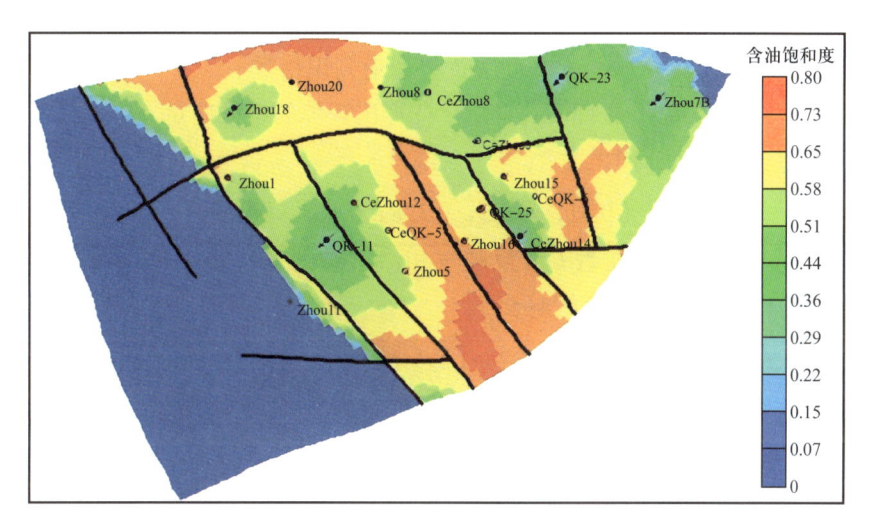

图 4-19 主力层 6 层含油饱和度分布图

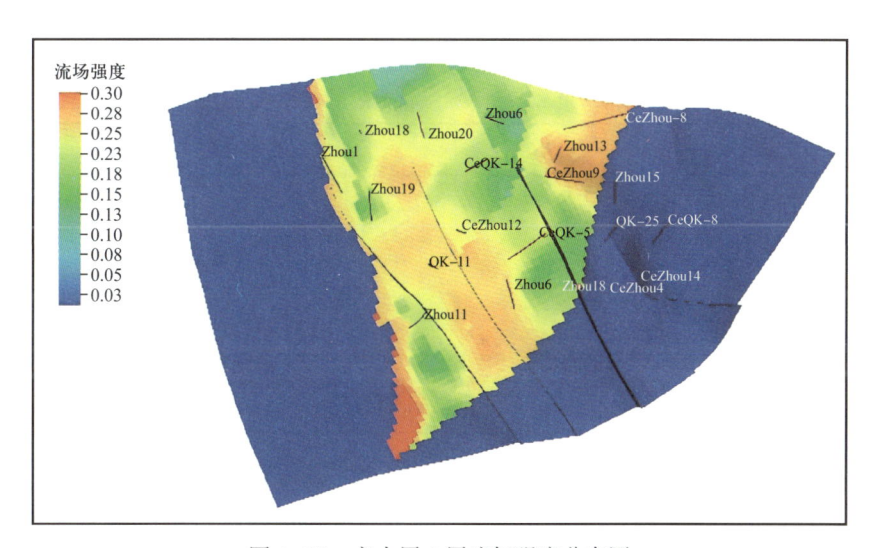

图 4-20 主力层 2 层流场强度分布图

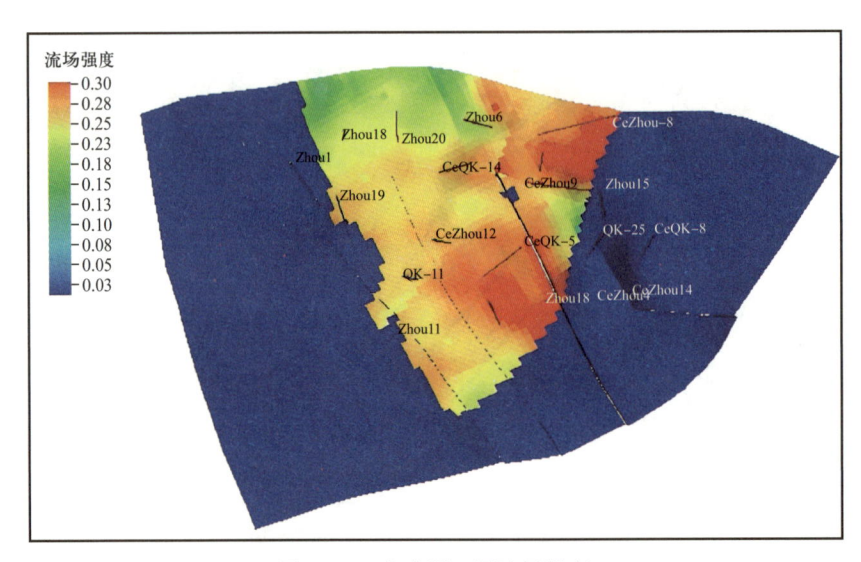

图 4-21　主力层 6 层流场强度

② 基于模糊评判和层次分析法，建立优势通道判识指数。

应用 Saaty（1980）提出的特征向量法，计算出矩阵的特征向量。

判断矩阵的对应的特征向量为

$$W=(0.31, 0.122, 0.328, 0.168, 0.07)^T$$

建立优势通道综合判别指数 CFi 反映气相渗透率的变化程度及与周围的差异程度，揭示优势通道形成及生长过程（表 4-5）。

$$\text{CFi}=0.31 \cdot (K/K_{\max})+0.122 \cdot \mu_c+0.328 \cdot (p_i/\text{MMP})+0.168 \cdot G_{or}+0.07 \cdot (\Delta F/F) \quad (4-13)$$

式中　$(K/K_{\max})$——渗透率级差；

$\mu_c$——流度比；

$p_i/\text{MMP}$——混相程度；

$G_{or}$——气油比上升率；

$\Delta F/F$——注入压力变化率。

表 4-5　优势通道表征参数判断矩阵

| 表征参数 | $K/K_{\max}$ | $\mu_c$ | $p_i/\text{MMP}$ | $G_{or}$ | $\Delta F/F$ |
|---|---|---|---|---|---|
| $K/K_{\max}$（渗透率极差） | 1 | 3 | 1 | 2 | 4 |
| $\mu_c$（流度比） | 1/3 | 1 | 1/3 | 1/2 | 3 |
| $p_i/\text{MMP}$（混相程度） | 1 | 3 | 1 | 2 | 5 |
| $G_{or}$（气油比上升率） | 1/2 | 2 | 1/2 | 1 | 2 |
| $\Delta F/F$（注入压力变化率） | 1/4 | 1/3 | 1/5 | 1/2 | 1 |

③ 动静结合建立跨断层优势通道分级标准。

依据吸气剖面监测结果、渗透率、砂砂对接率、断层连通性等参数，建立了优势通道等级划分标准（表 4-6）。

表 4-6 优势通道等级划分标准

| 分级 | 名称 | 综合判别指数（CFi） | 单层相对吸气量 /% | 渗透率 /mD | 砂砂对接率 /% | 连通性 |
|---|---|---|---|---|---|---|
| Ⅰ级 | 极易窜流 | >0.5 | >30 | >10 | >80 | 较强 |
| Ⅱ级 | 易窜流 | 0.4～0.5 | 20～30 | 7～10 | 40～80 | 强 |
| Ⅲ级 | 弱窜流 | 0.3～0.4 | 10～20 | 5～7 | 20～40 | 差 |
| Ⅳ级 | 非窜流 | <0.3 | <10 | <5 | <20 | 不连通 |

（2）基于渗透率时变数值模拟方法，形成跨断层 $CO_2$ 注气井网优化技术。

根据优势通道判识指数与注气后储层渗透率变化规律相结合，建立时变的渗透率与窜流指数间的关系式。将关系式运用到时变数值模拟方法中，建立基于优势通道的渗透率时变数值模拟方法。具体如下：

将优势通道指数与数值模拟网格可计算部分进行标准化：

$$CFi = [0.31 \cdot (K/K_{max}) + 0.12 \cdot \mu_c + 0.33 \cdot (p_i/MMP)] \times 1.32 \quad (4-14)$$

根据优势通道分级标准，CFi>0.3 为窜流通道，则当 0.3<CFi≤1，依据成果一相关实验结果，渗透率变化范围为 1～1.05 倍原始渗透率（$K_0$）。将 CFi 处理为渗透率的线性函数：

$$K = 0.05K_0(CFi - 0.3)/0.7 + K_0 \quad (4-15)$$

联立式（4-14）和式（4-15），获得时变渗透率计算公式：

$$K = 0.05K_0(\{[0.31 \cdot (K_0/K_{max}) + 0.12 \cdot \mu_c + 0.33 \cdot (p_i/MMP)] \times 1.32\} - 0.3)/0.7 + K_0 \quad (4-16)$$

式中　$K_0$——原始渗透率；

　　　$K_0/K_{max}$——原始渗透率级差。

应用时变数值模拟技术，按如下两步（图 4-22）即可实现考虑优势通道指数物性时变数值模拟：

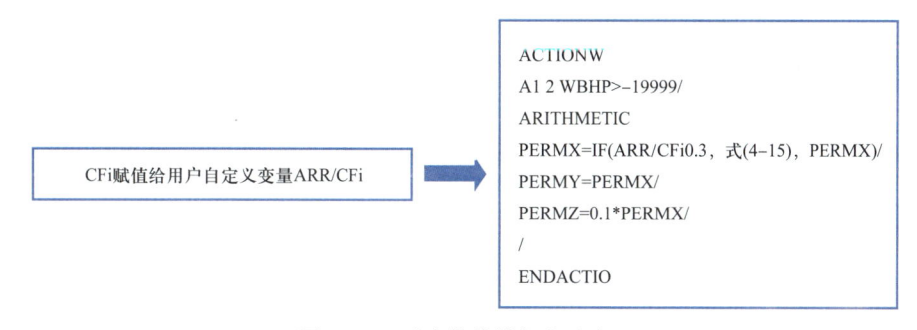

图 4-22 时变数值模拟方法流程

① $CO_2$驱组分数模模型概况。

针对草舍油田泰州组油藏开展 $CO_2$ 驱油藏数值模拟跟踪,模型网格 $I \times J \times K = 69 \times 54 \times 30 = 111780$,网格尺寸 $I:J:K$ 为 20m:20m:2m。模型基本参数见表4-7所示,地层原油饱和压力3.9MPa,地下黏度12mPa·s,$CO_2$—原油最小混相压力(MMP)30MPa。

表4-7 草舍油田泰州组油藏数值模型参数表

| 参数 | 参数值 |
| --- | --- |
| 网格系统($i \times j \times k$) | $69 \times 54 \times 30$ |
| 网格大小($I:J:K$) | 20m:20m:2m |
| 层位 | Et:Ⅰ、Ⅱ1—Ⅱ4、Ⅲ1—Ⅲ5 |
| 储量 $/10^4$t | 143.98 |
| 原始地层压力/MPa | 35.9 |
| 原油地下黏度/(mPa·s) | 12(119℃) |
| 原油饱和压力/MPa | 3.9 |
| $CO_2$—原油 MMP/MPa | 30 |

油藏初始化Ⅱ油组油水界面为3140m,油水界面压力为35.9MPa,其余各层采用岩性控制各层含油面积,各小层含油面积与地质认识匹配情况较好,拟合储量为 $143.98 \times 10^4$t,油藏初始压力分布如图4-23所示。

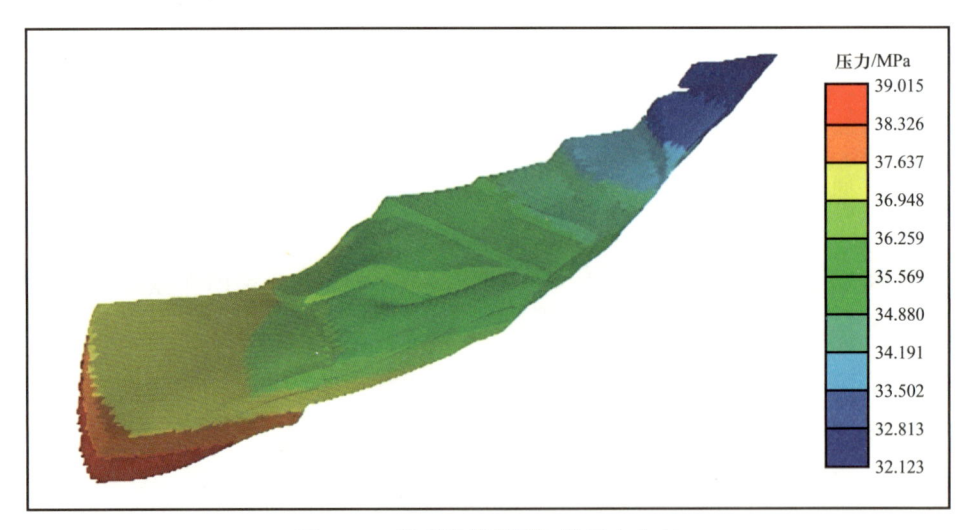

图4-23 油藏数值模型初始压力分布

② 基于优势通道的组分数值模拟先进性检验。

建立不受优势通道约束模型和窜流通道约束的模型进行对比,受优势通道约束模型历史拟合符合率提高6个百分点,气油比和含水率上升趋势接近实际数据,弱窜流区域剩余油饱和度高,极易窜流通道剩余油饱和度低(图4-24)。

(a) 全区累计产油量

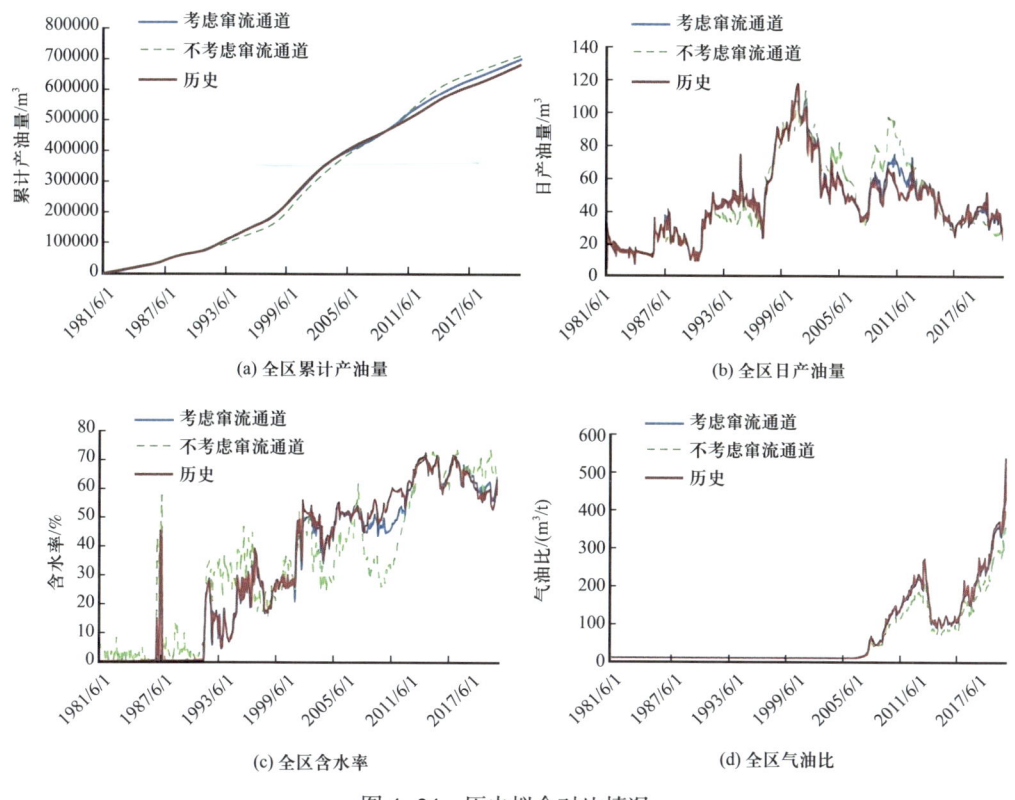

(b) 全区日产油量

(c) 全区含水率

(d) 全区气油比

图 4-24 历史拟合对比情况

## 第二节 井网调整防气窜技术

以草舍油田泰州组、张 1 阜三段等油藏为例，介绍有关井网调整防气窜技术。

### 一、一次井网气窜特征

模拟的地质模型是在草舍油田泰州组油藏精细描述基础上的地质建模成果。数值模拟网格纵向上划分为 15 个网格，平面上网格方向与构造长轴保持一致，区块内部断层为不封闭断层，边界断层封闭断层。网格设计时保证两口井之间至少有两个网格。采用角点网格系统，平面上 $I$ 方向划分 86 个网格，$J$ 方向划分 71 个网格，总网格数目为 $86 \times 71 \times 15 = 91590$。平面网格分布如图 4-25 和图 4-26 所示。

截至 2017 年 8 月 1 日，泰州组共有生产井 12 口，注气井 5 口。全区日产油曲线及生产气油比曲线如图 4-27 和图 4-28 所示。

气油比是最直观、最常用的气窜表征参数，未发生气窜时，气油比较稳定；气窜发生时，气油比上升；气窜严重时，气油比快速上升。因此，可以利用气油比的变化来判断是否发生气窜。由全区气油比曲线（图 4-29 至图 4-31）可知，在一次注气过程中，前期气油比较稳定，由于高渗透带的存在，部分单井气油比突然飙升，可以判断该井发生了气窜。将各单井的气油比曲线按照气油比增加幅度大、增加幅度中等及增加幅度小

-139-

进行分类，结果如表 4-8 所示，分类结果显示气窜严重井有草 15 井、草 37B 井、QK26 井，后续可通过井网调整、封堵高渗带等形式减少气窜现象的发生。

图 4-25 草舍油田泰州组油藏平面示意图

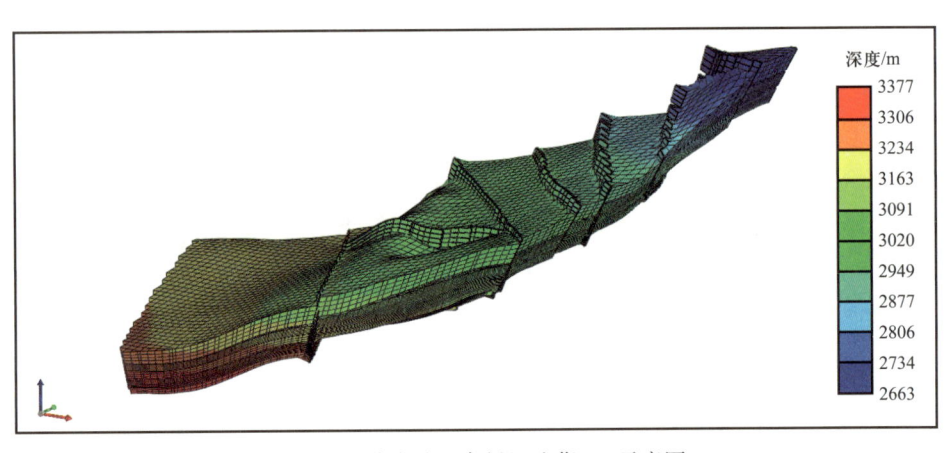

图 4-26 草舍油田泰州组油藏 3D 示意图

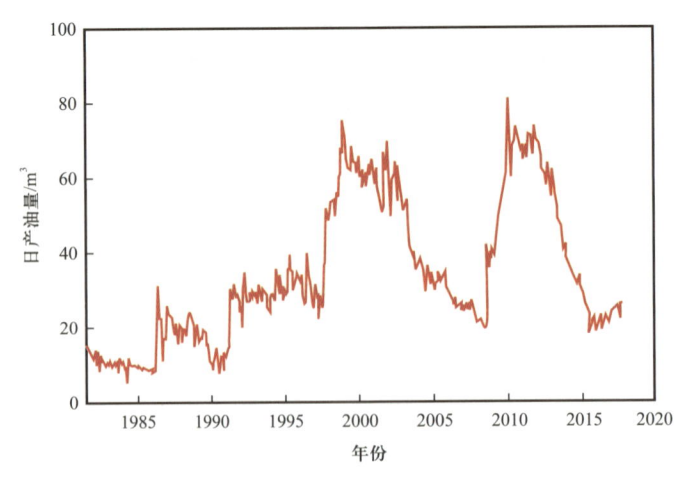

图 4-27 全区平均日产油量变化曲线

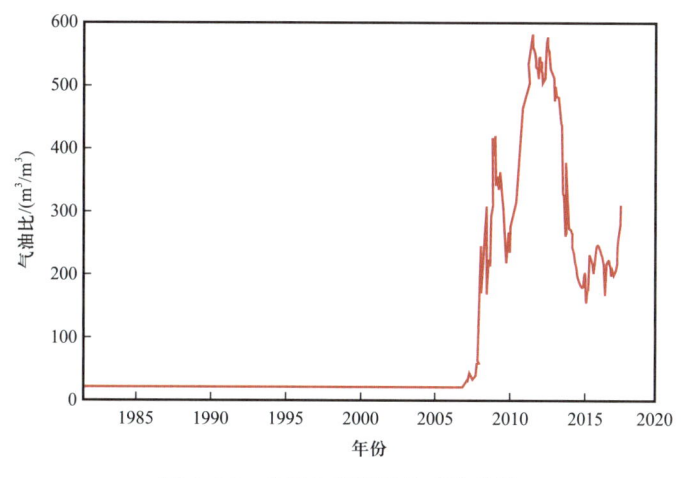

图 4-28　全区生产气油比变化曲线

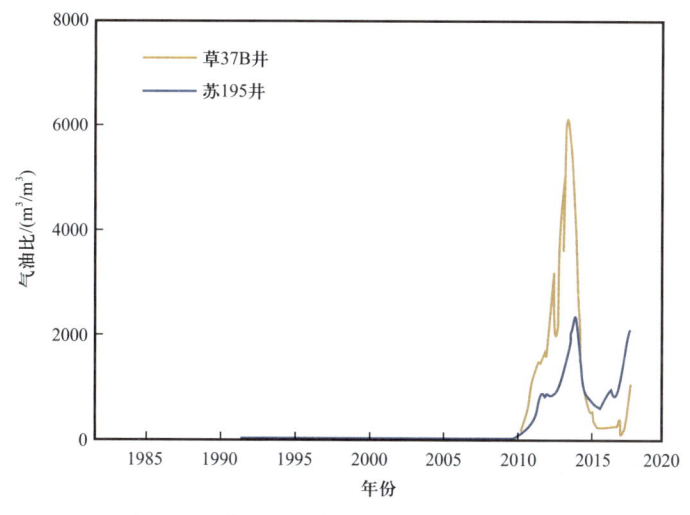

图 4-29　草 37B、苏 195 井生产气油比曲线

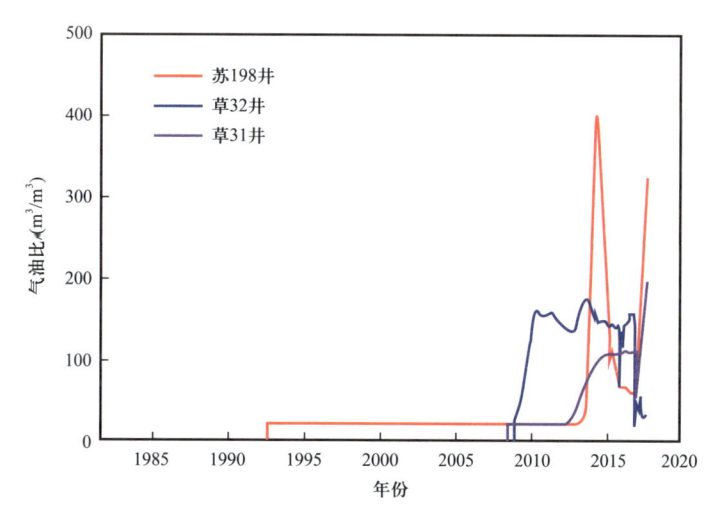

图 4-30　草 31 井、草 32 井、苏 198 井生产气油比曲线

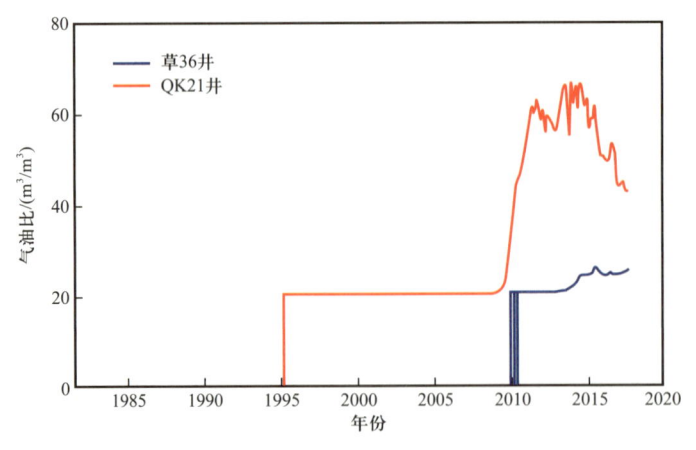

图 4-31　草 36 井、QK21 井生产气油比曲线

表 4-8　气油比变化分类表

| 气油比增加幅度大 | 气油比增加幅度中等 | 气油比增加幅度小 |
| --- | --- | --- |
| 草 37B 井、苏 195 井 | 草 31 井、草 32 井、苏 198 井 | 草 36 井、QK21 井 |

## 二、井网调整防气窜措施

### 1. 注采井网调整防气窜技术

由于部分处于高部位的生产井生产能力太弱，累计产油量明显较低或气油比较高，因此将其转为注气井。各方案单井注气速度均为 24t/d，模拟 10 年。井网调整方案见表 4-9。

表 4-9　井网调整方案

| 编号 | 井网类型 | 注采井数 |
| --- | --- | --- |
| 1 | 转注 | 8 注 10 采 |
| 2 | 转注，加密井网 | 10 注 14 采 |

1）注采井网调整

注气井网微调原则是：主要充分发挥高部位注气增油优势，考虑高部位部分井自身产油优势，同时结合中低部位部分低产井转注补充地层整体能量。由于部分处于高部位的井生产井生产能力太弱，累计产油量明显较低或气油比较高，气窜严重，其中较为明显的三口井分别为草 14 井、草 37B 井、苏 195 井（图 4-32），故将几口井设置为注气井。

对井网进行调整后，2017 年 9 月继续注 $CO_2$。其中注气井 9 口，生产井 10 口。注入井和采油井均为定液量生产，并保持注采平衡。单井日注气 $3×10^4m^3$，生产井井底流压为 20MPa，预测结束时间为 2027 年 9 月。

井网调整方案预测期末 2027 年 9 月，$CO_2$ 累计注入 $178.46×10^4t$，累计采油 $55×10^4t$，原油采出程度 42.17%。开发指标预测结果如图 4-33、图 4-34 所示。

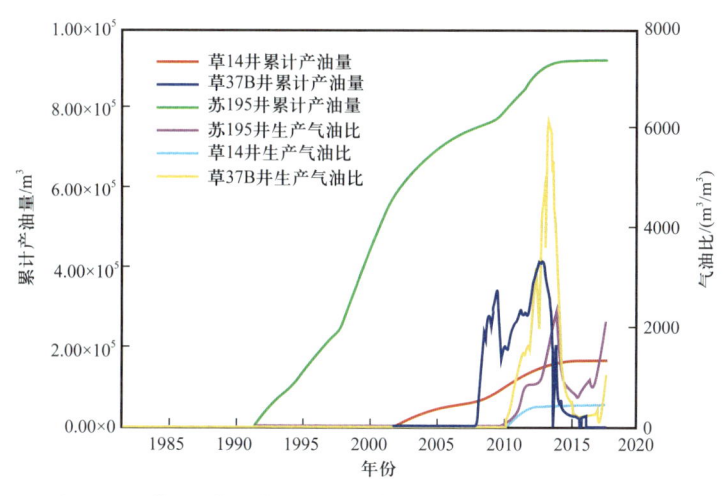

图 4-32 草 14 井、草 37B 井、苏 195 井三口井生产动态曲线

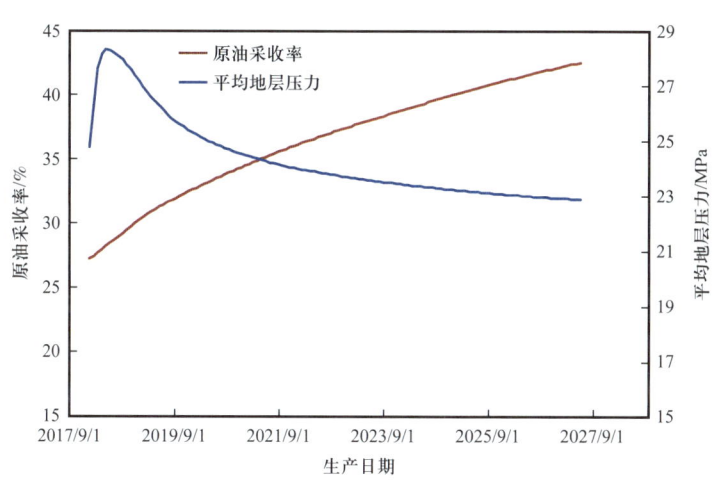

图 4-33 注采井网调整方案原油采收率和平均地层压力预测曲线

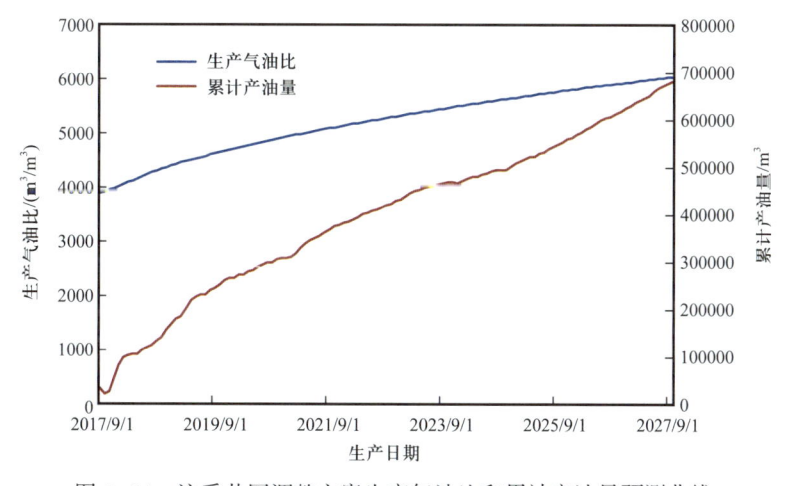

图 4-34 注采井网调整方案生产气油比和累计产油量预测曲线

— 143 —

2）注采井网调整+加密井网

由模型模拟结果来看（图4-35），生产到2017年9月时，该区块含油饱和度依然较高，原油动用程度低，因此在上述的调渗透率方案基础上加密井网。

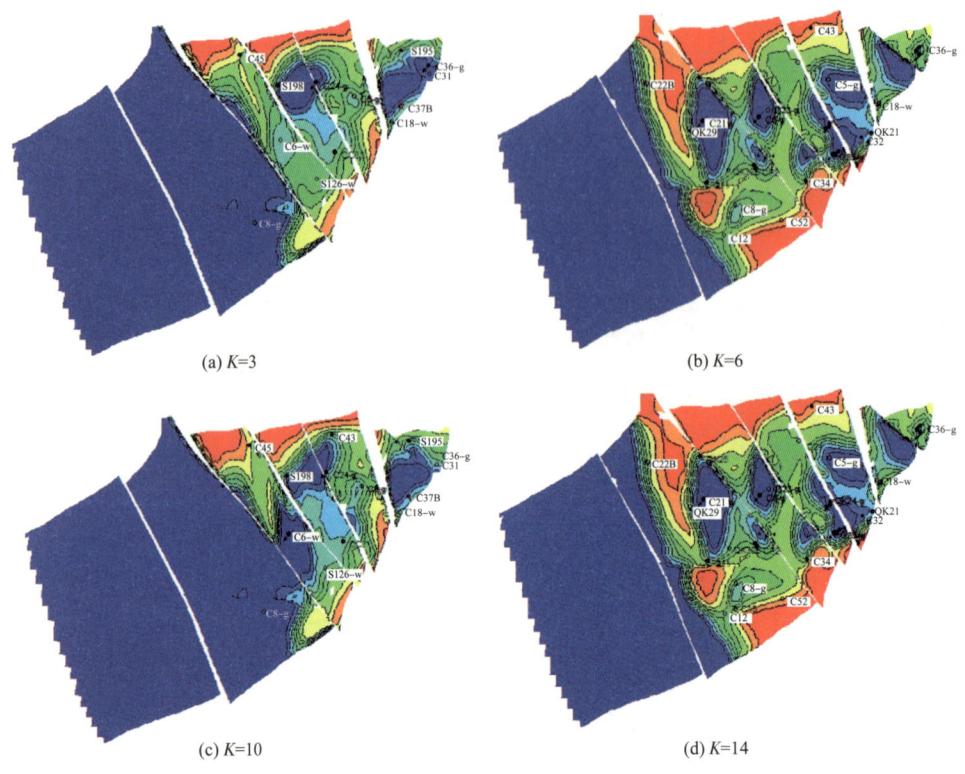

(a) $K=3$

(b) $K=6$

(c) $K=10$

(d) $K=14$

图4-35　截至2017年9月含油饱和度分布图
$K=3$表示$K$方向第3层，其他含义类似

根据含油饱和度及构造部位共确定了6口加密井的位置，其中2口注气井（GAS-1、GAS-2），4口采油井（PROD-1、PROD-2、PROD-3、PROD-4），其参数设置均与原始井相同。

调井网（转注）+加密井网方案预测期末2027年9月，$CO_2$累计注入$218.25 \times 10^4 t$，累计采油$59.17 \times 10^4 t$，原油采出程度45.37%，开发指标预测结果如图4-36和图4-37所示。

对比模拟结果可以发现，气窜井转注能够降低气油比、缓解气窜，并且能够在短期内填补油井转注造成的产量损失。加密井网能够进一步扩大$CO_2$波及效率，从而提高原油采收率。

2. "三控"注气井网优化技术

一次气驱后气窜通道发育，保持原井网驱替将导致$CO_2$沿优势通道低效渗流，波及系数低，针对该问题提出了"控窜控超控水淹"的"三控"井网设计理念。采用高注低采控制超覆、在优势通道上排状注气侧向采油控制窜流，低部位注水控制水淹。

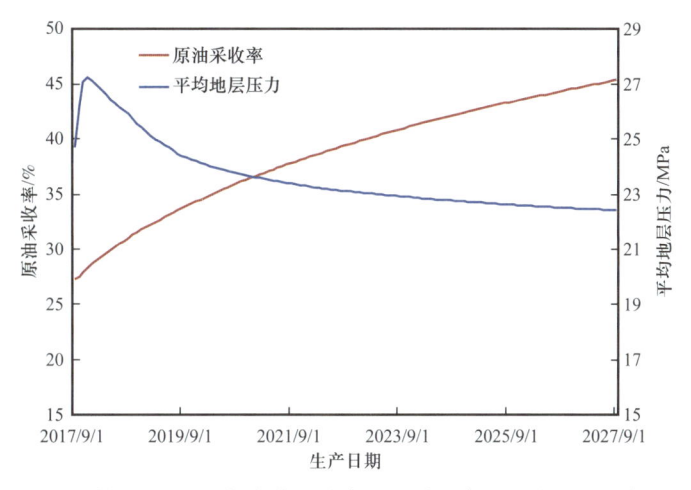

图 4-36　注采井网调整 + 加密井网方案原油采收率和平均地层压力预测曲线

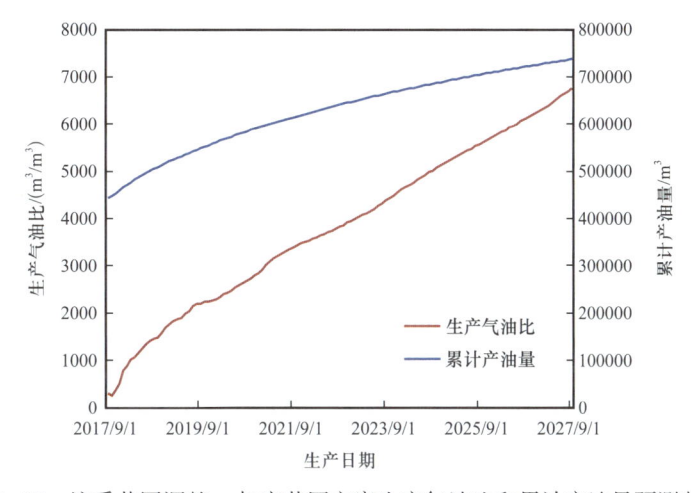

图 4-37　注采井网调整 + 加密井网方案生产气油比和累计产油量预测曲线

发育优势通道理论模型数值模拟表明（图 4-38），注入井沿优势通道排状部署，能有效抑制窜流，迫使注入气起到均匀波及非优势通道方向作用，最大程度提高平面波及面积。

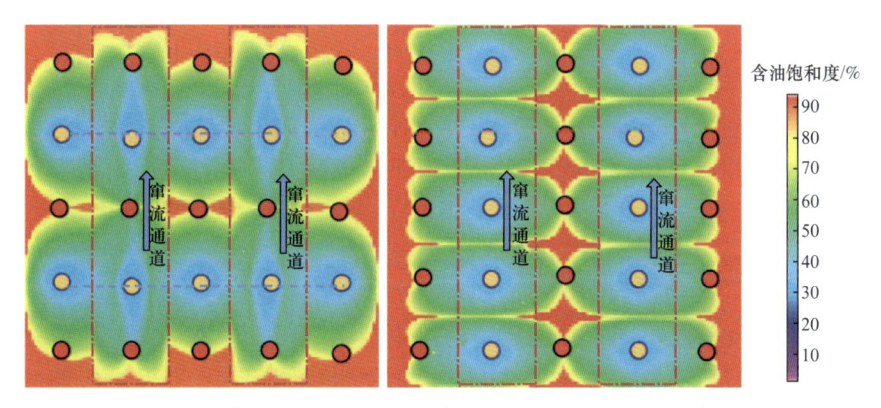

图 4-38　发育窜流通道注采与垂直于窜流通道注采井网剩余油分布

- 145 -

对比带地层倾角的二维剖面模型（图4-39），注气开发中采用高注低采井网可以有效抑制油气密度差造成的超覆问题，驱替结束后整体上剩余油饱和度低于低注高采井网。相反，注水开发中，则可以部署低注高采井网控制水淹过快问题。

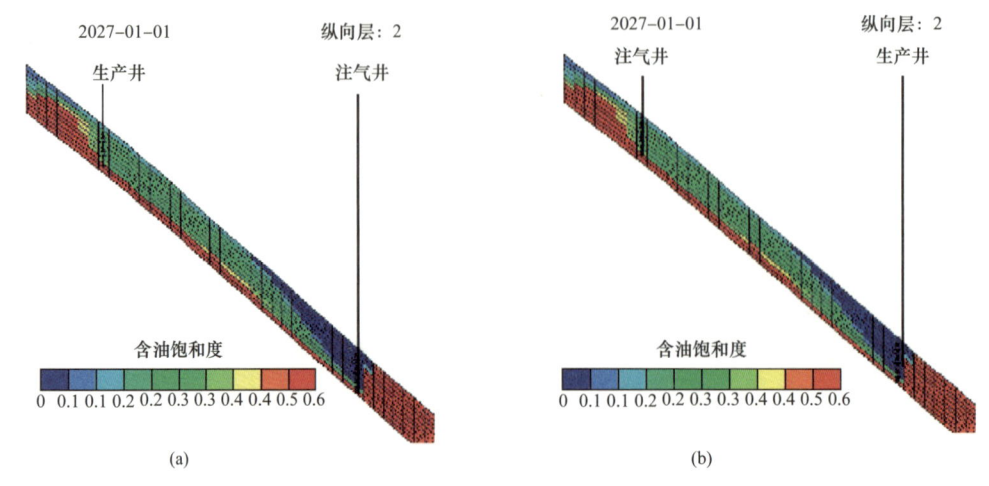

图4-39　低注高采（a）与高注低采（b）模型剩余油对比

基于上述研究认识，结合草舍油田泰州组优势通道发育认识，设计"高注低采控制重力超覆、优势通道注气井排控窜流、低部位注水控制水淹提升地层压力"的"三控"井网（图4-40）。数值模拟结果证实，排注侧采控窜流可提高平面波及系数为31.2%，高注低采控超覆可提高纵向波及系数为29.3%。

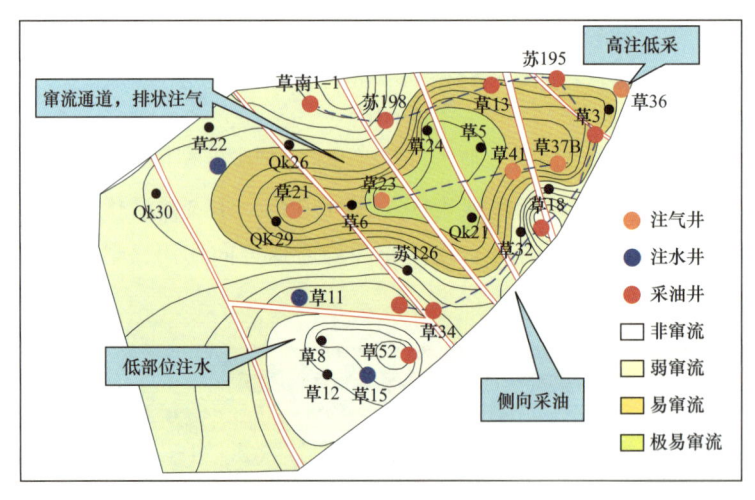

图4-40　优势通道分布图

## 三、典型油藏井网调整效果

油藏所处的开发阶段不同，井网调整的侧重点则不同，开发早期的油藏井网调整以加密调整为主，主要目的为完善注采井网，增加储量控制程度；开发中后期的油藏，长期水（气）驱，窜流通道形成，流线比较固定，注入水（气）无效循环，开发效果下降，此时井网调整的目的主要是调流场，改变水（气）线方向，扩大水（气）驱波及，提升开发效果。本节以开发早期的张家垛油田阜三段油藏、开发中后期的草舍油田泰州组油藏为例，阐述典型油藏井网调整效果。

### 1. 开发早期油藏井网调整

张家垛油田阜三段油藏 2016 年同步注气开发，注入井压裂，油井常规投产，建立 1 注 2 采的注气井网，同年 4 月对应 2 口油井注气受效。为进一步完善注采井网，2017 年 6 月张 1-7 井转注，张 1-2HF 井补层生产，缩短注采井距，建成 2 注 3 采的注气井网（见图 1-18），调整后 3 口油井均受效，张 1-6 井二次受效，日产油量由 3t 上升至最高 14.7t，增油效果显著，截至 2023 年 12 月底，该井累计增油 9344t（图 4-41）。

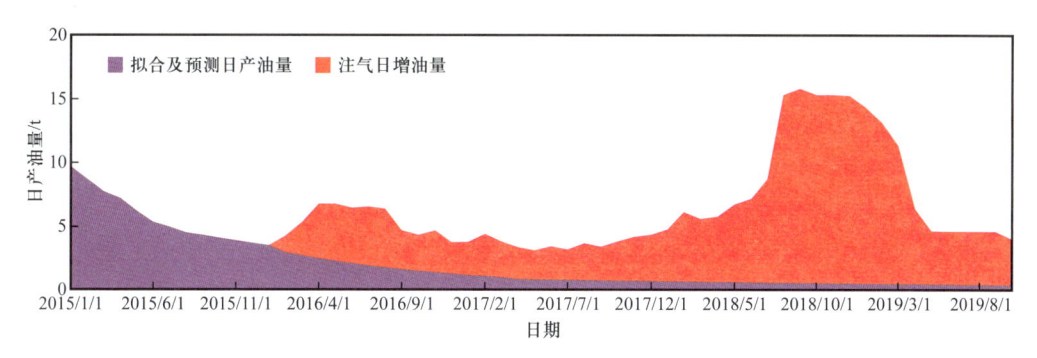

图 4-41  张家垛油田阜三段张 1-6 井增油量曲线图

### 2. 开发中后期油藏井网调整

草舍油田泰州组油藏于 1980 年投入开发，1990 年 8 月注水开发，2005 年 7 月注气开发，注气前日产油 48t，含水率 38%。2011 年 9 月，因多口采油井气窜严重，油藏压力下降，5 口注气井先后转注水，至 2013 年 12 月，注气井全部转注水。2011 年 9 月至 2013 年 12 月，由吸水剖面监测发现，草 21、草 23、QK-24 等井非吸水层位温度负异常，结合注气井压力大幅下降，判断套漏后停注，只剩下草 5 井、草 24 井继续注水。

2017 年 4 月开始对草舍油田泰州组注采井网进行二次调整，调整前日产油 18.5t，含水率 77%。调整地质方案：3 口采油井（草 35、草 37B、草 41）转注气，注水井（草 24 井）转注气，草 21 井恢复注气，2 口注气井（草 11、QK-24）转采油，形成 5 注 14 采井网。调整后的新井网在保证高渗区域主产层能量同时，加强低渗区域能量补充。截至 2023 年 12 月，二次井网调整后累计增油 25864.2t（图 4-42）。

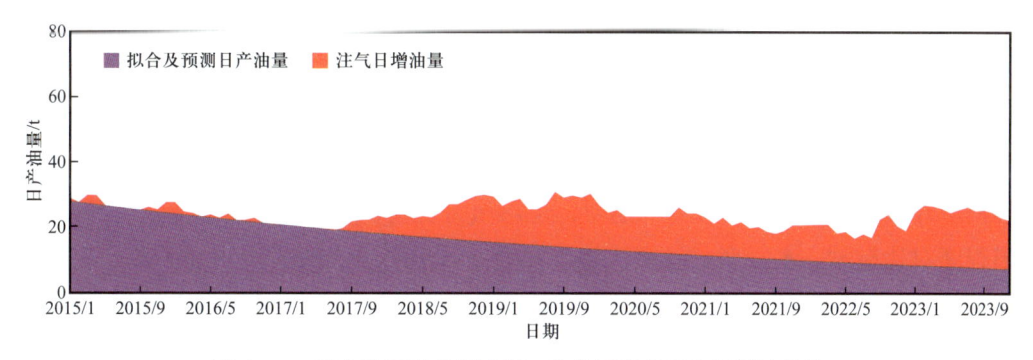

图 4-42  草舍油田泰州组油藏二次井网调整后注气增油曲线

— 147 —

## 第三节　气水交替防气窜技术

气水交替是常见的防气窜措施。本节对水气交替参数进行了模拟优化,以草舍油田泰州组、阜三段以及张家垛油田阜三段油藏为例,介绍了低渗油藏开发后期水气交替、同步注气转气水交替以及大倾角致密油藏水气交替驱效果。

### 一、气水交替防气窜参数优化

水气交替注入可有效控制流度比,提高气体宏观波及效率以及缓解气窜,更有利于提高油藏采收率,同时节约气源。通过数值模拟软件分别对水气交替时机、段塞比以及注气速度进行优化,对比分析不同方案累计采油量、气油比、含水率及压力等指标变化情况,确定最优水气交替注入方案。

水气交替机理模型与井网调整防气窜模型一致。该模型基础方案共分为衰竭开采、水气交替开发两个阶段。其中衰竭开采阶段关闭注入井,生产井定产量($20m^3/d$)生产,衰竭到10MPa。水气交替开发阶段,采用1注8采、注采平衡,生产井定产量($40m^3/d$),模拟生产10年。分别设置衰竭后第0年、第1年、第2年开始进行水气交替,段塞比为1∶1、1∶2、2∶1。水气交替参数优化方案见表4-10。

表4-10　水气交替参数优化方案

| 调整方案 | 交替时机/年 | 段塞比($G∶W$) |
|---|---|---|
| 1 | 0 | 1∶1 |
| 2 | 0 | 1∶2 |
| 3 | 0 | 2∶1 |
| 4 | 1 | 1∶1 |
| 5 | 1 | 1∶2 |
| 6 | 1 | 2∶1 |
| 7 | 2 | 1∶1 |
| 8 | 2 | 1∶2 |
| 9 | 2 | 2∶1 |

不同方案下的气油比、地层压力以及采出程度分别如图4-43至图4-45所示。根据机理模型计算结果,水气交替时间越早,地层压力越高,产油量也略高于其他几组方案。采出程度对比显示,水气交替段塞比为2∶1时,采出程度均略高于其他几组。方案3采出程度最高,达到了40.85%,气油比也高于其他组,但最大气油比也未超过$350m^3/m^3$,认为其气窜程度低或没有发生气窜。

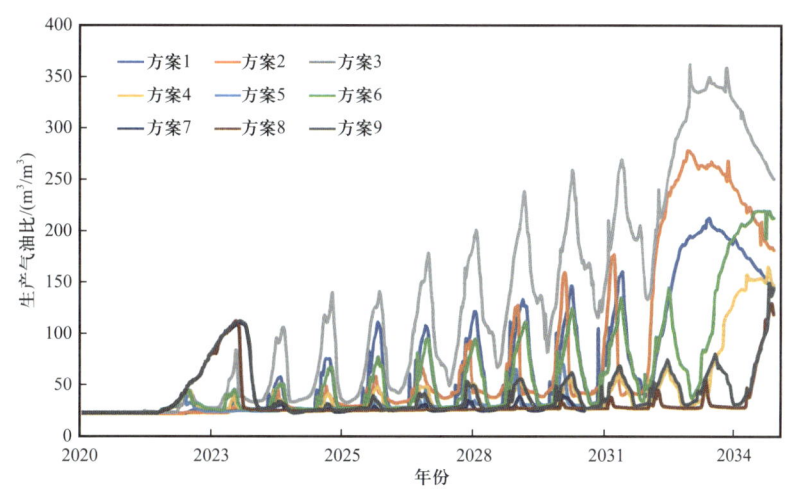

图 4-43　不同水气交替方案下的生产气油比

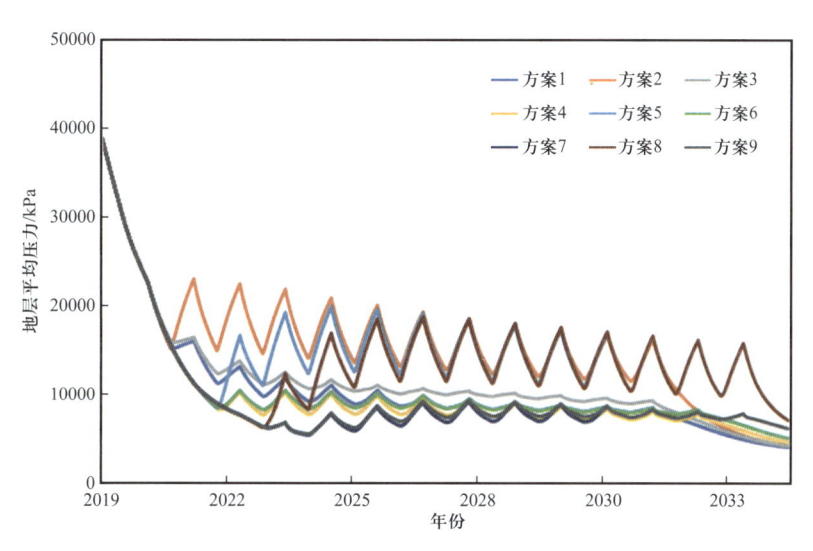

图 4-44　不同水气交替方案下的地层压力

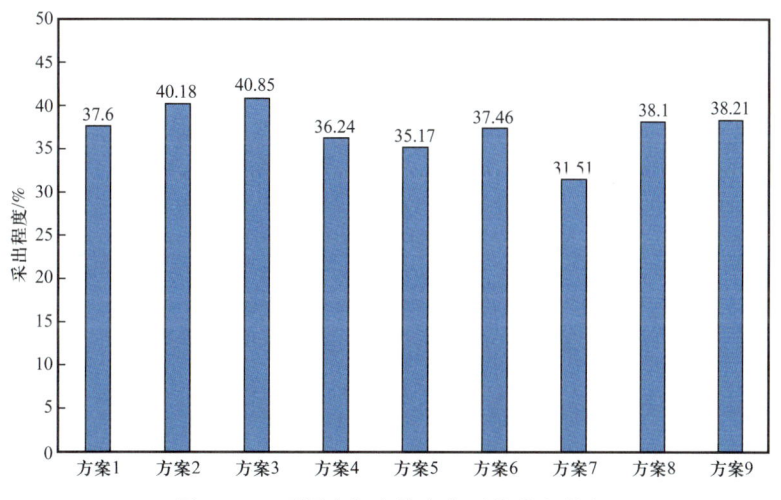

图 4-45　不同水气交替方案下的采出程度

## 二、典型油藏气水交替效果

华东油气田于 2007 年开始使用水气交替注入技术。该技术能增加注气混相和非混相驱波及效率、提升注气效果，并作为优化注气的重要手段广泛应用于各类注气开发油藏，目前已应用的油藏有草舍油田泰州组、阜三段，张家垛油田阜三段，吕庄油田阜二段，台南油田阜三段，均取得了较好的增油效果。下面以草舍油田泰州组、草舍油田阜三段、张家垛油田阜三段为例，阐述气水交替效果。

1. 低渗油藏开发后期气水交替驱

草舍油田泰州组油藏自 2005 年 7 月注气以来，根据油田生产动态及监测结果，主要采取了以下注采调整措施：对严重气窜采油井采取关井或封堵调层，对注气井进行水气交替注入，对注气不见效且气窜严重注气井转注水，适时调整注气量确保一定的注采比，深部调驱封堵大孔道等。其中泰州组油藏草 5 井气水交替注入，取得了明显的提压增油效果。

草 5 井位于构造中部主渗流区域，1986 年至 1997 年 6 月采油，1997 年 9 月注水，2007 年 4 月注气，2010 年 6 月由注气改为注水。

1）注气

草 5 井初期日注气不足 20t，远远小于日注水 130m³ 水平，注气期间对应的苏 198 井、苏 195 井产油量下降，2007 年 8 月日注气量增加到 35t 左右，2008 年 9 月日注气量最高达 59t。截至 2010 年 5 月该井累计注气 $4.05 \times 10^4$t。

2009 年初构造高部位井开始产气，部分井产气量较大，草 33 井的产气量由 3 月的 460m³/d 上升到 5 月的 3000m³/d，草 18 井日产气达 2160m³，苏 195 井日产气 1200m³。2008 年开始加密调整，在主力区块新增 7 口开发井，开采井间剩余油，同时实现气体分流。由于日注气量一直小于日注水量，加之油田产气量较大，存气率较低，油田压力下降到 26.3MPa，达历史最低水平（图 4-46），其中老井日产油由 75t 下降到 60t。

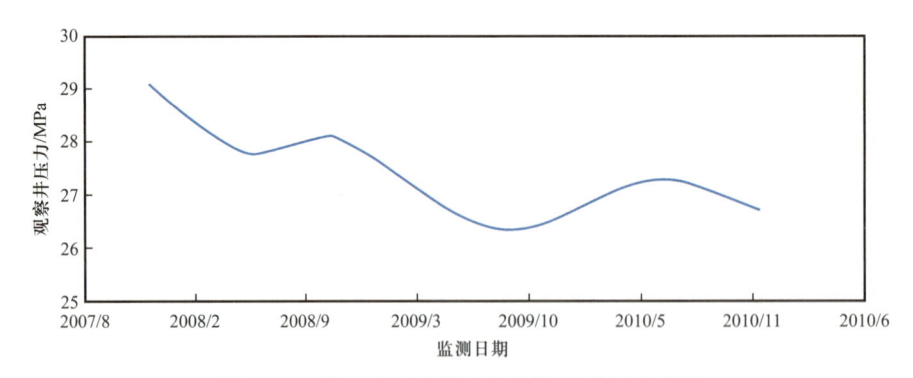

图 4-46 草南油田泰州组油藏草 24 井压力监测

2）注水

考虑到注气量不足，注采比较低，地层压力下降，日产液、日产油下降，同时主渗区域产气量较大，部分井甚至发生气窜，为提高油田压力水平，2010 年 6 月决定将草 5

井转注水，日注水量由 70m³ 逐渐提高到 130m³。油田注采比升高到 1.7，地层压力恢复到 27MPa。

注气转注水后，产油量开始上升。注水见效较明显的井有苏 198 井、苏 195 井（图 4-47）。油藏日产油由 60t 上升到 2010 年 10 月的 89.8t，油田气油比大幅度下降，气油比由 177m³/t 下降到 57m³/t。

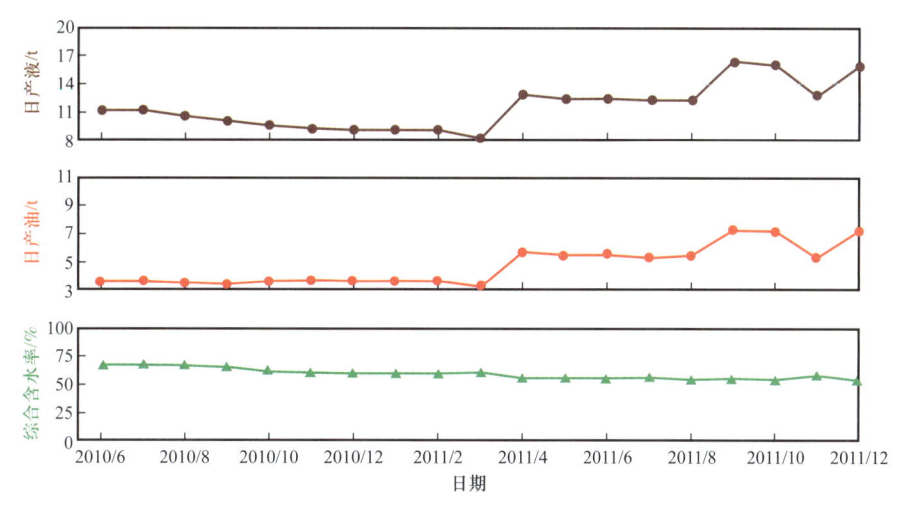

图 4-47　苏 195 井生产曲线图（2010 年 6 月至 2011 年 12 月）

### 2. 低渗油藏同步注气转水气交替驱

2010—2013 年为草舍油田阜三段油藏区块建产弹性开发阶段，并于 2013 年 7 月开始全面注气，半年后油田注气受效，同期部分油井开始见气。注气后油田产量稳中有升，最高日产量达 40t。之后气油比上升，注气压力下降，个别井如草中 1-7 井发生严重气窜。至 2017 年 4 月井口平均注气压力只有 14.7MPa，比最高注气压力下降 10MPa，间接说明地层压力由于气窜而下降。由于气窜严重，进行了注采结构调整，草中 2 井、草中 1-7 井以及草中 1-3 井共 3 口气窜严重井技术关井，间隙生产，同时降低注气量，导致油田整体产量也大幅下降，2017 年 9 月日产油仅 9.9t。

2017 年 11 月至 2021 年 1 月先后有 4 口注气井转水，实行水气交替注入，具体转注井为：草中 1-8 井于 2017 年 11 月至 2018 年 2 月注水，草中 1-2 井于 2018 年 1 月至 2019 年 4 月注水，草中 1-10 井于 2019 年 1 月至 2019 年 3 月注水，草中 1 井于 2021 年 1 月至 2021 年 9 月注水。

水气交替注入后，表现出以下几个特征：注气压力大幅上升，由 13MPa 上升到 27.6MPa，平均注气压力上升了 9MPa，相较于气窜阶段气油比大幅下降，日产油明显增加；减缓了油田产量递减，截至 2023 年 12 月，水气交替累计增油 22056.2t（图 4-48）。

### 3. 大倾角致密油藏水气交替驱

张 3B 井前后进行了 4 次水气交替，5 次注气，6 次注水，生产情况详见表 4-11，对应采油井张 3 斜 1 井响应明显，该井 2014 年 5 月注气受效，随着气驱的深入，油井气

－ 151 －

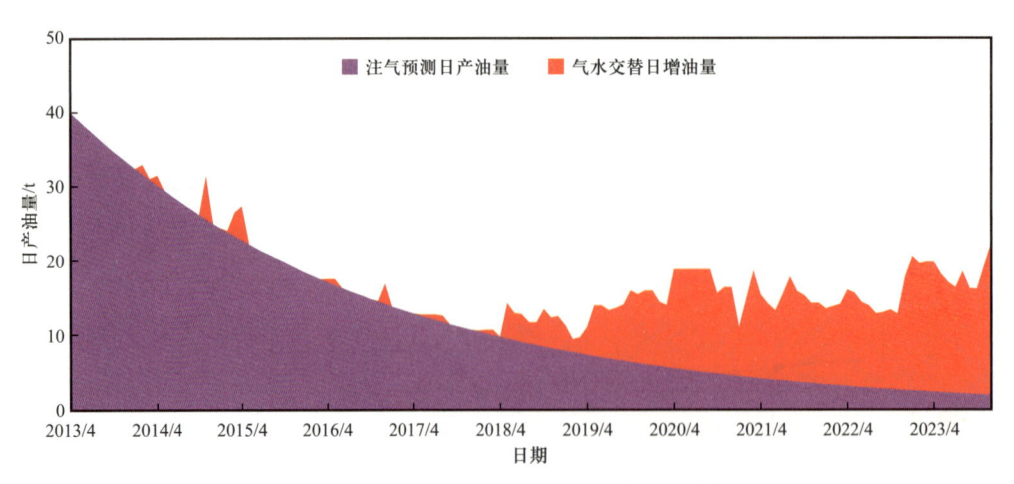

图 4-48　草舍油田阜三段水气交替增油曲线

窜，2019 年 5 月日产油下降至 3.2t，对应水井进行第三次水气交替，2020 年开展增压混相驱试验，"短、平、快"进行水气交替的同时，进一步提高注水、注气配注量，有效增加地层压力，提高混相能力，是张 3 斜 1 井长期保持日产油 7t 以上的高产，增油稳产期由 13 个月增加至 40 个月以上。

表 4-11　张 3B 井生产情况统计表

| 开发历程 | 生产阶段 | | 注入介质 | 日配注 /t | 阶段累注 /$10^4$t |
|---|---|---|---|---|---|
| | 起 | 止 | | | |
| 注气阶段 | 2014 年 1 月 | 2016 年 3 月 | 气 | 20 | 1.6055 |
| 水气交替阶段 | 一轮 | 2016 年 3 月 | 2017 年 1 月 | 水 | 20 | 0.7246 |
| | | 2017 年 1 月 | 2018 年 9 月 | 气 | 30 | 1.5454 |
| | 二轮 | 2018 年 9 月 | 2019 年 2 月 | 水 | 20 | 0.3249 |
| | | 2019 年 2 月 | 2020 年 6 月 | 气 | 30 | 0.7493 |
| | 三轮 | 2020 年 6 月 | 2020 年 9 月 | 水 | 30 | 0.2514 |
| | | 2020 年 9 月 | 2021 年 8 月 | 气 | 30 | 0.9104 |
| | 四轮 | 2021 年 8 月 | 2021 年 11 月 | 水 | 45 | 0.3646 |
| | | 2021 年 11 月 | 2022 年 4 月 | 气 | 45 | 0.5815 |
| | | 2022 年 4 月 9 日 | 2022 年 4 月 14 日 | 水 | 30 | 0.0182 |
| | | 2022 年 4 月 | 2022 年 8 月 | 气 | 45 | 0.323 |
| | | 2022 年 8 月 27 日 | 2022 年 9 月 6 日 | 水 | 40 | 0.022 |
| | | 2022 年 9 月 | 至今 | 气 | | |

该井组水气交替，封堵大孔道储层，降低气油比，提高了地层压力，启动低渗储层的应用，取得了较好的开发效果。张3B井注气情况如下。

1）第一段塞注气

张家垛油田阜三段油藏2011年2月投入试采，2014年2月注气开发，2014年4月张3斜1井注气见效，日产油由注气前的8.5t增加到15.2t，2014年8月平均日产油达22.6t。2014年9月$CO_2$气体突破，之后油井产量开始持续下降，产出$CO_2$气量增大，气油比上升，油井$CO_2$浓度急剧升高（$CO_2$体积分数由22.8%上升到88.4%），注气压力下降（由13.8MPa下降到11.5MPa），2016年3月日产油下降到10.71t，产出气$CO_2$浓度高达98.3%。本周期平均注气压力9.5MPa。

2）第一段塞注水

2016年3月至2016年12月将张3B井由注气转注水。其间注水压力上升，由注气前的8MPa上升到23MPa，同时张3斜1井气油比下降，油井产量持续下降，油井不产水，说明注入水几乎全部进入已经开采的大孔道，起到封堵作用。

3）第二段塞注气

2017年1月至2018年9月第二次注气。其间最高注气压力达26.2MPa，平均注气压力20.41MPa，注气压力同比增加10.9MPa，油井产量开始恢复，产量由注气前的6.16t上升到注气后的15.66t。说明水气交替起到了封堵大孔道作用，注入气进入更小的孔喉，注气压力上升，低渗层得到了动用。本注气周期高产阶段平均日产油15.1t，稳产8个月之后，产量开始连续下降，日产油仅5.5t，气油比上升，2018年9月气油比高达2038m³/t，同时注气压力下降。

4）第二段塞注水

2018年9月至2019年2月第2次转注水，与第1周期注水反应类似，注水压力升高，日产油下降，日产气下降，气油比下降，注入水再次进入相对高的孔道，起到封堵作用。

5）第三段塞注气

2019年2月至2020年6月第3次注气。其间最高注气压力24.98MPa，平均注气压力22.55MPa，比第2次平均注气高2.14MPa，与第2次注气反应类似，油井产量升高，产气量下降，气油比下降。但日产油量已经比第2次注气周期下降，注气后最高日产油10.71t，比第2周期注气少近5t，稳产期平均日产油9.4t，比第2注气周期少5.7t。

第三次注水及后期水气交替，日产油一直缓慢递减，注气压力一直高位运行，气油比逐渐缓慢上升。主要是更小的孔喉注入水很难进去，也就无法封堵，所以后期气油比上升，这是水气交替不可避免的。从张3斜1井产液结构分析，从投产到目前采油井含水一直稳定在4%左右，说明大孔道并没有产水，注入气体一直在低孔低渗储层中驱油。所以水气交替封堵了大孔道，启动了低孔低渗层，由于低渗层含油丰度不及大孔道储层，所以水气交替驱油效果会逐渐减弱。从图4-49可以看出，水气交替注入扭转了单纯注气产量持续递减的状况，根据前期注气产量递减预测及实际产量，截至 2023 年 12 月，累计增油 13410.6t。

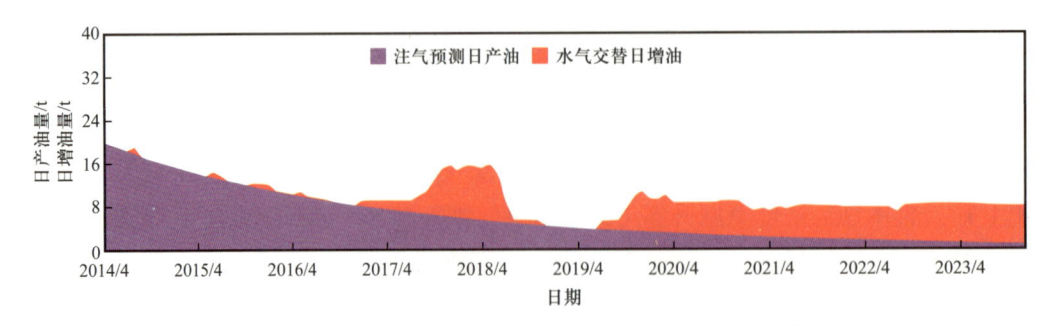

图 4-49 张 3 斜 1 井气水交替日产油量及日增油量曲线

## 第四节　气溶性发泡剂封窜技术

除了上述井网调整防气窜、气水交替防气窜等技术方法可采用外，采用气溶性发泡剂调驱对抑制油井气窜也有一定作用。该方法在张家垛油田进行了矿场试验，取得一定效果。优选出一种适合华东油气田的 $CO_2$ 驱泡沫封窜体系，试验了能溶解于 $CO_2$ 中的气溶性发泡剂，随 $CO_2$ 注入地层，形成稳定的泡沫体系，封堵气窜通道。在张家垛油田进行了试验，气溶性发泡剂调驱对抑制油井气窜有明显作用。

### 一、封堵性能评价

针对优选的含硅发泡剂，评估了不同注入方式下的 $CO_2$ 泡沫封堵能力。实验条件：发泡剂浓度 1.5%，油田地层水，压力 15MPa，温度 110℃；填砂管尺寸：长度 60cm，内径 25mm，渗透率 7.43～9.35mD，孔隙体积 85mL；采用 2 种注入方式：发泡剂与 $CO_2$ 共同注入，0.15PV 发泡剂溶液段塞与 0.15PV $CO_2$ 段塞交替注入。注入速度为 0.5mL/min，气液比 1∶1。实验测得的泡沫阻力因子结果如图 4-50 和图 4-51 所示。

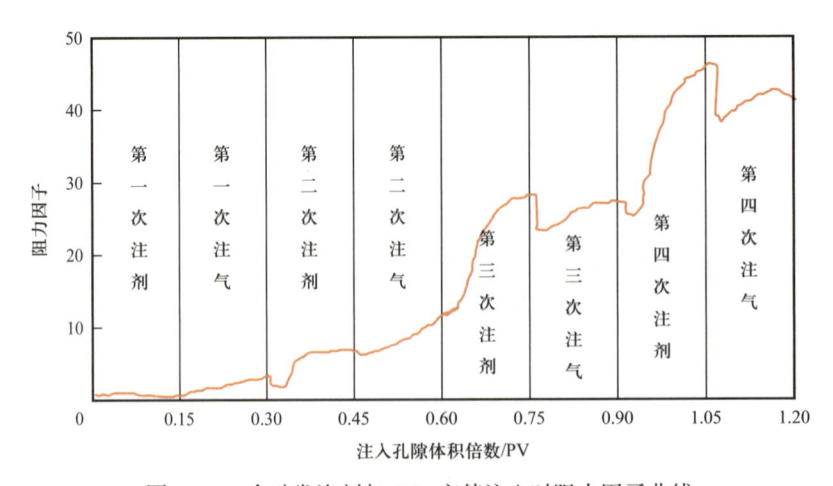

图 4-50　含硅发泡剂与 $CO_2$ 交替注入时阻力因子曲线

- 154 -

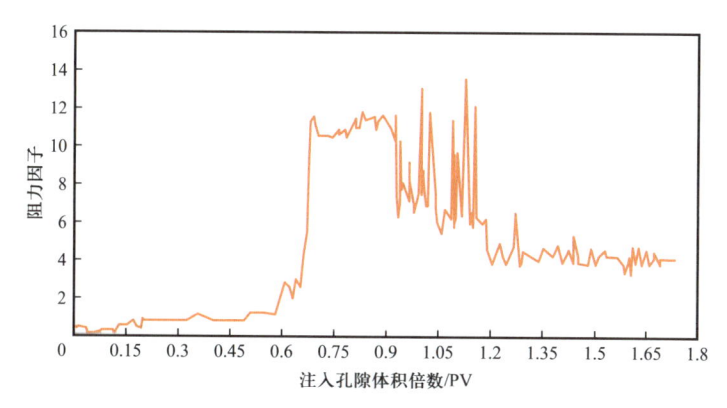

图 4-51　含硅发泡剂与 $CO_2$ 同时注入时阻力因子曲线

由图 4-50 可知，交替注入发泡剂溶液段塞和 $CO_2$ 段塞，阻力因子呈升高趋势，第 4 轮次阻力因子达到 46 左右，取得较好的封堵效果，可在 $CO_2$ 驱气窜油藏进行封窜应用。

与此同时，对含硅发泡剂溶液与 $CO_2$ 共同注入时的泡沫阻力因子进行了实验研究，实验结果如图 4-51 所示。连续注入 0.6PV 发泡剂溶液和 0.6PV $CO_2$，阻力因子仅能达到 10～12。实验所用填砂管渗透率为 9.35mD，而交替注入时所用填砂管渗透率为 7.43mD，在其他条件相同的情况下，高渗透率所达到的阻力因子高于低渗透率，分析认为渗透率越高，孔隙对泡沫的剪切作用越弱，从而泡沫体系的阻力因子越高。

根据实验结果，段塞交替注入封堵效果好于发泡剂与 $CO_2$ 同时注入，分析认为同等用量条件下，交替注入发泡剂与 $CO_2$ 混合更均匀、泡沫更多、阻力因子高，因此，推荐采用 $CO_2$ 和发泡剂交替注入方式进行气溶性发泡剂现场调驱。

浓度为 1.5% 的气溶性发泡剂对于 $CO_2$ 驱气窜井具有较高的封窜效果，在现场试验中，通过气窜层占比估算发泡剂用量：

$$W = M\phi C \tag{4-17}$$

式中　$W$——发泡剂估算用量，t；

　　　$M$——阶段累计注气量，t；

　　　$\phi$——气窜层占比，%；

　　　$C$——发泡剂质量分数，%（根据试验结果选取质量分数为 1.5%）。

## 二、试验井施工参数设计和效果

试验井张 3B 井阶段累计注气 1366t，气窜层占比取 50%，根据估算公式计算气溶性发泡剂用量 $W=1366t \times 50\% \times 1.5\% \approx 10.2t$，考虑到地层吸附和损失，设计气溶性发泡剂的用量为 12.0t。

依托原有水气交替注入的地面设施，采用从注气管柱直接注入的施工方式，用泵车泵注气溶性发泡剂段塞、用注水泵泵注隔离油田污水、用注气泵泵注液态 $CO_2$ 段塞（表 4-12）。施工压力、排量的设计，参考前期正常注入压力，上限不高于地层破裂压力的 80%，爬坡压力梯度控制在 3～5MPa。注入排量根据压力变化实时调整。

表 4-12　张 3B 井气溶性发泡剂调驱施工参数表

| 段塞 | 注入介质 | 用量 | 注入压力 /MPa |
|---|---|---|---|
| 前置段塞 | 油田污水 | 6m³ | 22.99～23.33 |
| 第一段塞 | 气溶性发泡剂 | 3t | 22.27～22.66 |
| | 油田污水隔离液 | 3m³ | 22.49～24.97 |
| | 液态 $CO_2$ | 6t | 22.8～28.47 |
| | 油田污水隔离液 | 3m³ | 25.8～29.20 |
| 第二段塞 | 气溶性发泡剂 | 3t | 24.97～28.84 |
| | 油田污水隔离液 | 3m³ | 24.53～26.46 |
| | 液态 $CO_2$ | 6t | 25.36～29.17 |
| | 油田污水隔离液 | 3m³ | 27.58～29.82 |
| 第三段塞 | 气溶性发泡剂 | 3t | 24.45～27.29 |
| | 油田污水隔离液 | 3m³ | 26.26～29.02 |
| | 液态 $CO_2$ | 6t | 28.12～29.14 |
| | 油田污水隔离液 | 3m³ | 27.85～30.04 |
| 第四段塞 | 气溶性发泡剂 | 3t | 26.8～29.89 |
| | 油田污水隔离液 | 3m³ | 26.44～26.68 |

调驱后，试验井张 3B 井实施第三轮次 $CO_2$ 气驱措施，随后井组油井阶段增油 3104.69t，井组潜力充足，增油显著，对应受效井气油比由 1491m³/t 下降至 300m³/t（表 4-13），说明气溶性发泡剂调驱能够有效控制油井气窜。

表 4-13　张 3B 井组三轮次水气交替驱效果统计表

| 轮次 | 介质 | 日期 | 累计注入 /t | 累计增油 /t |
|---|---|---|---|---|
| 一轮次 | 注气 | 2014.1—2016.3 | 16055.63 | 4542.86 |
| | 注水 | 2016.3—2017.2 | 7246.82 | 1650.69 |
| 二轮次 | 注气 | 2017.3—2018.8 | 15454.13 | 5667.08 |
| | 注水 | 2018.8—2019.3 | 3249.05 | 675.88 |
| 三轮次 | 注气 | 2019.4—2020.6 | 13756.28 | 3104.69 |

## 第五节　高气液比举升工艺技术

注气驱过程发生气窜后，需要有与之配套的气井生产工艺技术以保障油藏注气开发过程的安全稳定生产。常规抽油泵在高气液比见气井中使用时，泵的充满程度低，甚至发生气锁。尤其当抽油泵发生充不满现象时，会产生不同程度的液击，加速地面和地下设备的损坏。因此，对于高气液比见气油井，必须采用有效的防气技术以减轻气体影响，确保油井正常生产。针对这些问题，设计应用了中空强制拉杆式防气工艺，减少气锁，提高泵效。

# 一、中空强制拉杆式防气工艺

## 1. 工艺管柱组成

中空强制拉杆式防气管柱主要由中空强制拉杆式防气泵、油管、气锚组成（图4-52）。

中空强制拉杆式防气泵主要由上接头、拉杆、上锁紧螺母、拉杆连接套、柱塞上接头、上柱塞、上连接杆、上强启闭阀座、上强启闭阀球、中间扶正接头、下锁紧螺母、柱塞下接头、下柱塞、下强启闭阀座、下强启闭阀球、下连接杆、下扶正接头、泵筒、扶正接头、泵筒下接头、固定阀阀罩、固定阀总成、固定阀座接头组成。整个柱塞为新型防气泵的关键结构，分为上柱塞结构和下柱塞结构。

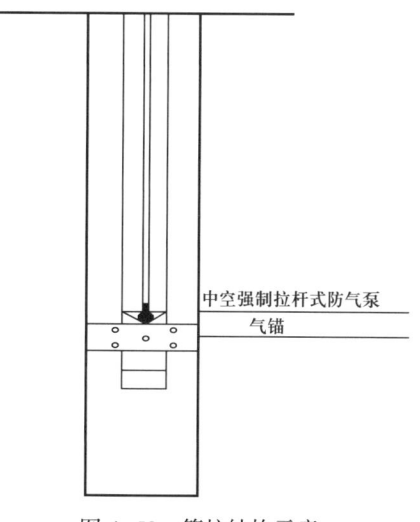

图4-52 管柱结构示意

## 2. 工作原理

中空强制拉杆式防气泵将游动阀球设计成拉杆式强启闭阀球，避免了下冲程时游动阀打不开的问题。固定阀总成采用扶正式复位弹簧，避免了泵的漏失。

上冲程：抽油杆通过阀杆带动强启闭游动阀上行，与浮动柱塞上的阀座密封，游动阀关闭；泵筒内空间变大，压力变小，在沉没度压力与泵筒内压力的压差作用下，固定阀开启，井筒内气液进入泵筒。

下冲程：抽油杆通过阀杆带动强启闭游动阀下行，游动阀与阀座脱开，固定阀在复位弹簧作用下及时关闭。

气锚的应用提高了混气液体在泵口处分离水平，进而提高了泵效。

## 3. 技术优化

（1）固定阀增加复位弹簧，提高坐封可靠性及复位及时性，密封性好，避免了关闭滞后的现象。

（2）游动阀为强启闭结构，上下冲程时通过阀杆强制打开、关闭，不受气体的影响。

（3）柱塞为多级浮动密封单元，各密封单元与阀杆及杆柱之间处于游离状态，杆柱的偏心力作用在扶正接头上，由扶正接头承受偏磨，可有效避免井斜角较大时各密封单元的偏磨及卡泵。

## 二、应用效果评价

中空强制拉杆式防气工艺现场试验3口井,工艺成功率100%。抽油井泵效大幅提高,其中台7井泵效提高了38.6%,台8井泵效提高了11.6%,应用效果显著。

### 1. 台7井应用情况

台7井于2009年12月2日投产,投产层Ef$^3$21—Ef$^3$22、Ef$^3$23层,井深分别为2745.4~2748.4m、2754.8~2758.0m,$\Phi$38mm泵挂1800m,冲程4.2m,冲次3次/min。该井为注气受效井,停井后油压0.3MPa,套压0.4MPa。采用强启闭阀球中空防气泵恢复油井正常生产,优化后油管结构为:接箍+$\Phi$73mm加厚油管1根+$\Phi$38mm防气泵(2200m)+$\Phi$73mm内衬油管1根+液力锚泄油器+$\Phi$73mm内衬油管25根+$\Phi$73mm加厚油管至井口。抽油杆结构为:$\Phi$38mm活塞+拉杆+$\Phi$19mm抽油杆+$\Phi$22mm抽油杆+$\Phi$25mm抽油杆至井口。

台7井措施前日产液5.06t,日产油4t,泵效28.6%;措施后日产液6.32t,日产油4.93t,泵效67.2%。措施后日产油增加0.93t,泵效提高了38.6个百分点。从泵效和日增油方面来看,取得了显著应用效果。

### 2. 台8井应用情况

台8井于2009年10月26日投产,投产层Ef$^3$19—Ef$^3$20、Ef$^3$24、Ef$^3$25、Ef$^3$26层,井深分别为2759.5~2763.0m、2799.6~2801.6m、2801.6~2803.6m、2811.1~2816.0m,$\Phi$32mm泵挂深:1801.74m,冲程4.2m,冲次3次/min。

2015年开始,该井出液量逐渐降低且不稳定,套管气量增大,取样分析环空气体中含$CO_2$ 98%,抽油泵受$CO_2$气体影响无法正常工作,采用强启闭阀球中空防气泵恢复油井正常生产,同时验证该泵的防气效果。优化后的油管结构为:接箍+$\Phi$73mm加厚油管1根+$\Phi$38mm强启闭防气泵(2200m)+$\Phi$73mm内衬油管1根+液力锚+$\Phi$73mm内衬油管78根+$\Phi$73mm加厚油管至井口。抽油杆结构为:$\Phi$38mm活塞+拉杆+$\Phi$22mm抽油杆+$\Phi$19mm抽油杆+$\Phi$22mm抽油杆+$\Phi$25mm抽油杆至井口。

台8井措施前日产液0.75t,日产油0.75t,泵效4.5%;措施后日产液5.24t,日产油3.24t,泵效16.1%。措施后日产油增加2.49t,泵效提高了11.6个百分点,取得了显著应用效果(表4-14)。

表4-14 强制拉杆式防气泵应用效果统计表

| 井号 | 措施前 日产液/t | 措施前 日产油/t | 措施前 泵效/% | 措施后 日产液/t | 措施后 日产油/t | 措施后 泵效/% | 增值 日产液/t | 增值 日产油/t | 增值 泵效/% |
|---|---|---|---|---|---|---|---|---|---|
| 台7 | 5.06 | 4 | 28.6 | 6.32 | 4.93 | 67.2 | 1.26 | 0.93 | 38.6 |
| 台8 | 0.75 | 0.75 | 4.5 | 5.24 | 3.24 | 16.1 | 4.49 | 2.49 | 11.6 |
| 张1-6 | 4.5 | 4.46 | 29.4 | 4.9 | 4.62 | 46.7 | 0.4 | 0.16 | 17.3 |

# 参考文献

陈祖华，2014. ZJD油田阜宁组大倾角油藏注$CO_2$方式探讨［J］. 西南石油大学学报（自然科学版），36（6）：83-87.

陈祖华，孙雷，杨正茂，等，2019. 草舍泰州组油藏$CO_2$混相驱效果及二次气驱可行性研究［J］. 油气藏评价与开发，9（3）：47-50，56.

窦之林，曾流芳，张志海，等，2001. 大孔道诊断和描述技术研究［J］. 石油勘探与开发，（1）：75-77.

韩倩，徐骞，张宏录，等，2021. 草舍油田$CO_2$驱防气窜调驱体系研究及性能评价［J］. 石油地质与工程，35（2）：67-71.

蒋茜，屈亚光，吴家坤，等，2022. 油藏优势通道及井间连通性研究进展［J］. 辽宁化工，51（2）：261-265.

李凡，罗跃，肖清燕，等，2016. $CO_2$驱低渗非均质油藏抗高温封窜剂的性能研究［J］. 油田化学，33（1）：146-150.

李阳，2020. 低渗透油藏$CO_2$驱提高采收率技术进展及展望［J］. 油气地质与采收率，27（1）：1-10.

刘必心，侯吉瑞，李本高，等，2014. $CO_2$驱特低渗油藏的封窜体系性能评价［J］. 特种油气藏，21（3）：128-131.

刘德华，2005. 油田开发中后期综合治理技术研究［D］. 成都：西南石油学院.

刘慧，2018. $CO_2$驱高气液比井防气工艺技术［J］. 采油工程文集，（2）：57-60，86.

刘祖鹏，李兆敏，2015. $CO_2$驱油泡沫防气窜技术实验研究［J］. 西南石油大学学报（自然科学版），37（5）：117-122.

宋玉龙，2013. 优势通道综合识别描述方法研究［D］. 青岛：中国石油大学（华东）.

王璐，单永卓，刘花，等，2013. 低渗透油田$CO_2$驱泡沫封窜技术研究与应用［J］. 科学技术与工程，13（17）：4918-4921.

王敏生，姚云飞，2021. 碳中和约束下油气行业发展形势及应对策略［J］. 石油钻探技术，49（5）：1-6.

曾桃，郑永建，李跃林，2016. 复杂断块油藏优势通道识别与定量描述——以涠州12-1油田北块6井区为例［J］. 石油地质与工程，30（4）：92-95，148，149.

张宏录，李艺玲，王海燕，等，2017. $CO_2$驱中空强制拉杆式防气泵的研制［J］. 石油机械，45（1）：95-97.

张宏录，谭均龙，易成高，等，2017. 草舍油田$CO_2$驱高气油比井举升新技术［J］. 石油钻探技术，45（2）：87-91.

张蒙，赵凤兰，吕广忠，等，2020. 气水交替改善$CO_2$驱油效果的适应界限［J］. 油田化学，37（2）：279-286.

张绍辉，王凯，王玲，等，2016. $CO_2$驱注采工艺的应用与发展［J］. 石油钻采工艺，38（6）：869-875.

张营华，2017. $CO_2$泡沫剂的气溶性与封堵性研究［J］. 科学技术与工程，17（21）：233-235.

Saaty T L，1980. The Analytic Hierarchy Process［M］. NewYork：McGraw-Hill.

# 第五章　$CO_2$ 捕集、运输、回收循环注气工艺技术

自黄桥 $CO_2$ 气田发现以来，拉开 $CO_2$ 利用的帷幕，逐步形成了 $CO_2$ 捕集、$CO_2$ 运输、$CO_2$ 注入、$CO_2$ 驱采油、$CO_2$ 回收系列化技术，实现 $CO_2$ 全流程循环利用，建成中国石化首个 $CO_2$ 驱油与封存示范基地，为规模化推广提供了技术支撑。这一综合利用 $CO_2$ 的方法在减少温室气体排放的同时能改善工业生产效率，提高其技术经济效益，是应对气候变化的创新解决方案。

## 第一节　捕　集　技　术

针对黄桥气田组分和南化尾气特征，优选蒸馏与低温液化法和增压液化法，形成了两种 $CO_2$ 尾气捕集工艺。本节从捕集技术的适应性比较叙述，详细介绍了两种捕集技术的工艺特点。

### 一、捕集技术适应性比较

$CO_2$ 捕集技术有很多种，每一种都具有自身的独特特点和应用前景。捕集技术主要有：（1）溶剂吸收技术，利用溶剂与 $CO_2$ 的化学吸收反应实现 $CO_2$ 的捕集；（2）固体吸附技术，通过固体材料对 $CO_2$ 的高效吸附来实现捕集；（3）膜分离技术，通过薄膜的分子选择性渗透实现气体分离，从而捕捉 $CO_2$；（4）低温精馏技术，借助低温将 $CO_2$ 从气体混合物中分离出来。表 5-1 中详细列举了这些 $CO_2$ 捕集技术的工作原理、应用情况和目前存在的问题。

表 5-1　不同 $CO_2$ 捕集技术的比较

| 技术 | | 原理 | 工业应用 | 大型化应用的关键问题 | 未来研发方向 |
|---|---|---|---|---|---|
| 吸收法 | 化学法 | 基于 $CO_2$ 与吸附剂形成弱化学键中间化合物的化学反应，先将 $CO_2$ 吸收，再通过溶剂逆向再生，从而实现分离与反应溶剂的循环再利用 | 脱除天然气中的 $CO_2$，脱除烟气中的 $CO_2$，脱除合成气中的 $CO_2$ | 再生的能耗；其他酸性气体的预处理 | 开发具有更高 $CO_2$ 容量和更低能耗的吸收剂，新的接触反应器 |
| | 物理法 | 利用气体组分在溶液中的溶解度原理来实现富集特定气体的目的。通常溶液吸收 $CO_2$ 的容量随压力的增大或温度的降低而增大，反之则减少 | | 再生的优化 | |

续表

| 技术 | | 原理 | 工业应用 | 大型化应用的关键问题 | 未来研发方向 |
|---|---|---|---|---|---|
| 吸附法 | 变压吸附 | 利用$CO_2$与混合气中$N_2$、$O_2$、$CH_4$、$H_2O$和CO等在吸附剂介质间结合力和吸附容量的不同而实现分离。通过高压吸附，低压解吸分离回收 | 制氢工艺中的$CO_2$分离，脱除天然气中的$CO_2$，脱除烟气中的$CO_2$ | 吸附剂容量低，选择性差，受到低温的限制，产生的$CO_2$纯度不高、压力较低 | 开发新的具有能在水蒸气存在的情况下吸附$CO_2$的吸附剂；开发能产生更高纯度$CO_2$的吸附/脱附方法 |
| | 变温吸附 | 利用气体组分在固体材料上吸附性能的差异以及吸附容量在不同温度下的变化实现分离。常温吸附，升温脱附 | 制氢工艺中的$CO_2$分离，脱除天然气中的$CO_2$ | 再生能耗高，工作周期长 | |
| 膜分离法 | | 利用混合气体中气体与膜材料之间的物理或者化学反应来进行选择性吸收或分离 | 制氢工艺中$CO_2$分离，脱除天然气中的$CO_2$ | 膜制备难度大，应用不成熟 | 开发能够同时进行燃料重整和$H_2/CO_2$分离的膜反应器 |
| 低温精馏法 | | 利用原料中各组分相对挥发度的差异，通过气体透平膨胀制冷，在低温下将气体中各组分按工艺要求冷凝下来，然后用精馏法将其中的各类物质依其蒸发温度的不同逐一加以分离 | 从天然气中脱除$CO_2$等 | 能耗过高，$CO_2$的回收率低；设备投资大 | 系统集成，减少能耗 |

综合比较这些技术的优缺点，选择合适的$CO_2$捕集技术取决于特定的应用场景、经济可行性、技术成熟度和地域条件等多方面因素。不同技术可以根据实际需求组合使用，以最大限度地降低$CO_2$排放并实现可持续发展。

## 二、捕集技术在华东的应用情况

近年来，华东液碳分别对不同气源$CO_2$应用适当的捕集技术，发挥自身优势，加强技术攻关，将高碳气源中的$CO_2$通过分离、捕集和运输，将其转化为油田驱油用气，助力油田企业的三次采油，进一步提高原油采收率。

1. 蒸馏与低温液化法

针对黄桥气田特有的$CO_2$气源，华东液碳采取蒸馏与低温液化法来提纯$CO_2$，最后可以分别得到工业级和工优级的液态$CO_2$，分离出来含甲烷的废气全部送去焚烧炉进行焚烧处理。

1）气源条件（黄桥气田）

（1）黄桥气田情况。

黄桥$CO_2$气田位于江苏省泰兴市黄桥镇西南，构造上处于下扬子盆地南京坳陷东北部，黄桥—如皋冲断凹陷带，矿区呈五边形，矿区面积为$28.74km^2$。矿区内布有6口井，其中5口在生产。2口为探井转生产井，分别是苏174井、黄验1井，另3口井为探采结合井，分别是华泰1井、华泰2井、华泰3井，矿区东北部属溪桥乡管辖，西南部属河失乡管辖。

2009年12月12日，经国土资源部矿产资源储量司审查通过黄桥$CO_2$气田叠合含气面积为$52.2km^2$，地质储量为$261.48×10^8m^3$，基本探明储量为$142×10^8m^3$，经济可采储量为$66.76×10^8m^3$。其中苏174井区已探明地质储量为$56.81×10^8m^3$，经济可采储量为$27.72×10^8m^3$。

（2）采气前端处理工艺。

目前五口井的前端处理工艺主要是通过分离器进行初步的油、气、水分离，然后经过集输管汇输送到$CO_2$净化处理厂（图5-1）。

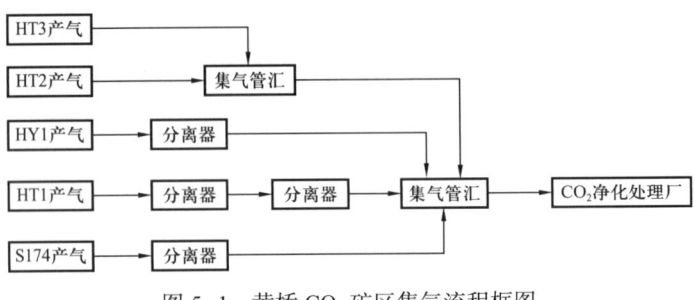

图5-1 黄桥$CO_2$矿区集气流程框图

2）蒸馏与低温液化法工艺

（1）工艺流程。

自集气管汇的$CO_2$原料气节流至4.4MPa左右后进入原料气换热器与气相氟利昂进行换热，进入气液分离器，气相进入脱水塔与冷凝的液相接触，脱除原料气中的水和油。脱水塔顶脱水后的气体去$CO_2$冷凝器冷凝，然后进入提纯塔进行提纯脱烃，塔底产品$CO_2$经成品中间罐送往$CO_2$储罐。$CO_2$储罐产生的闪蒸气和提纯塔顶冷凝器来的$CO_2$混合后一起进入$CO_2$过热器过热后进入$CO_2$压缩机增压，出口的高温$CO_2$气先后经过尾气换热器，凝液换热器降温，再进一步进入$CO_2$冷却器降温至40℃，与脱水塔顶出来的$CO_2$汇合返回提纯塔中循环利用（图5-2）。

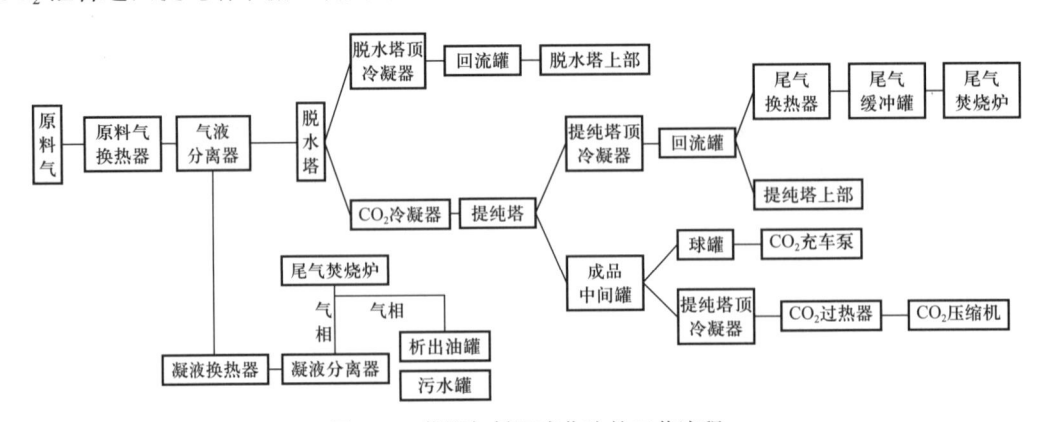

图5-2 蒸馏与低温液化法的工艺流程

（2）工艺流程模拟与优化。

为了更好地优化净化提纯工艺，利用Aspen软件，对蒸馏与低温液化法的工艺进行模拟计算，通过模拟增加了物料循环和热耦合过程，有效地降低了装置能耗（图5-3）。

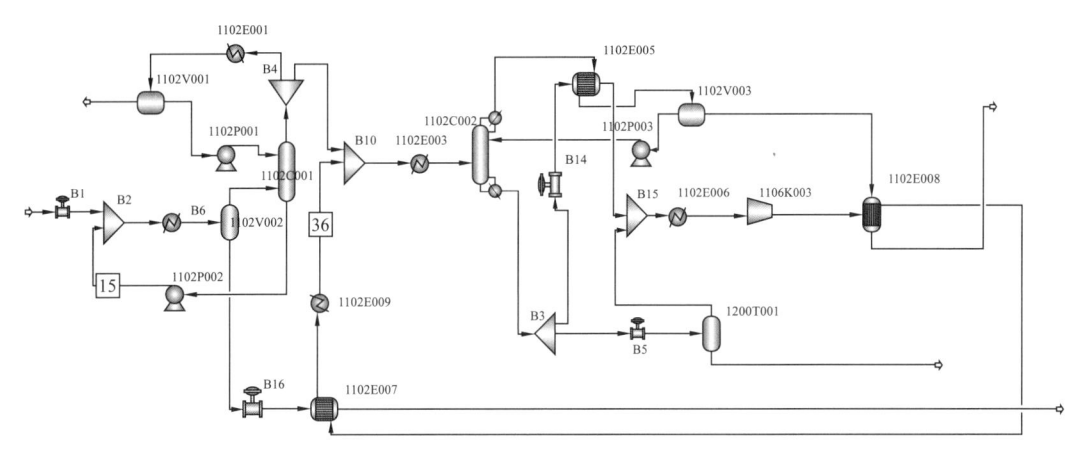

图 5-3 Aspen 软件模拟图

1102C001—脱水塔；1102C002—提纯塔；1102V001—脱水塔顶回流罐；1102V002—气液分离器；1102V003—提纯塔顶回流罐；1102E001—脱水塔顶冷凝器；B6—原料气换热器；1102E003—$CO_2$冷凝器；1102E005—提纯塔顶冷凝器；1102E006—$CO_2$过热器；1102E007—凝液换热器；1102E008—尾气换热器；1102E009—$CO_2$冷却器；1102P001—脱水塔顶回流泵；1102P002—$CO_2$增压泵；1102P003—提纯塔顶回流泵；1106K003—$CO_2$压缩机；1200T001—$CO_2$储罐

模拟输入条件：原料气处理量46500kg/h，进气压力7.2MPa，进气温度20℃，热力学模型为PR状态方程，原料气浓度97.828%，循环水进水温度25℃。

本工艺研究中仅需得到满足驱油要求的液态$CO_2$产品，即$CO_2$体积分数达到99%以上。

① 增加物料循环。

为了节约能源和原材料的使用，降低生产成本。通过循环利用物料，可以减少废物和副产物的产生，并提高产品的回收率和纯度。

为了降低脱水塔底的含油$CO_2$的浪费，通过$CO_2$增压泵送含油$CO_2$至原料换热器入口以回收$CO_2$。将循环前后产品的产量进行对比，循环物料15（图5-4中的线条编号，下同）之后，产品流量可以达到44675.3kg/h，浓度为99.83%。而循环物料15之前，产品流量仅为13299.8kg/h，浓度为96.48%。

为了将储罐中的不凝气$CO_2$循环再利用，通过$CO_2$压缩机将储罐中的闪蒸气打回到精馏塔中循环。将循环前后产品的产量进行对比，循环物料36之后，产品流量可以达到44675.3kg/h，浓度为99.83%。而循环物料36之前，产品流量仅为31915.2kg/h，浓度为99.8%。

总结来说，通过循环物料可以大大增加产品的产量和浓度，从而提高回收率。

② 增加热耦合过程。

在模拟设计过程中，可以通过热耦合技术来实现能量的回收和重复利用。通过将废热回馈到系统中,可以提高产品的回收率和纯度,并减少能源消耗。

为了降低公用工程的使用,一共采用三种热量循环的方式:一是将精馏塔底产品 $CO_2$ 通过降压的方式给精馏塔塔顶冷凝器提供冷量;二是将提纯塔顶排放的不凝气作为冷量给 $CO_2$ 压缩机压缩的气体降温;三是利用气液分离器分离出来的废液为尾气换热器冷却出来的 $CO_2$ 提供冷量,从而使储罐闪蒸气进一步冷却循环到精馏塔中利用。

(3)现场与模拟效果对比。

现场运行结果与模拟优化数据吻合度较高(表 5-2),产品产量稳定达标,$CO_2$ 产品纯度达 99.5% 以上。该产品为船舶电焊制造业和油田 $CO_2$ 驱油压注提供了价廉质优的气源,取得了显著经济效益。

表 5-2 实际运行状况和模拟状态对比

| 参数 | 实际运行状况 | 模拟状态 |
| --- | --- | --- |
| 温度 /℃ | −19.8 | −24 |
| 压力 /MPa | 1.8 | 1.8 |
| 收率 | 0.93 | 0.96 |
| $CO_2$ 浓度 /% | 99.9 | 99.84 |

2. 增压液化法

1)气源条件(化工尾气气源)

南化公司煤制氢与合成氨装置生产过程中产生的副产物 $CO_2$ 都是通过复合胺溶液吸收法将低浓度 $CO_2$ 净化提纯至高浓度 $CO_2$,最后经过低温甲醇洗工艺(图 5-4)将高浓度 $CO_2$ 尾气在再生塔塔顶解吸排放,尾气浓度约为 99.28%,压力为 0.1~0.15MPa,温度为 25℃,尾气气体组分见表 5-3。

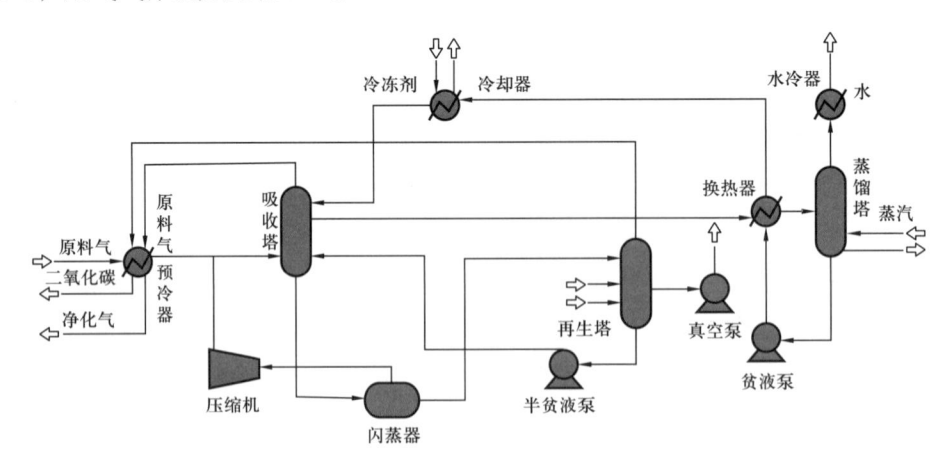

图 5-4 低温甲醇洗工艺流程

根据南化公司煤制氢与合成氨装置产能情况,合成氨装置净化工段产生的高浓度 $CO_2$ 量约 $40 \times 10^4$t/a,煤制氢装置净化工段产生的高浓度 $CO_2$ 量约 $56 \times 10^4$t/a,全年高浓

度 $CO_2$ 排放量高达 $96×10^4 t$，若将其资源化回收利用，将会产生良好的社会效益和经济效益。

表 5-3　$CO_2$ 尾气气体组分组成

| 气体组分 | 体积分数 /% |
| --- | --- |
| $CO_2$ | 99.14 |
| CO | 0.05 |
| $N_2$ | 0.76 |
| $H_2$ | 0.03 |
| $O_2$ | $<100×10^{-6}$ |
| $H_2O$ | $<30×10^{-6}$ |
| $H_2S+COS$ | $<1×10^{-6}$ |

2）高浓度 $CO_2$ 尾气回收工艺

（1）工艺流程。

针对煤制氢/合成氨净化工段放空尾气，采用直接增压液化技术，主要工艺流程（图 5-5）为：$CO_2$ 尾气通过管道输送至压缩机进口，通过两级螺杆机进行压缩，在每一级压缩后均要经过冷却器降温，最终把原料气提压到 2.7MPa。压缩后的 $CO_2$ 气体送入余冷回收器，与经分离器放空气体进行预冷却后进入液化器液化，液化器通过制冷剂蒸发降温，使气体 $CO_2$ 冷凝为液体 $CO_2$，然后进入分离器闪蒸，液体 $CO_2$ 通过管道进入 $CO_2$ 储罐储存。制冷剂采用 R22，通过液化器内液体 R22 的低温蒸发，传递冷量给 $CO_2$ 使之液化，然后把气态 R22 通过制冷压缩机的压缩，经冷凝器水冷后，液相制冷剂 R22 回到储液器，再去液化器蒸发吸热，完成制冷循环。

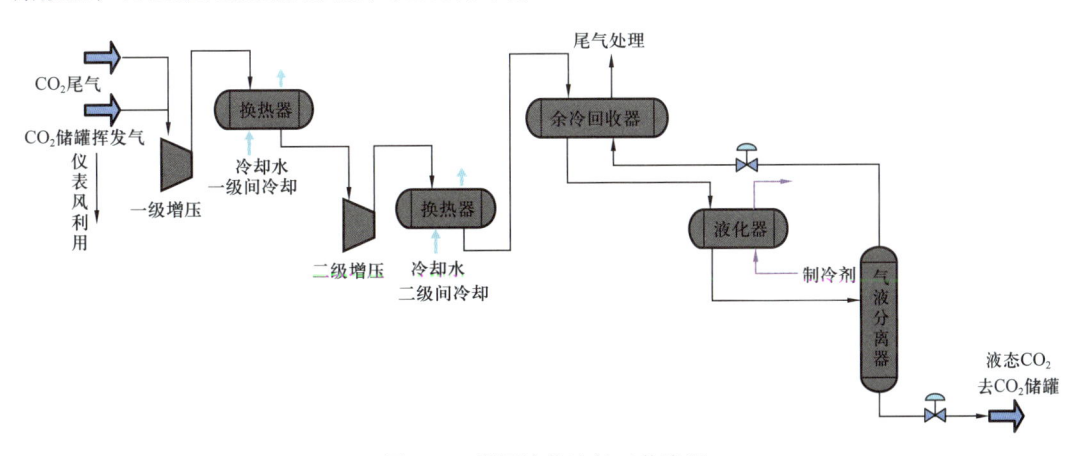

图 5-5　增压液化法的工艺流程

（2）工艺流程模拟与优化。

利用 HYSYS 软件，对增压液化法的工艺进行模拟计算，增加了系统弛放气和富余冷量回收利用优化工艺，有效地降低了生产能耗（图 5-6）。

图 5-6 HYSYS 软件模拟图

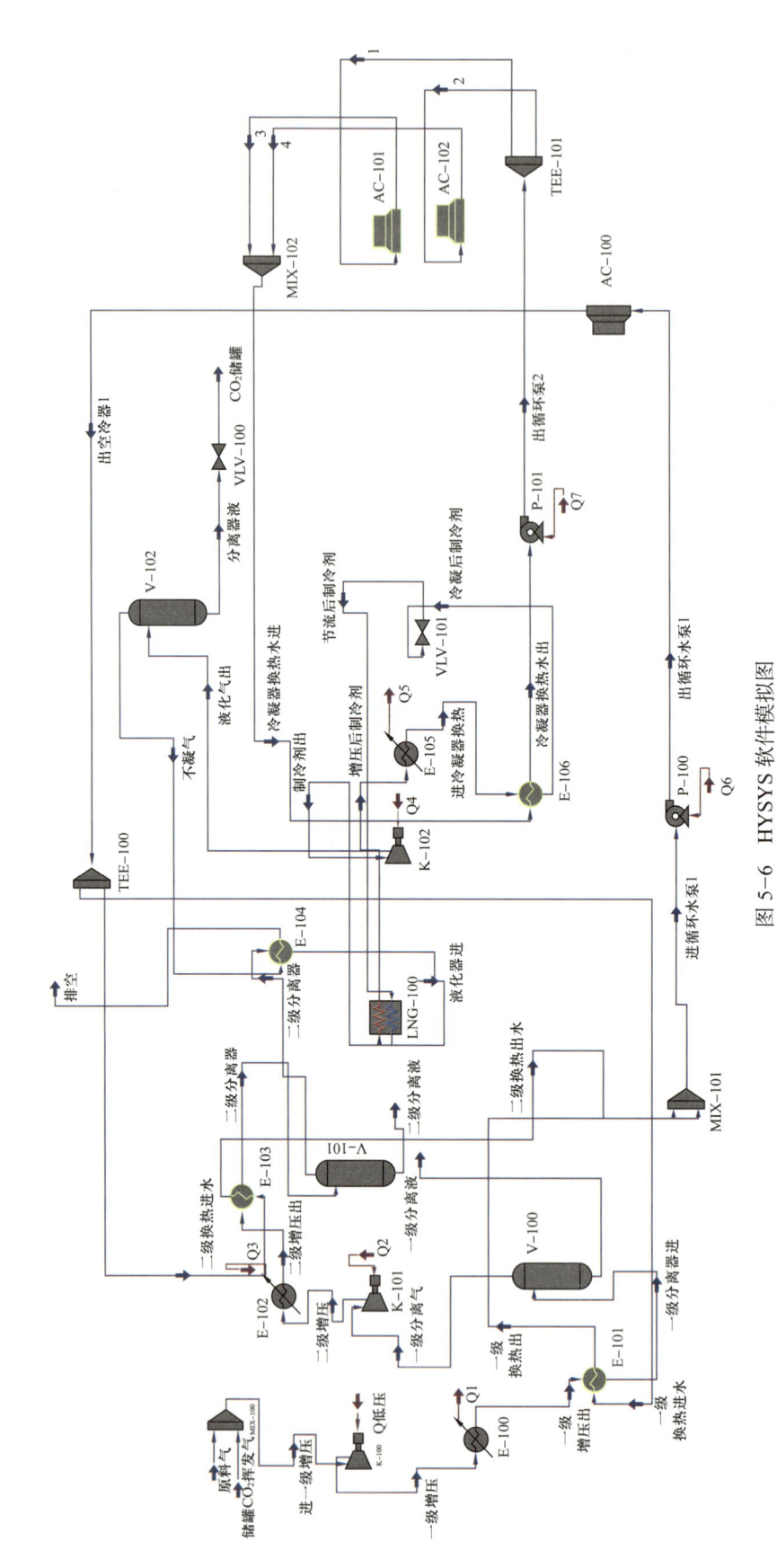

Q—热量；E—换热器；K—压缩机；V—分离器；VLV—控制阀；P—泵；MIX—混合器；AC—空气冷却器；TEE—分离器

- 166 -

模拟输入条件：原料气处理量 4600m³/h，进气压力 0.1MPa，进气温度 25℃，热力学模型为 PR 状态方程，原料气浓度 99.14%，循环水进水温度 25℃。

本工艺研究中仅要得到满足驱油要求的液态 $CO_2$ 产品，即 $CO_2$ 体积分数达到 99% 以上。

① 系统弛放气回收利用。

$CO_2$ 储罐不凝性气体减压后管输至原料气进口，回收利用，变为成品 $CO_2$ 气，既能提高生产效率，又可实现装置废气"零排放"。同时，低温 $CO_2$ 气体通过气动阀自动排送至原料气进口，提高原料气进口压力，原料气入口温度较之前降低 2℃，可以减少压缩机运行能耗近 10%。此外，弛放气也可以用作装置仪表风动力源，节约仪表风系统投资及运行成本。

② 富余冷量回收利用。

在进液化器前，增设余冷回收换热器，充分利用系统提纯后需排放的低温不凝气体冷量，对 $CO_2$ 液化器预冷，可降低 $CO_2$ 温度 2℃，节约制冷功耗 11%。

（3）现场与模拟效果对比。

以 HYSYS 模拟计算和工程设计为基础，建成了一套蒸馏与低温液化法的工艺装置。截至目前，该装置一直保持良好的运行状况，各项工艺参数正常，运行结果与模拟优化数据吻合度良好（表 5-4），产品产量稳定达标，$CO_2$ 产品纯度达 99.5% 以上。

表 5-4 实际运行状况和模拟状态对比

| 参数 | 模拟结果 | 实际运行结果 |
| --- | --- | --- |
| 一级增压压力 /MPa | 0.8 | 0.8~0.9 |
| 二级增压压力 /MPa | 2.5 | 2.3~2.5 |
| 液化温度 /℃ | −24 | −25 |
| 液化器蒸发温度 /℃ | −29 | −30 |
| 产品浓度 /% | 99.9 | 99.7 |

## 第二节 运 输 技 术

$CO_2$ 运输是 $CO_2$ 驱油与封存技术运用中的一个重要环节，当前主要有管道、船舶、公路槽车和铁路槽车四种运输方式。这四种运输方式适用场景各不相同，各具优缺点。具体运输方式的选择需要综合考虑运输起点与终点的位置和距离、$CO_2$ 的运输量、$CO_2$ 品质、$CO_2$ 的温度和压力、运输过程成本以及运输设备等。公路槽车和铁路槽车运输技术相对比较成熟，但因运输量小、成本较高等原因很难被大规模采用；船舶运输适合海上低容量远距离的 $CO_2$ 运输，更加灵活方便，允许不同来源的浓缩 $CO_2$ 以低于管道输送临界尺寸的体积运输，而且能够有效降低运送成本，但受地域限制只适合海洋运输，且长距离运输会增加损耗；管道运输因运输量大、成本较低等原因已经被大规模采用，技术趋于成熟，可以通过提高规模经济、对现有油气管道改造、技术创新和数字化推广等方式降低管道运输成本。在管道运输中，超临界和密相管道运输的单位投资低、杂质影响小、有效运输距离长、长距离压降小，适合于远距离、大输量、人口稀少的情况；气相管道运输对管道材质、$CO_2$杂质和耐压等级等要求较低，安全性高，适合于短距离、低运输量、人口稠密的情况。

# 一、运输过程中$CO_2$相态特征

## 1. $CO_2$物性计算模型

目前的研究中适用于$CO_2$性质计算的状态方程主要有：SRK、PRSV、BWRS以及PR方程等。根据国外已建成$CO_2$长输管道的设计以及运行经验，PR方程计算$CO_2$物性更加普遍，而我国的标准《二氧化碳输送管道工程设计标准》（SH/T 3202—2018）也明确提出PR状态方程适合用于计算$CO_2$物性，且精确度较高，因此推荐采用PR状态方程计算$CO_2$流体的相态及物性，其表达式如下：

$$p = \frac{RT}{V-b} - \frac{a(T)}{V(V+b)+b(V-b)} \quad (5-1)$$

其中：

$$\begin{cases} a(T) = a_c \alpha(T) = 0.04572R^2T_c^2\alpha(T)/p_c \\ \alpha(T) = \left[1+k\left(1-T_r^{0.5}\right)\right]^2 \\ b = 0.07780RT_c/p_c \\ k = 0.37464 + 1.54226\omega - 0.26992\omega^2 \end{cases}$$

式中　$p$——压力，Pa；

$T$——温度，K；

$V$——摩尔体积，$10^{-3}m^3/mol$；

$R$——气体常数，其值为8.3143J/（mol·K）；

$p_c$——临界压力，Pa；

$T_c$——临界温度，K；

$T_r$——对比温度，$T_r=T/T_c$；

$\omega$——偏心因子。

## 2. $CO_2$物性分析（输送条件下）

纯$CO_2$按温度、压力的不同可分为固态、气态、一般液态、密相液态和超临界态，$CO_2$临界点压力为7.38MPa，温度为31.4℃，在临界点处，可实现从液态到气态的连续过渡（图5-7）。相比其他气体（如$NH_3$的临界点为132.4℃，11.29MPa），$CO_2$更容易发生相变。

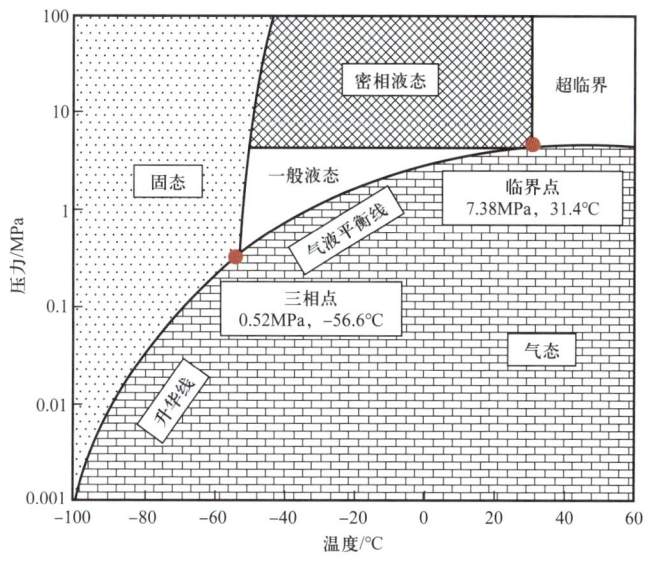

图 5-7 纯 $CO_2$ 相图

（1）$CO_2$ 密度变化规律。

气态 $CO_2$ 密度是液态和超临界态 $CO_2$ 的 1/30～1/20，因此气态 $CO_2$ 不利于 $CO_2$ 大规模的输送；当压力低于临界压力（7.38MPa）时进行等压升温，$CO_2$ 从液相区进入气相区，密度发生跃变；当压力高于临界压力时进行等压升温，$CO_2$ 从密相区进入超临界区，密度变化较为平缓；临界点附近温度和压力发生微小变化时，$CO_2$ 密度会发生显著变化。由 $CO_2$ 密度变化规律可知（图 5-8），对于大规模 $CO_2$ 管道输送，宜采用液态 $CO_2$，管输过程中应控制压力高于临界压力，同时考虑到降低管材投资，管输压力不宜过高。

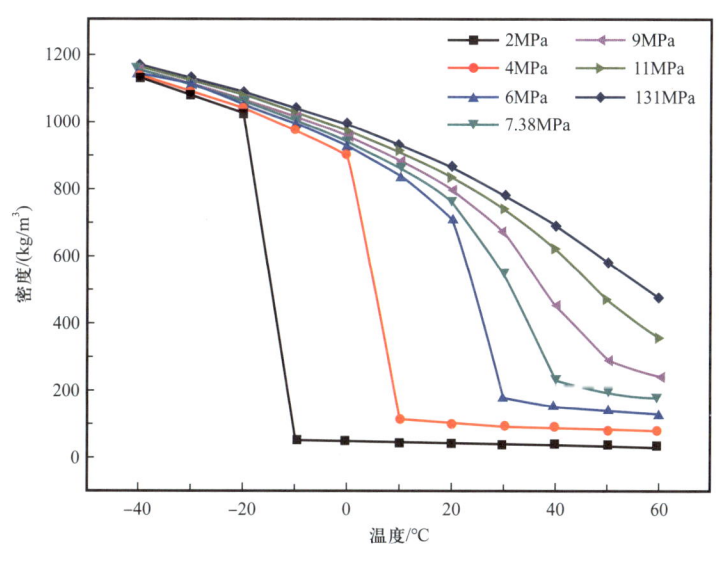

图 5-8 $CO_2$ 密度与温度压力关系曲线

（2）$CO_2$ 黏度变化规律。

液态 $CO_2$ 黏度高于气态和超临界 $CO_2$，超临界 $CO_2$ 黏度接近气态 $CO_2$，因此相对于液态 $CO_2$，超临界 $CO_2$ 输送更有利于减少管输过程能耗，更具有经济性。与密度变化规律相似，当 $CO_2$ 由液态变为气态或处于临界点附近时，黏度会发生跃变，因此管输过程中应避免 $CO_2$ 发生相变或是使 $CO_2$ 处于临界点附近（图 5-9）。

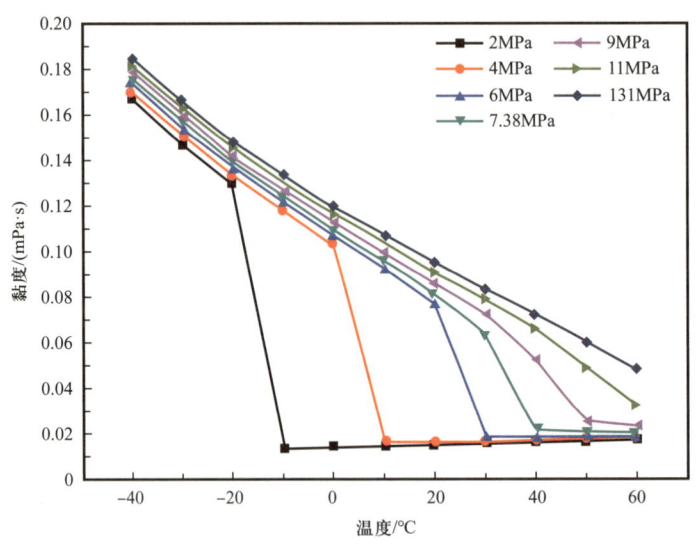

图 5-9　$CO_2$ 黏度与温度压力关系曲线

## 二、运输技术适应性分析及应用情况

目前华东油气田掌握了三项 $CO_2$ 的输送技术，分别为罐车运输、船舶运输和管道运输。从技术层面来讲，这几种输送方式各有利弊，且适用范围也不尽相同。

1. 罐车运输

到目前为止，罐车运输 $CO_2$ 技术相对比较成熟。公路罐车运输主要有干冰块装、低温绝热容器装和非绝热高压瓶装三种运输方式。运输容量为 2～30t，运输压力为 1.7～2.08MPa，温度为 -30～-18℃。公路运输网比较发达，且运输罐车的机动性比较大，随时可以调度、装运，各个环节之间的衔接时间较短，所以公路输送具有灵活、适应性强和方便可靠等优势。但公路运输也有其缺陷：（1）一次性运输量小，且运输费用高；（2）在运输过程中，受气密性等条件的影响，$CO_2$ 不可避免地发生泄漏，根据运输时间和距离的长短，其泄漏量最高可达到 10%；（3）安全性较低，且环境污染比较严重；（4）连续性差，不适合大规模工业系统。目前，华东油气田现有槽车 30 余辆（图 5-10），单位运输成本在 0.85 元/（t·km）。

2. 船舶运输

船舶运输适用于大规模、长距离 $CO_2$ 运输。根据温度和压力参数的不同，$CO_2$ 运输船舶可分为三种类型：低温型、高压型和半冷藏型。低温型船舶是在常压下，通过低温控制使 $CO_2$ 处于液态或固态；高压型船舶是在常温下，通过高压控制使 $CO_2$ 处于液态；半冷藏型船舶是在压力与温度共同作用下使 $CO_2$ 处于液态。现有 $CO_2$ 船舶运输一般采用半冷藏型船，压力为 1.4～1.7MPa，温度 -30～-25℃。通常情况下，$CO_2$ 船舶运输主要

图 5-10 CO$_2$槽车

包括液化、制冷、装载、运输、卸载和返港等几个主要步骤。在某些情况（海上封存、驱油或输送至海外）下，由于受地域影响，船舶运输就成了一种最行之有效的运输方法，不仅使运输更加灵活方便，允许不同来源的浓缩CO$_2$以低于管道输送临界尺寸的体积运输，而且能够有效降低运送成本。但船舶运输同样存在许多缺陷：（1）必须安装中间储存装置和液化装置；（2）在每次装载之前必须干燥处理储存舱；（3）船舶返港检查维修时，必须清理干净储存舱的CO$_2$；（4）地域限制只适合海洋运输。

在运输距离长于150～200km时，利用船舶运输CO$_2$在灵活性上以及成本上比管道运输具有竞争性。基于华东油气田具有地处水网密集、近海CO$_2$捕集等优势，目前华东油气田现有槽船20余艘（图5-11），单位运输成本在0.65元/（t·km）。

图 5-11 CO$_2$槽船

3. 管道运输

目前，管道输送技术比较成熟，自1972年Canyon Reef Carriers（CRC）公司第一条CO$_2$输送管道建成投产以来，国外已有50多年的CO$_2$输送经验。

目前世界上 $CO_2$ 管道长度约 6000km，总输量约 $150\times10^6$t/a，其中大部分管道位于美国，总输量约 $50\times10^6$t/a，剩余管道主要位于挪威、加拿大和土耳其。目前最长的 $CO_2$ 管道是美国的 Cortez 管道，管道长度为 808km，管径为 762mm，管输压力为 13.8MPa，输量约 $19\times10^6$t/a。世界上第一条海底 $CO_2$ 管道是挪威的 Snohvit 管道，管长 150km，输量约 $17\times10^4$t/a，该管道用于将岸上液化天然气（LNG）厂生产的 $CO_2$ 注入油田地层（表 5-5）。

表 5-5 世界主要 $CO_2$ 长输管道相关数据

| 管道 | 地点 | 运行者 | $CO_2$ 输量/$10^6$t/a | 长度/km | 完成时间 | $CO_2$ 来源 | 输送状态 |
| --- | --- | --- | --- | --- | --- | --- | --- |
| Cortez | 美国 | Kinder Morgan | 19.3 | 808 | 1984 年 | 天然气田 | 超临界 |
| Sheep Mountain | 美国 | BP AMOCO 美国石油公司 | 9.5 | 660 | — | 天然气田 | 超临界 |
| Bravo | 美国 | BP AMOCO 美国石油公司 | 7.3 | 350 | 1984 年 | 天然气田 | 超临界 |
| Canyon Reef Carriers | 美国 | Kinder Morgan | 5.2 | 225 | 1972 年 | 气化厂 | 超临界 |
| Val Verde | 美国 | Petrosource | 2.5 | 130 | 1998 年 | 气化厂 | 超临界 |

与国外 $CO_2$ 管输技术相比，我国在 $CO_2$ 驱油与封存技术上起步较晚，国内的 $CO_2$ 管道主要属于油田内部集输管道，以气态或液态形式将 $CO_2$ 管输至井场用于 EOR 驱油。例如江苏油田建设了 4.7km 的液态 $CO_2$ 管道；吉林油田建设了 8km 的气态 $CO_2$ 管道；大庆油田的 $CO_2$-EOR 先导性试验，将大庆炼油厂的 $CO_2$ 低压输至试验井场，再加压注入地层，管道总长 6.5km。

目前 $CO_2$ 管道运输主要包括气相输送、液相输送、密相输送、超临界输送四种输送工艺，华东油气田现有 $CO_2$ 输送管线三条，分别为黄桥气田中压混相 $CO_2$ 输送管线、草舍油田高压密相 $CO_2$ 输送管线和台兴油田高压密相 $CO_2$ 输送管线，单位运输成本在 0.35 元/（t·km）。

1）黄桥气田中压混相 $CO_2$ 输送管线

黄桥中压混相 $CO_2$ 输送管线总长 19.6km，可满足 5 口井产气输送，尺寸为 $\Phi$133mm×8mm、$\Phi$89mm×6.5mm，平均输送压力为 6.0~7.0MPa，输送温度为 15~20℃，设计输送量 1400t/d。该管线已安全运行二十余年。

2）草舍油田高压密相 $CO_2$ 输送管线

草舍油田高压密相 $CO_2$ 输送管线总长 5km，可满足 12 口井注气作业，尺寸为 $\Phi$108mm×16mm、$\Phi$89mm×14mm、$\Phi$60mm×10mm，平均输送压力为 27.5MPa，输送温度为 10~20℃，设计输送量 260t/d。该管线于 2011 年投运，累计输送 $CO_2$ $39.2\times10^4$t。

3）台兴油田高压密相 $CO_2$ 输送管线

台兴油田高压密相 $CO_2$ 输送管线总长 19km，可满足 8 口井注气作业，尺寸为 $\Phi$108mm×16mm、$\Phi$89mm×14mm、$\Phi$60mm×10mm；平均输送压力为 27.5MPa，输送

温度为 -12℃，属于高压密相输送管线，设计输送量 180t/d。该管线于 2014 年投运，累计输送 $CO_2$ $21 \times 10^4$t。

# 第三节　注采及监测技术

## 一、$CO_2$ 注入技术

$CO_2$ 驱油注气管柱是 $CO_2$ 进入地层的通道，是保证 $CO_2$ 驱油能够成功完成的重要因素之一。华东油气田主要试验应用了三种注气管柱，均为笼统注气方式，分别为：插管桥塞式注气管柱、机械锚定式注气管柱和二次压缩防返吐注气管柱，进行了矿场试验，取得了一定的应用效果。其中二次压缩防返吐式注气管柱为主要使用的管柱，可较好地满足华东油气田的注气需要。

### 1. 插管桥塞式注气工艺

插管桥塞式注气工艺是通过下入 Y455 型注气插管桥塞，在注气层上部丢手坐封后，再下入注气插管、洗井阀等构成的注气管柱，注气插管（图 5-12）插入 Y455 型注气插管桥塞，从而实现密封油套环形空间、达到保护套管等目的。管柱橡胶密封件采用氢化丁腈橡胶，相较普通丁腈橡胶具有更强的耐 $CO_2$ 腐蚀和抗气爆能力。后期进行检管施工时，能够通过打开洗井阀进行压井作业。Y455 型注气插管桥塞密封性较 Y221 型注气封隔器更为可靠。

管柱结构：喇叭口 +Y455 型注气插管桥塞 + 注气插管 + 洗井阀 + 气密封油管至井口。

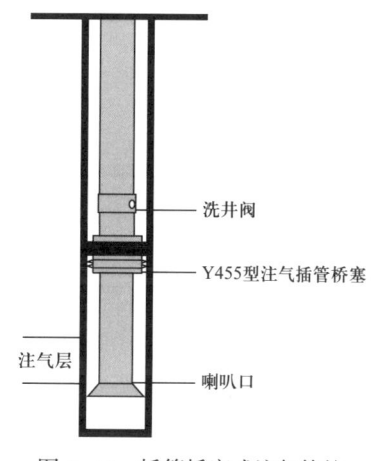

图 5-12　插管桥塞式注气管柱

插管桥塞式注气管柱进行了矿场应用，基本能够满足低压注气的需要。试验井累计注气量超过 5000t，注气管柱仍保持较好气密封性，保持套压为 0。

该型注气管柱设计简单可靠，井下工具成本较低，具有较好的经济适用性。综合分析认为，插管桥塞式注气管柱在经过相关改进措施后，可在注气压力较低的注气井中进行推广使用。

### 2. 机械锚定式注气工艺

机械锚定式注气工艺（图 5-13）是通过下入 Y221 型注气封隔器管串，封隔注气井上部的油套环形空间，达到保护套管等目的。井下工具橡胶密封件采用丁腈橡

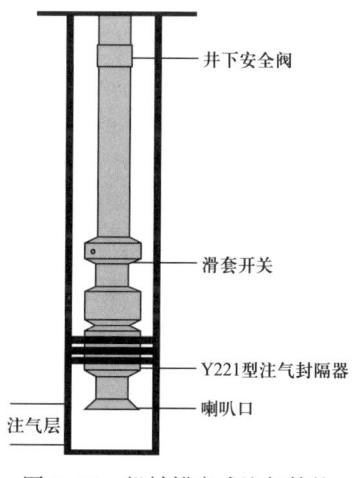

图 5-13　机械锚定式注气管柱

胶，具有一定的耐高温、耐高压和耐腐蚀性。后期施工需要动管柱时，能够通过打开滑套进行循环压井。设计的井下安全阀使注气管柱具备了防返吐功能，提高了管柱整体安全性。

管柱结构：喇叭口+Y221型注气封隔器+油管锚+滑套开关+气密封油管至井口。

机械锚定式注气管柱先后在T12井、C1-10井和Z3井等20口井中使用，具有管柱结构简单、施工作业成本较低等优点，各项设计指标基本达到设计要求，基本能够满足常规笼统注气的需要。

### 3. 二次压缩防返吐式注气工艺

二次压缩防返吐注气工艺采用新型Y445型注气封隔器，坐封过程主要包括液压坐封和管柱加压坐封两个步骤。在结构设计中，引入了二次加载持续压缩胶筒的设计，增加了管柱重量加载持续压缩胶筒功能，以保持胶筒与套管内壁的接触应力。封隔器双向卡瓦设计使管柱具备双向锚定功能，能够防止管柱因温度与压力变化发生蠕动。多功能注气阀可防注入气返吐，减少了后期施工成本并缩短了施工周期。选取氢化丁腈橡胶作为封隔器胶筒主材料。

二次压缩防返吐式注气管柱结构（图5-14）：多功能注气阀+Y445型注气封隔器+滑套+气密封油管至井口。

二次压缩防返吐注气管柱已在现场试验30余井次，其采用简化设计，工具数量少，性能稳定，气密封性较好，适用于高压差注气井，应用效果较好。

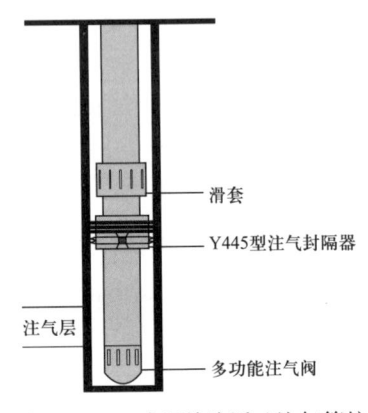

图5-14 二次压缩防返吐注气管柱

### 4. 同心双管分层注气技术

同心双管分层注气管柱（图5-15）有两条注气通道，通过外管柱和内管柱环形空间对上部层位注气，内管柱对下部层位注气。同心双管分层注气管柱主要由注气外管柱、注气内管柱、注气封隔器、注气阀、注气丢手接头和分注器等构成。注气丢手接头的使用和Y445型注气封隔器丢手机构的设计，使同心双管分层注气管柱具备了较好的丢手性能，能够满足后期施工不同工况对丢手作业的要求。

注气外管柱从下至上由多功能注气阀+Y441型注气封隔器+注气丢手接头+分注器+Y445型注气封隔器+外管滑套+$\phi$73.02mm气密封油管组成。注气内管柱从下至上由内插管+中心管+内管滑套+$\phi$36mm空心杆组成。

同心双管分层注气管柱中，分注器起枢纽作用，将内外管来气分别输送到不同的层位，在外管下入完毕后，再下入内管，最终通过插入密封机构完成内外管连接。分注器设置有侧流道和中心流道，在径向上，外壳和密封外管之间形成侧流道，密封内插管和密封外管轴向芯部共同构成中心流道。多功能注气阀的使用使注气管柱具备了防返吐的功能。当注气井停注时，井底流体使球压紧球座，无法返流至油管内，实现了注气管柱的安全控制。

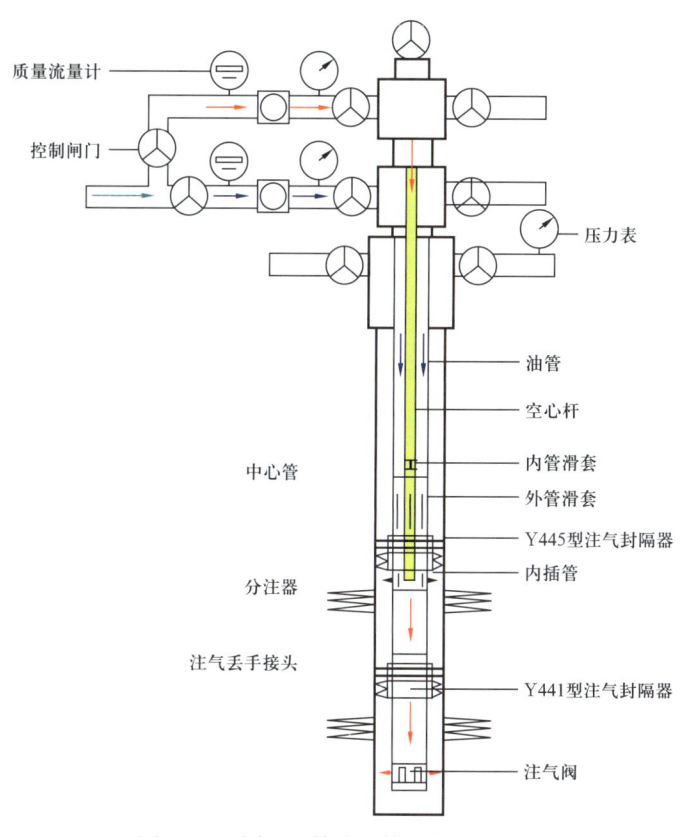

图 5-15 同心双管分层管柱结构示意图

在草舍油田 CZ1 井现场应用了 $CO_2$ 驱油同心双管分层注气技术。依照地质方案，分为上下两套注入层系，上层深 3087.4～3104m，下层深 3112～3132m；配注量分别是：上层 20t/d，下层 10t/d。通过调整地面控制闸门，控制注气内外管柱注入量，从而调节分层注入量，各项指标均达到了设计要求，实现了分层注气，满足地质分层配注要求。

## 二、地面采油设备及集输技术

采油井经过 $CO_2$ 驱作业措施后，相对应的受效井见效，生产将面临三大难题：一是受效后生产初期，井口压力高会存在井控风险，同时产出物富含 $CO_2$，面临腐蚀风险；二是产出物气液比高，无法适用常规油集输生产所铺设的管网；三是产出物高含 $CO_2$ 气，直接排放则会造成大气污染。因此 $CO_2$ 驱受效井生产集输工艺与常规油井生产集输工艺有所不同。

### 1. 采油井井控及集输工艺流程

受效后生产初期，井口压力高，需要在井口安装油嘴套节流放喷生产，产出物高含 $CO_2$，节流降压 $CO_2$ 气化，相态发生变化，吸收大量的热量，温度降低至零摄氏度以下，

甚至低至 −40℃，极易造成管线冻堵；通过加热炉及循环伴热系统对产液进行加温，利用气液分离器进行气液两相分离，液相通过管输至中转站或联合站处理；气相进入气体缓冲罐通过管输至 $CO_2$ 回收系统，回收后再利用（图 5-16）。

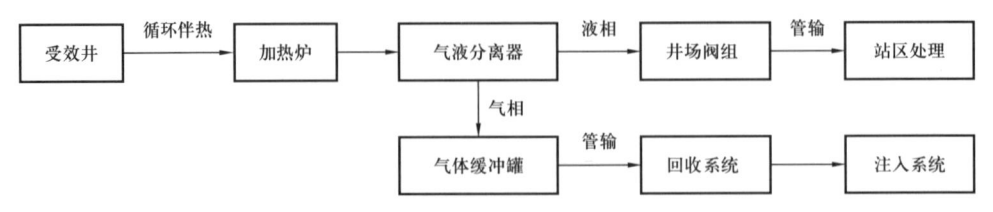

图 5-16 $CO_2$ 驱受效井生产集输工艺流程

除了安装油嘴套外，注气受效的采油井采用井口安装抽油杆防喷器方法，有效满足油管井控要求。套管井控分为两种情况：对于套管气量大到足以携带井筒液的油井，套管出口接入到流程或单罐生产；对于套管气量较小的油井，正常生产时则将套管关闭，并实行定期泄压制度。

**2. $CO_2$ 驱采油井和集输工艺防腐措施**

控制 $CO_2$ 腐蚀的措施主要分为两大类：一是选用耐蚀材料，包括耐蚀本体材料（包括金属材料和非金属材料）和防腐涂层等；二是改变所处的环境使其腐蚀程度降低，主要为化学药剂防护等。

缓蚀剂防腐技术。目前应用于油气井的缓蚀剂主要有：咪唑啉类、胺类（包括胺、亚胺、季胺、酰胺等）、有机磷酸盐类、吗啉类、炔醇类、硫脲及其衍生物类等。其中咪唑啉及其衍生物用量最大。这是由于咪唑啉类缓蚀剂具有无刺激性气味、毒性低、热稳定性好等优点，且不存在相容性及挥发性问题，通过加成不同官能团可使其具有缓蚀兼阻垢杀菌作用，其用量约占缓蚀剂总用量的 90%。经过室内评价，筛选出咪唑啉类 KD-43 作为 $CO_2$ 缓蚀剂，现场使用浓度为 150~300mg/L，在套管内滴一定浓度的 $CO_2$ 缓蚀剂，通过其分子上极性基团的物理吸附作用或化学吸附作用，吸附在套管内壁和管柱表面，改变了金属表面的电荷状态和界面性质，使金属表面的能量状态趋于稳定化，从而增加腐蚀反应的活化能，使腐蚀速度减慢。

材质防腐技术。金属的成分是决定 $CO_2$ 腐蚀速率的重要因素之一，因此可以向碳钢添加少量的合金元素使以提高耐蚀性。当腐蚀速率受反应剂在腐蚀产物膜内的迁移速度控制时，添加不同的合金元素可使金属表面膜具有不同的保护性能。钢的显微组织对腐蚀膜的形成和保护性能也具有重要的影响。Cr 是提高钢在湿 $CO_2$ 环境里的耐蚀性的最常用的添加元素。经济性是实际应用中选择钢材的一个重要指标。在降低成本的条件下，达到一定的抗蚀效果，根据室内试验和现场使用经验，3Cr 油管具有良好的抗腐蚀能力。针对添加不方便或不能添加缓蚀剂的油气井，可采用 3Cr 油管生产。

（1）井下防腐措施。综上描述，采油井防腐采取化学防腐（$CO_2$ 缓蚀剂）与材质防腐相结合的形式。针对机抽井抽油泵易腐蚀的问题，对阀球、阀座等关键部件采用硬质合金及对泵筒和柱塞喷焊镍基合金进行防腐处理，同时泵下可添加牺牲阳极保护短节，对抽油泵进行防腐。管柱上可设置腐蚀挂片，对管柱腐蚀情况进行监测。井下工具主要钢体采用30Cr13不锈钢制造，使用具备防腐能力的氢化丁腈橡胶，作为橡胶密封制品的基料。

（2）集输防腐措施。$CO_2$驱油作业后，油井放喷产出的$CO_2$进入了集输管线和地面设施内，对管线和设施造成一定的腐蚀，严重缩短了管网和设施的使用寿命。为了减缓腐蚀速度及降低腐蚀风险，将对地面集输工艺管线进行大规模改造。具体措施包括：采用玻璃钢管材质替换现有管线，并将三相分离器等设备更换为双相不锈钢材质。

### 三、$CO_2$动态监测技术

油藏动态监测技术是我们认识油藏、掌握油藏内流体渗流动态、采油井和各类注入井的井下储层变化情况而要系统录取各项资料所采取的措施和手段。是分析油田开发效果，制定调整控制措施的依据，是油藏管理的一项基础工作。与水驱油藏动态监测相比，$CO_2$驱手段更丰富，除了了解油藏注气、驱油情况的常规、特殊监测项目外，还有封存及泄漏监测，$CO_2$驱封存泄漏监测包括"地下水、土壤、大气环境"监测。

经过多年的$CO_2$注气开发，华东油气田注气监测技术不断发展完善，已形成一套较为全面的注气开发系统的监测技术体系，基本满足注气开发地质要求。注气主要监测技术包括以下几大项：

1. 常规监测项目

（1）注入井注入参数（每天井口注入量、注入压力、注入温度等）的监测。

（2）采油井参数：日产油量、日产气量、日产水量、含水率、气油比、井口压力、井口温度、示功图等的监测，每月动液面监测（特殊情况对动液面加密监测）。

（3）产出流体分析：注气前进行原油、地层水、气体组分全分析，并将其作为背景值。注气后对原油、地层水及采出气进行定期取样分析对比。通过注气前后气体产量及浓度连续监测对比，可确定$CO_2$突破时间、推进速度及方向。根据原油物性，如原油黏度、密度、颜色等变化，可间接判断$CO_2$与原油的混相情况。水组分中钙、镁离子浓度变化可判断地层是否发生碳酸盐结垢堵塞，pH值大小可用来判断产出水的酸碱程度。草舍油田泰州组、阜三段，台南油田阜三段，张家垛油田阜三段等注气开发区块均按开发要求及时进行了产出流体分析（图5-17、图5-18）。

2. 特殊项目监测

1）试井

确定工作区压力是否保持在最低混相压力以上，地层压力水平是判断$CO_2$与原油混相程度的主要指标之一，地层的压力水平高低决定$CO_2$溶解度，从而可判断$CO_2$与原油混相程度。另外试井可确定地层的渗透率、流动系数变化情况及生产井井底是否发生污染情况（采油井气窜严重，井底温度压力下降，导致结垢）。干扰试井可确定注采井间连通情况，为优化注入井提供依据。如草舍油田泰州组油藏草21、草22B、草23、草35、草36、草41等井投产前均进行油藏静压测试，草15井采油井关井测压。

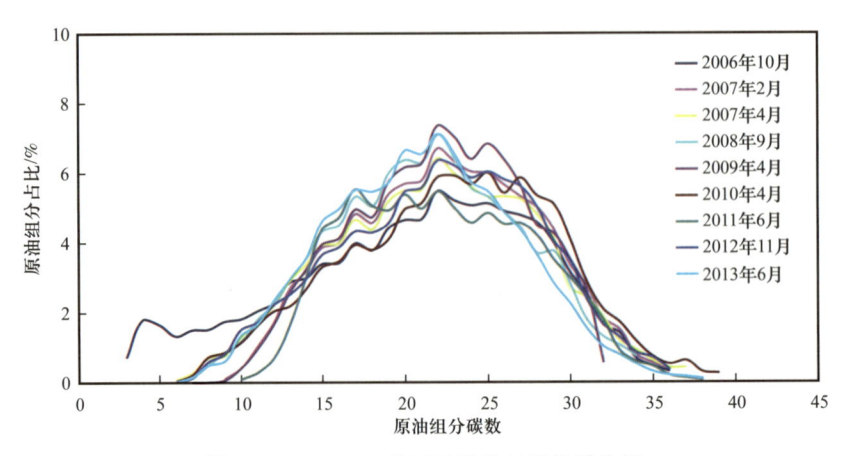

图 5-17 QK-26井原油组分气相色谱分析

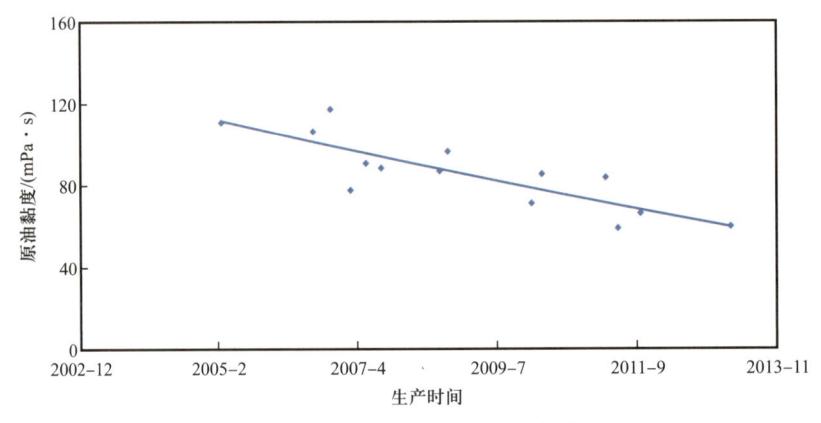

图 5-18 QK-26井原油黏度变化曲线

2）观察井

观察井分两类，一类是定期监测观察井压力水平，从而了解地层压力水平，要求观察井能大致反映油藏的主体压力水平，一般要求位于油藏物性相对较好区域。如草舍油田泰州组油藏草12井气窜后关井，2008—2010年开展定期压力测试，了解草12断块压力水平变化；草24井高含水关井，2007年12月至2010年12月作为观察井；苏50井气窜后关井，作为观察井，定期测压了解苏50井周边油藏压力水平。

另一类是取心观察井，通过观察井能探测溶剂突破和示踪剂突破情况及注气的驱油效率等。如草舍油田泰州组油藏草41井调整井，2012年12月密闭取心71.89m，实际获心长度63.38m，经分析岩心样品，平均油饱和度39.85%，平均驱油效率36.4%，底块砂岩顶部Ⅱ油组基本高水淹，底块砂岩下部剩余油富集（表5-6，图5-19），根据监测结果，从下到上开采潜力层，初期日产油7.93t，含水率32%，累计产油1706.3t。

表 5-6  草 41 井取心出筒数据

| 筒次 | 层位 | 井段 /m | 进尺 /m | 心长 /m | 收获率 /% | 油砂长 /m | 油浸 /m | 油斑 /m | 油迹 /m | 出筒时间 |
|---|---|---|---|---|---|---|---|---|---|---|
| 1 | 泰州组 | 3009.01～3016.86 | 7.85 | 7.85 | 100.0 | 7.13 | 7.13 | 0 | 0 | 2012 年 12 月 6 日 |
| 2 | 泰州组 | 3016.86～3024.6 | 7.74 | 0.3 | 4 | 0.3 | 0.3 | 0 | 0 | 2012 年 12 月 7 日 |
| 3 | 泰州组 | 3024.6～3029.87 | 5.27 | 5.27 | 100.0 | 4.44 | 4.44 | 0 | 0 | 2012 年 12 月 9 日 |
| 4 | 泰州组 | 3029.87～3037.8 | 7.93 | 7.93 | 100.0 | 7.59 | 7.59 | 0 | 0 | 2012 年 12 月 9 日 |
| 5 | 泰州组 | 3037.8～3042.92 | 5.12 | 4.05 | 79 | 3.24 | 3.24 | 0 | 0 | 2012 年 12 月 10 日 |
| 6 | 泰州组 | 3042.92～3050.65 | 7.73 | 7.73 | 100 | 5.07 | 5.07 | 0 | 0 | 2012 年 12 月 11 日 |
| 7 | 泰州组 | 3050.65～3058.65 | 7.9 | 7.9 | 100.0 | 1.81 | 1.81 | 0 | 0 | 2012 年 12 月 12 日 |
| 8 | 泰州组 | 3058.65～3065.96 | 7.41 | 7.41 | 100.0 | 5.2 | 5.2 | 0 | 0 | 2012 年 12 月 13 日 |
| 9 | 泰州组 | 3065.96～3073.96 | 7.4 | 7.4 | 100.0 | 3.62 | 3.62 | 0 | 0 | 2012 年 12 月 14 日 |
| 10 | 泰州组 | 3073.96～3080.9 | 7.54 | 7.54 | 100.0 | 7.31 | 7.31 | 0 | 0 | 2012 年 12 月 15 日 |
| 合计 | 泰州组 | 3009.01～3080.9 | 71.89 | 63.38 | 88.2 | 45.71 | 45.71 | 0 | 0 | |

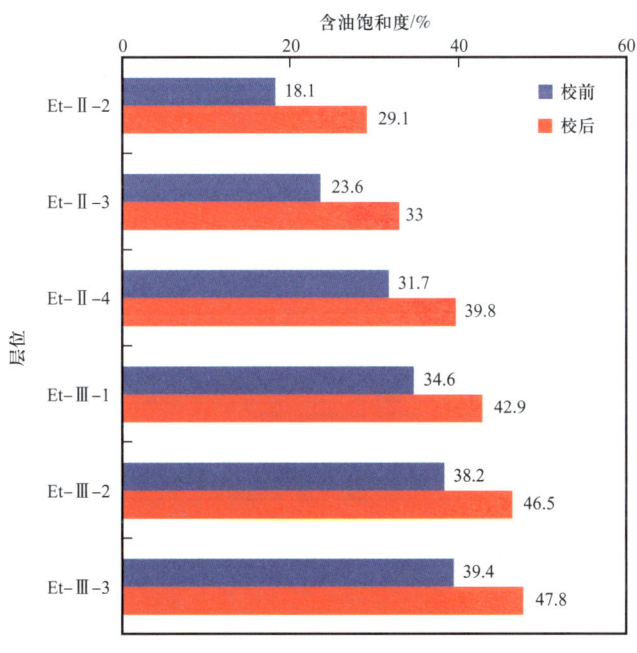

图 5-19  草 41 井取心井剩余油分布

3）示踪剂

注气前根据地层背景值，选择合适的示踪剂，确定注采井间连通性、井间相对渗透率，从而为选择注气井、注气速度、注气井调剖提供依据。

2005年4月4日在QK-24井组进行注示踪剂试验，注入井为QK-24井，示踪剂为NH₄SCN溶液40m³，浓度为10%。在其周围的6口生产井进行检测，35天后，于5月9日在草18井首先检测到示踪剂，初始浓度为4.89mg/L，55天后升至39.5mg/L，6月28日最高浓度达到56.88mg/L，而同时周边其余5口井均未检测到示踪剂。采用示踪剂解释软件进行拟合解释，解释结果认为QK-24井与草18井之间储层纵向上存在三个高渗层，与油藏地质特征及注气前开采特征基本吻合，因此决定对QK-24井暂缓注气，优先对低渗区草8、草21、草23等井注气。

4）吸入剖面测井

根据不同注入井，采用同位素、温度、脉冲中子氧活化、井下涡轮流量计等测井技术，定期定井测定吸入剖面，根据吸入剖面对比，确定砂层动用情况，如草舍油田泰州组QK-24井吸气剖面与注水时吸水剖面相比，吸气剖面大大改善，下砂组开始吸气，吸入量增加近50%，动用程度明显提高（图5-20）。另外根据测量结果确定哪些砂层需要采取剖面控制措施（根据吸入剖面，进行分层注入，减少吸入较高层的配注量，根据产液剖面对采油井高含水层进行封堵等）。目前各注气区块生产测井已经常态化，按照相应区块注气监测方案进行，特殊情况进行加密监测。

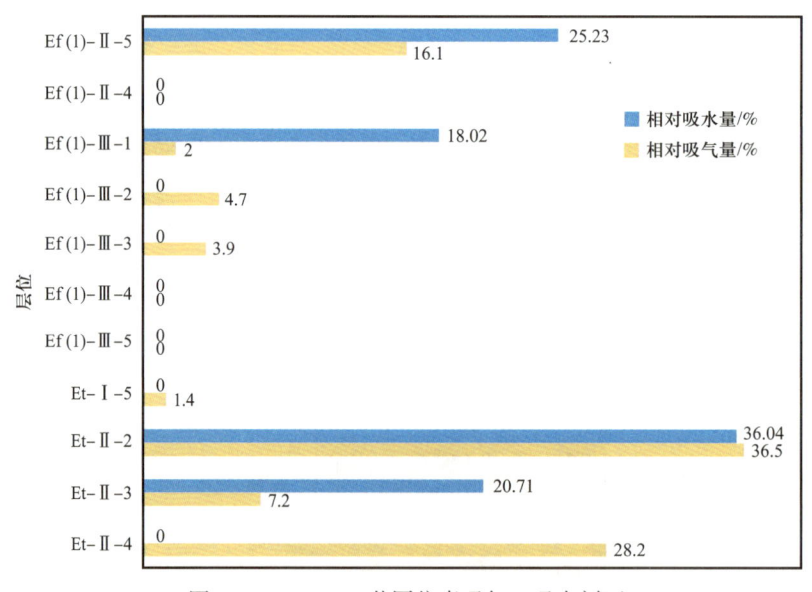

图5-20 QK-24井同位素吸气、吸水剖面

5）产液剖面测井

主要用途包括三个方面：一是确定油井各目的层产液结构（油、气、水相对产量与绝对产量）；二是识别高产水层（为堵水提供依据）；三是识别潜力层（为进一步措施提供依据）。注气区块根据需要开展了QK-26井、苏195井、草18井、张3-3HF井多口井产液剖面监测，为提高单井产量开展措施提供了依据。图5-21是苏195井产液剖面测井图，该井产液主要集中在下部Et8$^{2-6}$，其余层几乎不出液。

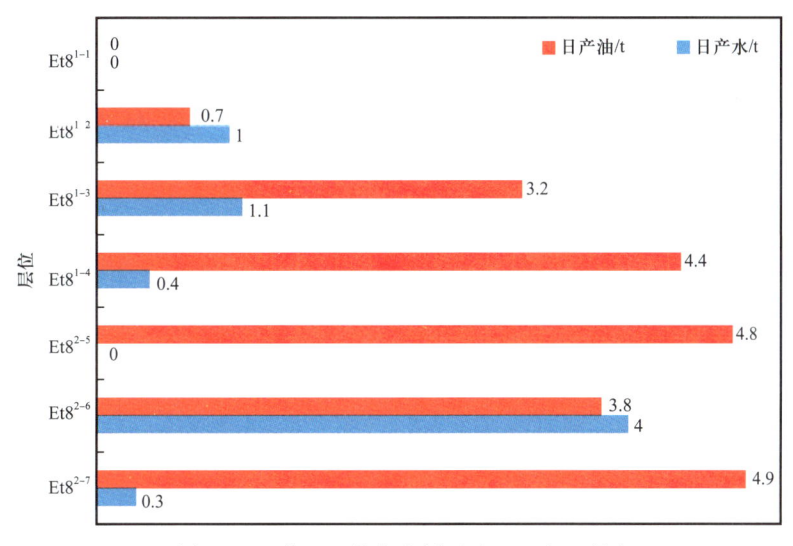

图 5-21　苏 195 井产液剖面（2012 年 4 月）

6）剩余油饱和度监测

对注气（水）开发高含水油田先后进行了 RMT 测井（适用于各种矿化度油藏，测井速度快）、中子寿命测井（适用于高矿化度油藏）、注硼中子寿命测井（适用于低孔隙度、低矿化度油藏）、脉冲中子全能谱测井（多功能测井）。近年来，针对高含水、高矿化度油藏，长期注气开发的油藏，储层存在游离的 $CO_2$ 气体，开展了脉冲中子—中子测井（PNN）剩余油监测。PNN 测井技术在矿化度大于 5000mg/L 的条件下，是一种既能识别水淹，又能定性识别 $CO_2$ 气淹的测井技术。图 5-22 是苏 195 井 RMT 测井，图 5-23 是草 31 井 PNN 测井。

7）$CO_2$ 驱前缘监测

国内有三种主要前缘技术，即地面电位法井间监测技术、倾斜仪裂缝诊断技术、地面微地震监测技术。主要采用地面电位法井间监测技术，根据不同时间段监测结果可确定注入气平面推进方向及速度。

2020 年 7 月至 8 月在草舍油田草 41 井泰州组油藏开展电位法监测 $CO_2$ 气驱前缘，进行了 $CO_2$ 注气前缘监测及推进速度计算：在日注气 25t 条件下，气体推进速度为 1.43m/d；日注气 50t 条件下，气体推进速度为 1.81m/d，推进主方向是渗透性较高的高渗带草 5 井、草 43 井、草 18 井等井，监测结果与实际生产监测气量及 $CO_2$ 浓度基本相符。

8）腐蚀及无机盐沉淀监测

通过泵上下不同深度挂片试验，定期取出称重，确定腐蚀速率，验证防腐措施可否满足开采工艺要求。如 2011 年 3 月 21 日对苏 195 井 1000m 及 1800m 深度分别在油套环空和油管内放置不同材质（3Cr、9Cr、N80）的挂片，2011 年 11 月 15 日取出，共计 240 天。经分析不同深度、不同材质油套环空腐蚀速率 0.0000mm/a，属于完全耐蚀类别，耐蚀等级 1 级；油管内最大腐蚀速率 0.0014mm/a，属于极耐蚀类别，耐蚀等级 2 级。说明苏 195 井腐蚀措施完全满足防腐蚀要求（表 5-7，图 5-24，图 5-25）。

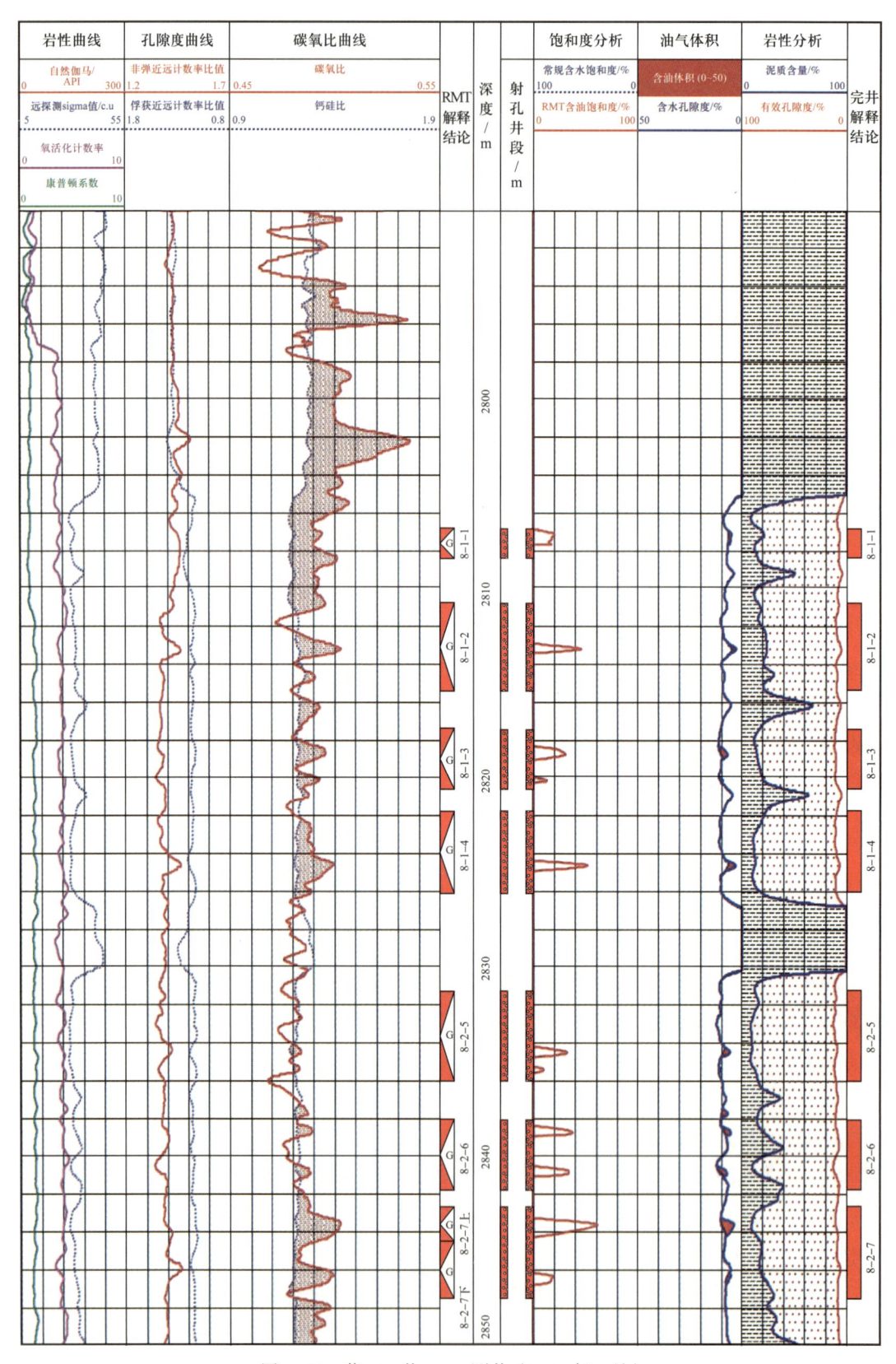

图 5-22 苏 195 井 RMT 测井（2020 年 5 月）

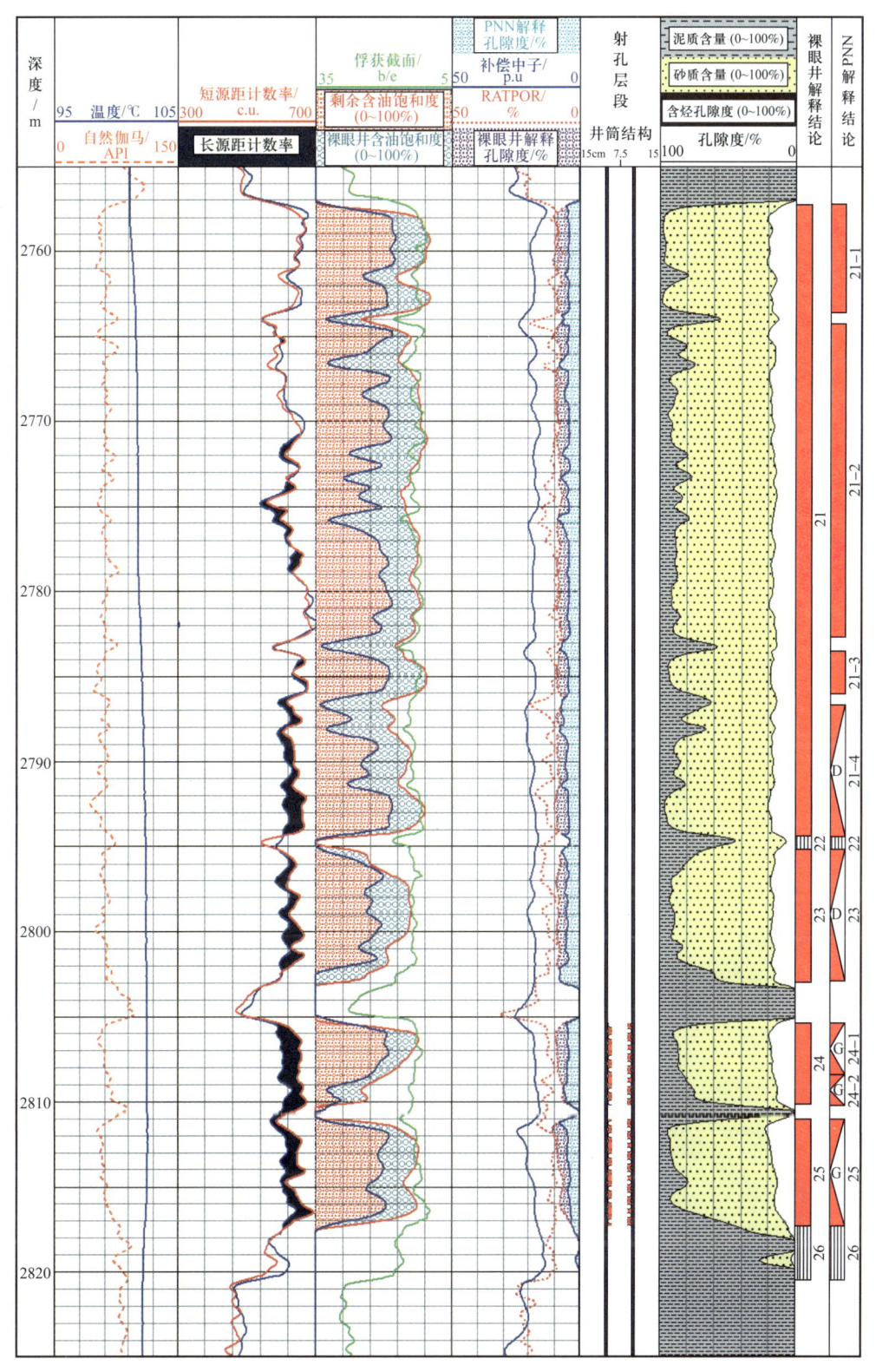

图 5-23 草 31 井 PNN 测井（2019 年 9 月）

表 5-7 苏 195 井油管挂环腐蚀检测结果

| 序号 | 挂环编号 | 挂环材质 | 挂环直径 / mm | 挂环井深 / m | 安装位置 | 腐蚀速率 / mm/a | 平均腐蚀速率 / mm/a |
|---|---|---|---|---|---|---|---|
| 1 | 233 | 3Cr | 62.03 | 1800 | 油套环空 | 0.0000 | 0.0000 |
| 2 | 236 | 9Cr | 61.77 | 1800 | 油套环空 | 0.0000 | |
| 3 | 237 | N80 | 61.85 | 1800 | 油套环空 | 0.0000 | |
| 4 | 104 | N80 | 93.17 | 1800 | 油管内井筒 | 0.0010 | 0.0014 |
| 5 | 144 | 9Cr | 92.02 | 1800 | 油管内井筒 | 0.0021 | |
| 6 | 156 | 3Cr | 91.72 | 1800 | 油管内井筒 | 0.0009 | |
| 7 | 228 | 9Cr | 61.52 | 1000 | 油套环空 | 0.0000 | 0.0000 |
| 8 | 235 | N80 | 62.20 | 1000 | 油套环空 | 0.0000 | |
| 9 | 270 | 3Cr | 62.18 | 1000 | 油套环空 | 0.0000 | |
| 10 | 109 | 9Cr | 92.02 | 1000 | 油管内井筒 | 0.0003 | 0.0002 |
| 11 | 116 | N80 | 93.01 | 1000 | 油管内井筒 | 0.0001 | |
| 12 | 132 | 3Cr | 92.05 | 1000 | 油管内井筒 | 0.0003 | |

(a) 腐蚀前挂环

(b) 腐蚀后挂环233/156 (3Cr)

(c) 腐蚀后挂环236/144 (9Cr)

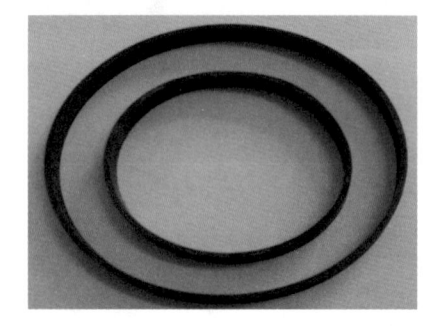

(d) 腐蚀后挂环237/104 (N80)

图 5-24 苏 195 井取出不同材质腐蚀挂片（1800m 处）

(a) 腐蚀前挂环 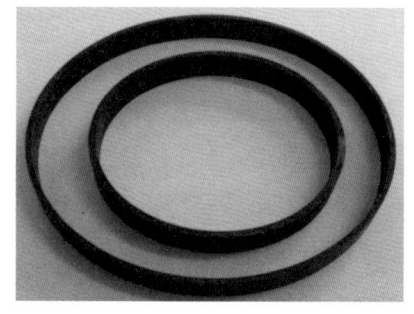　　　　　　　　　　　(b) 腐蚀后挂环228/109 (9Cr)

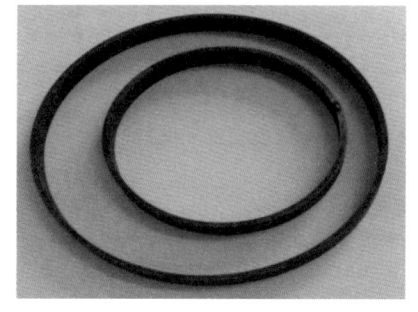

(c) 腐蚀后挂环235/116 (N80) 　　　　　(d) 腐蚀后挂环270/132 (3Cr)

图 5-25　苏 195 井取出不同材质腐蚀挂片（1000m 处）

### 3. $CO_2$ 封存泄漏 "地下水、土壤、大气环境" 立体监测技术

$CO_2$ 驱油项目的地质封存过程中泄漏的 $CO_2$ 可能以多种通道进入地下水体、土壤和地表，既有自下而上的盖层突破，也有井筒环空和水泥环泄漏的横向迁移，还可能有地面泄漏后的覆盖，以及随着降雨进入地下水和土壤的渗流和渗透。因此，需要建立贯穿上覆盖层、地下水体、土壤和地表的全方位、立体式、多指标、实时在线监测系统以全面、及时、有效地捕捉 $CO_2$ 泄漏信息，保障生态环境和人体健康安全。此外，当前 $CO_2$ 驱油与封存项目的成本比较高昂，通过核算和核查 $CO_2$ 驱油与封存项目的减排量并将其纳入碳市场或是中国核证自愿减排量（CCER）项目交易，可以改善 $CO_2$ 驱油与封存项目的经济性。封存环节的泄漏是影响 $CO_2$ 驱油与封存项目的减排核算的关键，无论是碳交易还是 CCER 项目都需要完善的监测支撑 $CO_2$ 泄漏量的核算和核查。因此，需要建立能够有效支撑 $CO_2$ 泄漏量核算和核查的监测系统，以保障 $CO_2$ 驱油与封存项目能够获得国家各项减排政策的支持。

1）根据苏北盆地区域特征，剖析 $CO_2$ 封存泄漏主要途径

（1）苏北盆地特征分析。

苏北盆地为中新生代盆地，盆地基底为上白垩统浦口组（$K_2p$）和赤山组（$K_2c$），主体地层由老到新包括泰州组（$K_2t$）、阜宁组（$E_1f$）、戴南组（$E_2d$）、三垛组（$E_2s$）、盐城组（Ny）以及东台组（Qd）。盆地处在亚热带北缘与暖温带的交界处，属亚热带季风气候，气候温和，四季分明。年平均降水量 900~1200mm，该地区受东亚季风影响显著，冬季多偏北风，夏季多东南风。

其中，张家垛油田位于苏北盆地海安凹陷曲塘次凹位于北部陡坡带（图5-26），主要含油层系为阜三段、戴一段。阜三段油藏为一被多级断层复杂化的鼻状构造，平均孔隙17.8%，平均渗透率5.6mD，地下连通性较好。断层将阜三段油藏由西向东平面上划分为三个区块：张1区块、张2区块、张3区块，纵向上分为四个砂组。其中张3B井组目前累计产油$13.3×10^4$t，采油速度0.36%，采出程度6.18%，在先后开展五轮次气水交替驱，累计注气$6.34×10^4$t，累计注水$1.62×10^4$m³，对应张3斜1井实现连续10年日产油稳定在6t以上，累计增油$2.45×10^4$t，阶段换油率0.39t油/t $CO_2$，张3B井组于2011年压裂投产，于2016年开展气水交替驱，基础资料完整，井筒完整性较好，为注$CO_2$创造了良好的基础条件。

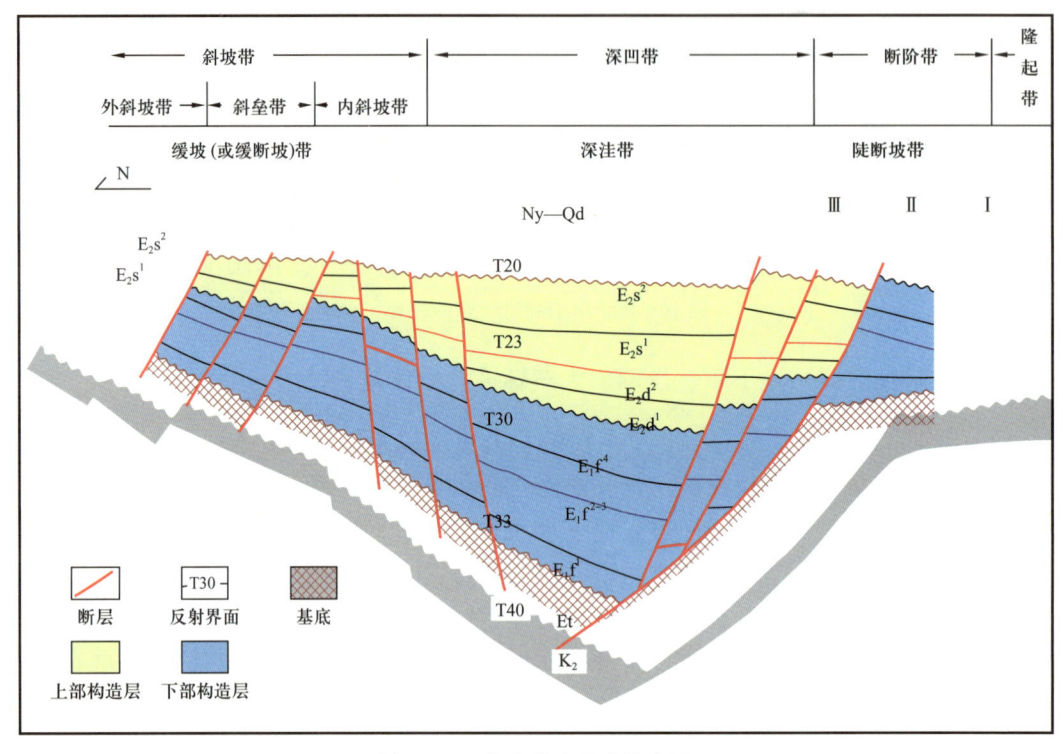

图5-26 苏北盆地地质构造图

（2）$CO_2$泄漏途径分析。

封存在储层中的$CO_2$一部分通过物理、地球化学作用固定于难溶矿物，另一部分在盖层下方沿地质层渗透运移，还有一小部分则会沿着盖层裂隙、地质缺陷或者废弃井等途径泄漏到地下水、土壤及大气中。张家垛油田的$CO_2$封存层位为阜宁组和戴一段油层，戴南组层为主要封存盖层，三垛层为次要盖层。随着$CO_2$的不断注入，当压力逐渐升高，或是运移到裂缝发育区域，或是盖层裂缝发生异变，达到一定的泄漏条件后，来自断层和盖层泄漏的$CO_2$突破戴南组后，将会依次进入三垛组和盐城组，到一定程度突破盐城组后，再进入第四系东台组，最后进入到土壤和地表大气中。同时可能有来自井筒泄漏直接泄漏进入东台组地下水层以及通过井筒泄漏到戴南组、三垛组或盐城组的$CO_2$扩散上升到东台组的地下水层。

2）形成 $CO_2$ 封存泄漏"地下水、土壤、大气环境"立体监测技术

（1）地下水 $CO_2$ 泄漏环境影响监测体系。

① 监测布点和监测层位的优化。

华东油气田地处长江下游，成陆时间较短，土层浅，且地下水位高。地下驱油封存过程的 $CO_2$ 可能通过盖层的孔隙系统逃逸进入深层地下水后逐渐上升至浅层地下水，更大的可能是注入的 $CO_2$ 沿着管理不善的废弃井或现有钻井的外壁向上逃逸，并通过侧向或是自下而上的迁移扩散进入到地下水。

地下水的监测点理论上需要平均覆盖示范区的 $CO_2$ 泄漏后的扩散范围，布点需要考虑在盖层主要应力集中区域和裂缝发育区域上方，沿着主要 $CO_2$ 驱替方向部署。由于试验区地下水中的不同层位的矿化度不同，突破盖层的泄漏在不同层位的扩散和转化特征不同。同时，为了预测泄漏量以及 $CO_2$ 垂直方向的迁移和扩散，需要在地下水的多个层位部署监测点。此外，考虑水平方向的溶解扩散，以及由于井筒泄漏的横向扩散，需要水平方向上部署多个点，用以计算泄漏量以及识别泄漏源。

② 分析地下水 $CO_2$ 泄漏环境响应特征，优化监测指标。

根据监测指标随着泄漏时间的变化原理及规律，优化监测指标，建立时间维度上的 $CO_2$ 泄漏地下水监测指标体系。优选了 $CO_2$ 浓度、pH 值、电导率以及温度和压力五项指标作为浅层地下水的监测指标。其中，$CO_2$ 浓度反映其自由态的量，pH 值反映溶解态的状况，电导率反映转化态的状况，温度和压力反映物理环境变化。通过指标的变化，结合水量的估算，可以支撑实时 $CO_2$ 泄漏量的计算（图 5-27、图 5-28）。

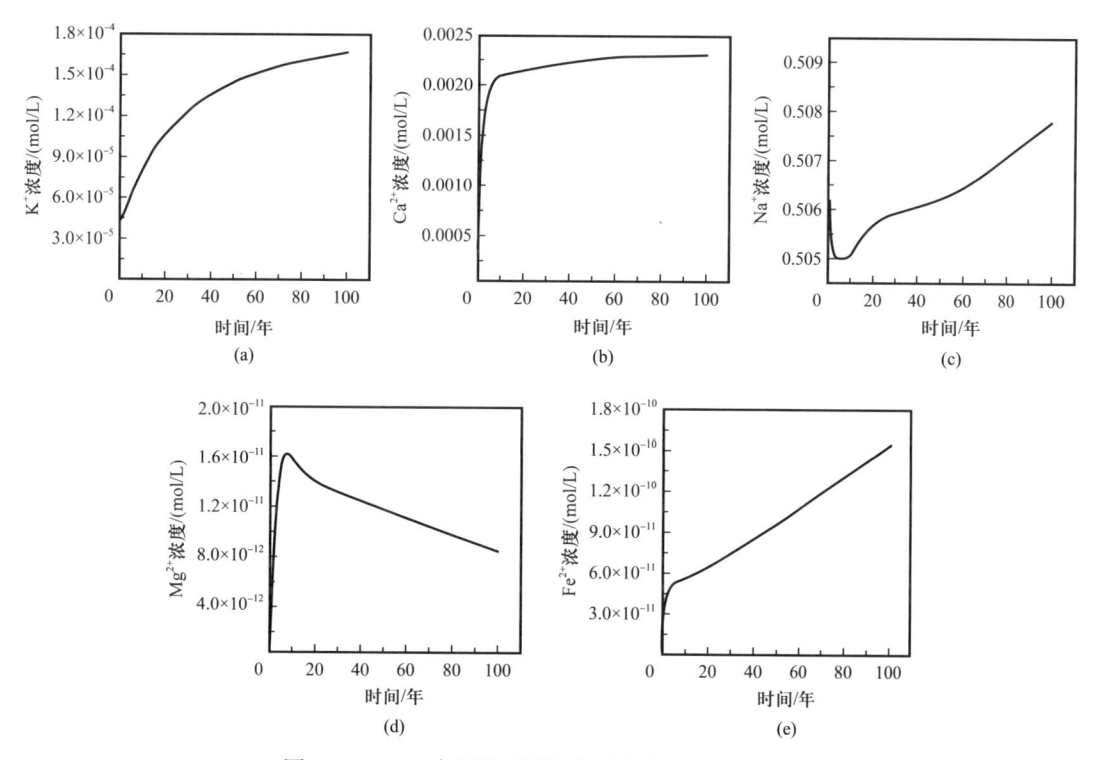

图 5-27 $CO_2$ 点源处不同阳离子浓度随时间的变化

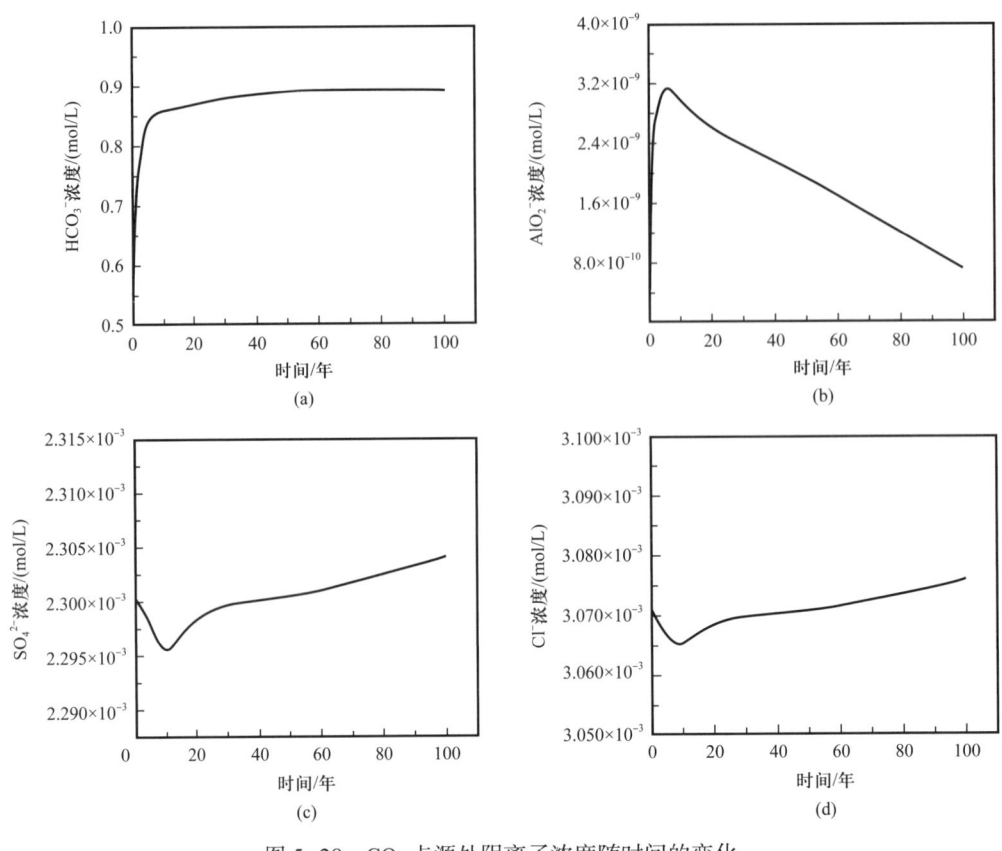

图 5-28  $CO_2$ 点源处阴离子浓度随时间的变化

③优化地下水监测技术。

对比传感器在线连续监测技术和 U 形管取样分析技术,在线监测技术可连续和实时反映 $CO_2$ 的泄漏信息,减少人工分析的不稳定性,具有更高的稳定性和可靠性(表 5-8)。此外,在线监测系统无需人工操作和耗材,从而减少运行成本,通过利用现有的水源井或是废弃井也可以显著减少取样分析方法的投资成本,具有明显的经济性优势。因此,优选在线连续监测技术监测地下水和地表水的泄漏信息,采用传感器反映 $CO_2$ 浓度、温度、压力、pH 值、电导率等参数。

表 5-8  传感器在线连续监测技术和 U 形管取样分析技术对比

| 传感器在线监测 | U 形管取样分析 |
| --- | --- |
| 连续监测 | 间歇 |
| 早期即时预警 | 滞后数据分析 |
| 即时温度压力信息 | 温度和压力降低导致 $CO_2$ 溶解度变化 |
| 自动化,无运营成本 | 需人工操作和耗材,运营成本高 |
| 数据远程监控 | 数据现场或实验室分析 |
| 不影响现有水井运行 | 新建监测井或水源井改造 |

采用固定连接的方式，将$CO_2$浓度、pH值、电导率和温度原位在线监测传感器系统模块安装在钢管铠装电缆前端的连接支架上，连接好传感器信号采集筒和井下电缆通信传输通信筒以及铅锤，放置井下仪器，保持仪器的稳定性，在井下采集后获得的监测数据通过电缆实时传输至地表数据采集箱进行数据的储存与展示，并通过远程终端单元（RTU）系统将监测数据通过4G/5G或有线传输至远端服务器，实现数据的远端访问。

（2）土壤大气$CO_2$泄漏环境影响监测体系。

① 监测布点和监测层位的优化。

苏北盆地土质松软，$CO_2$在土壤中扩散呈现均一性特点，理论上监测布点需要分散布置整个区域。此外，布点还需要考虑靠近设备密集区域，反映土壤的腐蚀性；考虑远离植被茂盛区域，防止植物吸收$CO_2$干扰监测效果以及在水源井附近监测，从而和土壤监测构成垂直方向监测体系等因素。然而，考虑到井场的井筒泄漏的风险较大，因此，选择在主要井场并靠近注、采附近布置监测点，以减少监测成本。同时，为了反映苏北盆地的土气交换的特点，优先考虑土壤监测点合并反映土气交换的特点，将大气监测点和土壤监测点进行合并。

油田区域冬季冻土层深度大约1.2m，为减少冻土的影响，土壤监测层位选择最大冻土层下方，距离地面1.5m处；为系统研究不同深度$CO_2$浓度变化规律，增加距离地表2.0m和2.5m的两个层位。因此，最终优选距离地表1.5m、2.0m和2.5m深度的三个层位监测，其中1.5m处反映自上而下土气交换，三层位先后变化可以反映泄漏来源。此外，在中间2.0m处安装土壤多参数监测传感器，兼顾上下两监测层位的多参数。

如果注入的$CO_2$泄漏出地表，由于$CO_2$密度大于空气，将在靠近地面的位置聚集，而位于井场的大气监测点附近地面草本植物生长高度一般不超过30cm，因此大气$CO_2$浓度监测采样高度选择在距离地表以上50cm处。此外，为了反映$CO_2$泄漏对于人体健康的影响，在距离地面1.5m处布置了一个层位的监测。

土壤监测装置具有两路采样通道接入气体传感器（图5-29），大气监测装置具有三路采样通道接入气体传感器（图5-29），可分别采集不同深度土壤中气体以及不同高度大气中的气体，每个通道的采样时间、间隔时间以及待机时间可通过软件设置。

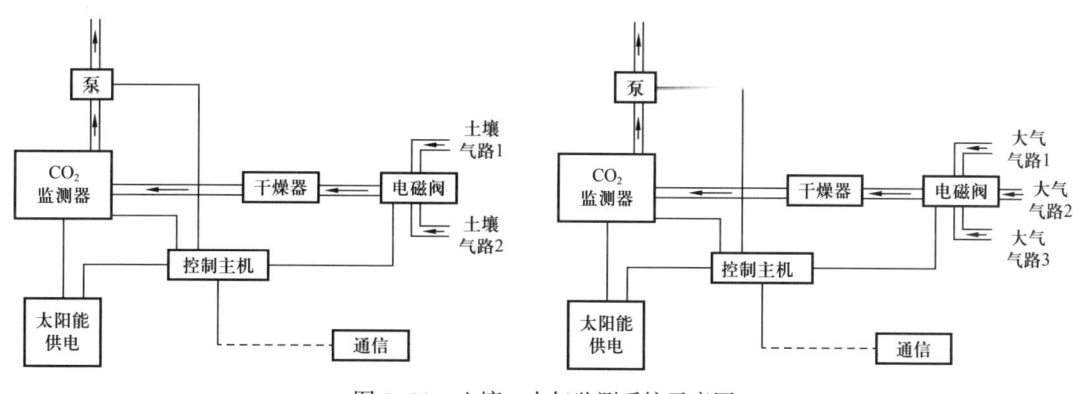

图5-29 土壤—大气监测系统示意图

② 基于 $CO_2$ 泄漏的环境影响分析，识别并优化关键环境监测指标。

$CO_2$ 逃逸至包气带，扩散到地表土壤过程中，逐渐取代土壤空隙中的氮气、氧气等，导致土壤中 $CO_2$ 浓度升高。因此，在所有站点布置 $CO_2$ 在线传感器监测土壤中的 $CO_2$ 气体浓度。同时，$CO_2$ 进入土壤后，与土壤中的水分发生反应生成碳酸，一方面改变土壤的 pH 值，另一方面消耗水分，此外，土壤电导率和水分的变化也密切相关。$CO_2$ 自下而上泄漏进入土壤层，会携带一部分地层热量进入浅层土壤，同时，$CO_2$ 与土壤水分反应生成碳酸也将释放一定的热量，从而导致土壤温度上升。因此，确定土壤监测指标为 $CO_2$ 气体浓度、pH 值、电导率、湿度、温度。

$CO_2$ 对地表大气的影响主要来自井筒的环空、气窜以及地面设施的事故排放和操作性放空，由于 $CO_2$ 的密度较高，排放的 $CO_2$ 会优先在近地表集聚，因此直接监测近地表大气的 $CO_2$ 浓度可以反映 $CO_2$ 泄漏到地表的情况。另外，在大气湍流的作用下，$CO_2$ 逐渐扩散到较高和较远的地方，相应地，也需要监测影响大气扩散的 $CO_2$ 浓度、风速、风向、温度、气压和湿度指标。

③ 监测方法及技术优选。

大气和地表土壤 $CO_2$ 浓度采用大气土壤一体化进气监测技术，利用抽气式在线 $CO_2$ 监测仪对土壤气中的 $CO_2$ 浓度和地表大气 $CO_2$ 浓度监测，采用多参数监测系统对土壤以及大气的各项监测指标进行实时在线监测。

基于现场监测，应用远程数据通信技术，开发动态 $CO_2$ 泄漏预测预警管理系统，实现远程监控和实时智能预警。图 5-30 为封存泄漏监测数据管理系统拓扑图，由图可以看出数据采集模块分串口通信、TCP/IP 通信协议和 ModBus 协议方式三种，远程数据则通过 4G/5G 无线信号传输，上传至云服务器，再由本地服务器访问云，实现现场监测数据的远程监控。将在线监测获得的监测点的地下水、土壤、大气指标实时数据与模拟或试验获得的监测点阈值相比较，依据不同风险等级发出不同预警信号。

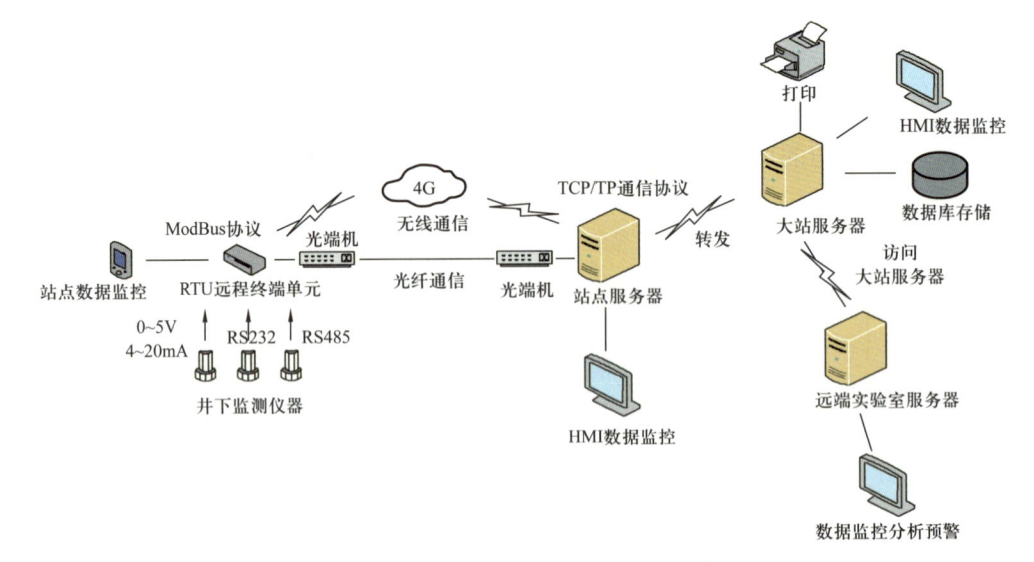

图 5-30 封存泄漏监测数据管理系统拓扑图

## 第四节 回收循环注入技术

油田注入 $CO_2$ 后，随着注入时间和注入量的累加，不可避免地会形成 $CO_2$ 产出气。由于 $CO_2$ 驱油产出气中含有轻质油、水及 $CH_4$ 等组分，不能直接排放。以草舍油田 $CO_2$ 驱油效果来看，驱油产出气达到 14%，如果不对这部分产出气进行处理直接排放，将带来较为严重的环保和资源浪费等问题。因此，一方面我们要做好 $CO_2$ 动态监测工作，全方位掌握 $CO_2$ 在地下的运移、封存情况；另一方面我们需要寻找适合的回收循环注入技术，要求处理后的 $CO_2$ 质量满足 $CO_2$ 循环驱油的要求，从而兼顾温室气体减排效益和驱油经济效益。

### 一、$CO_2$ 回收循环注气技术

1. $CO_2$ 驱油田产出气概况

常规油田在多年进行 $CO_2$ 驱的过程中，油层间伴随石油、游离水等液体采出的气体即为油田产出气，不同于传统油田伴生气，受 $CO_2$ 驱影响，此产出气的主要由 $CO_2$、$N_2$ 和少量轻烃类等混合气体组成，其中 $CO_2$ 的含量最高。该产出气主要经过油层流动、油井套管、集输管道、三相分离、储罐挥发、提纯净化等环节排入大气中，形成气态污染源，是目前油田 $CO_2$ 驱环节过程中造成温室效应的一个主要排放源。对 $CO_2$ 驱油田产出气进行提纯净化，达到气相压注的标准，可以有效地降低成品 $CO_2$ 的采购成本以及运输成本，又避免了因为 $CO_2$ 产出气外排导致环境污染的问题。

草舍油田开展的混相驱重大先导试验，有效提升了原油采收率，获得了很好的成效，截至 2013 年底，累计注入 $CO_2$ 共计 $19.6 \times 10^4 t$。经过多年的 $CO_2$ 压注驱油，气窜情况越来越显著，经取样分析检测发现，油田产生气含有 $CO_2$ 的纯度较高，约占总体积的 67.62%，$N_2$ 占总体积的 23.17%，$O_2$ 占 6.63%，$CH_4$ 占 1.26%，其他组分约占 1.32%。经过三相分离器及 $CO_2$ 回收装置粗处理后可得到较为纯净的 $CO_2$ 气源（96%～97%），其他气体占 3%～4%。该产出气由于 $CO_2$ 气源具有较为纯净、杂质可控的特点，符合产出气回注的要求。

2. $CO_2$ 驱产出气组分对回注的影响

随着 $CO_2$ 驱油的普及，越来越多的油田展开了 $CO_2$ 驱试验，如胜利油田、中原油田、华东油气田等。大部分的气源均来自电厂排放、化工厂尾气等回收，如南化公司尾气捕集项目，该气源一般纯度较高（$CO_2$ 浓度 $\geqslant$ 99.5%）。针对油田 $CO_2$ 驱产出气的再利用研究较少，对 $CO_2$ 驱产出气组分对回注影响的研究也鲜有报道。

针对 $CO_2$ 产出气成分组成，有效提纯气源避免管道和设备存在的潜在危害。相关研究发现 $CO_2$ 产出气的物性参数越精确，其工艺计算结果越可靠。$H_2S$、$N_2$ 和轻烃组分杂质对 $CO_2$ 的临界温度、压力和多组分的相包络线等参数存在一定的影响。各组分通过控制气相两相区的波动影响混合组分致密相区域和超临界区域，从而对油田现场密相传输、

超临界回注产生影响。除此之外，产出气含水率的大小直接影响回注动力设备的运行工况。含水率又分为游离水和饱和水（即溶解水），游离水的多少直接影响设备的压缩能力，而饱和水随着集输节流液化为游离水，若排污不及时，对设备存在较大的损害。

1）气体杂质的影响

相关研究表明，气体杂质对两相点存在影响（图5-31）。氮气和甲烷的组分含量越高，混合气体的临界压力越高、临界温度越低；硫化氢和丙烷、丁烷等组分含量越高，混合气体的临界压力、温度都升高；乙烷的含量越高，混合气体的临界压力、温度越低。所以，不同组分杂质对混合组分致密相区域和超临界区域各不相同。

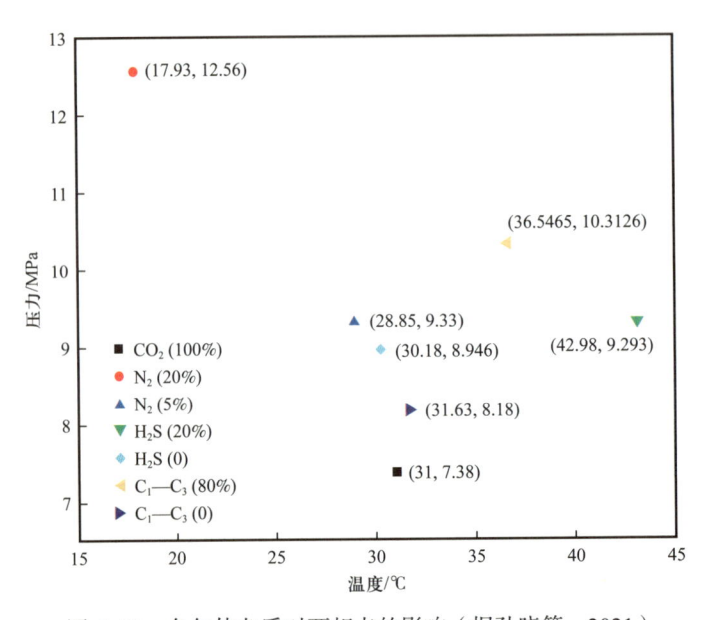

图5-31 各气体杂质对两相点的影响（据孙晓等，2021）

含杂质的$CO_2$产出气的临界压力均高于纯$CO_2$的临界压力，而临界温度则受杂质种类和含量的影响，所以实际回注要结合气体杂质组分对井口备压和冷却系统的要求。有资料显示，如当产出气氮气含量高于20%时，回注压力要大于12.56MPa；当产出气轻烃组分含量小于80%时，回注压力只需达到10.3126MPa以上，即井口备压也要满足此要求。

2）含水率的影响

各油田压注设备对含水率都存在一定的要求，一般小于$50\times10^{-6}$。混合组分的含水率大小直接影响压注动力设备（压缩机、柱塞泵）运行寿命，以压缩机为例，含水率越高各压缩单元的负荷也随之增高，含水率若超过限值，各分离单元容易出现水堵、排污不及时，严重时可能导致相态变化发生冰堵现象。国内大部分回注用压缩机为往复式，各级气缸和曲轴箱存在孔隙，水分会压缩至气缸内，严重时会乳化油品，对设备造成直接伤害。

3. $CO_2$回收循环注气技术

国内外$CO_2$注气技术主要涉及捕集—净化—增压—注入等回收工艺技术，针对各大油田、储气库地面工艺及运行压力、气量波动不同，采用的 $CO_2$ 脱水注气工艺、设备选型、腐蚀控制和模块化安装方式也各不相同。根据各大油田现场应用实例的 $CO_2$ 注气方式和产出气的情况，主要可分为分离回注、直接回注及掺和回注三种循环注入方式。

分离回注工艺适用于 $CO_2$ 含量较低时，需要通过前端预处理。目前传统的 $CO_2$ 捕集分离技术主要有化学吸收法、变压吸附法、膜分离法、低温分离法。根据不同阶段的产气特征，需采取不同的分离手段。直接回注工艺只需去除回收所得 $CO_2$ 中的杂质，通过气相压注工艺流程将其注入地层即可。掺和回注是将直接回注的产出气与外输的高纯 $CO_2$ 掺和注入，可尽可能地降低生产成本。

## 二、$CO_2$ 回收循环注气技术应用

自 2012 年起，研发了分离回注工艺装置和直接回注工艺装置，其中分离回注工艺分别采用了蒸馏与低温提馏耦合分离和深冷变压分离两种 $CO_2$ 捕集分离方式，前端处理后的产出气再经由压注泵注入地层。蒸馏与低温提馏耦合分离的工艺流程采用三塔设备，装置庞大，只适合固定安装。深冷变压分离置借鉴了精馏和低温提馏耦合法的工艺思路，并做了相应改进：（1）串接干燥单元；（2）以氟利昂为制冷剂；（3）采用 $CO_2$ 部分液化的方法，避免制冷温区过低，并合理利用 $CO_2$ 蒸发潜热浓缩回收 $CH_4$ 等轻烃组分。整套工艺装置采用橇装式回收装置，整体移动、安装方便，能适应油田边远环境下的缺水、低噪等条件。当产出气气量较少或 $CO_2$ 浓度较高的，可选择直接回注工艺。产出气中的轻烃组分和水含量通过气相直注橇去除后，可以直接注入井内。

1. 分离回注工艺

根据装置的不同，将分离回注工艺分为固定式液相分离回注和橇装式液相分离回注两种工艺。

1）固定式液相分离回注工艺

2012 年 3 月，草舍油田苏 158 站区建成了一套 $2\times10^4$ t/a 的国内第一座 $CO_2$ 驱油产出气回收装置，正式投产后运行良好，处理后的 $CO_2$ 纯度达 98.08%，产出气回收率达 92.83%。

基于草舍油田产出气特征，选择蒸馏与低温提馏耦合分离工艺回收，装置由压缩、冷凝、蒸馏、液化、提馏、低温精馏及氨压缩制冷系统等多个单元组成。

（1）蒸馏工序。

来自三相分离器的油田 $CO_2$ 驱采出气体除含有 90% 的气态 $CO_2$ 外，还含有微量水、氮气、甲烷、乙烷、$C_3$—$C_{12}$ 烷烃等，该气体经 $CO_2$ 气体压缩机压缩冷却分离出水分及重烃送入三相分离器。压缩的气体压力由 0.3MPa 增至 4.60MPa，送至提馏塔再沸器，加热提馏塔釜液，气体温度由 40℃降至 13.8℃后，再经尾气能量回收换热器冷却至 11.7℃，在蒸馏塔中部进入。在蒸馏塔釜下部被氨螺杆压缩机的 80℃氨气加热进行物料的蒸馏，将沸点高于 $CO_2$ 的重烃、水等分离，塔底部分离出的重烃、水等送去三相分离器。

蒸馏塔顶部气相 $CO_2$、氮气和甲烷、乙烷等经蒸馏塔顶冷凝器被液氨冷凝，部分 $CO_2$

被冷凝局部回流入蒸馏塔顶作喷淋液，洗涤蒸馏塔中 $CO_2$ 气里的水和重烃类。出塔顶冷凝器 $CO_2$ 气体（大部分水和重烃类已被洗涤成蒸馏塔釜液），含水率 $\leq 200 \times 10^{-6}$ 的 $CO_2$ 气送入 $CO_2$ 冷凝器冷凝液化。

（2）液化及提馏。

$CO_2$ 的冷凝是由氨冷冻机组来供给冷冻量，从蒸馏塔顶冷凝器来的 $CO_2$ 气体送至 $CO_2$ 冷凝器冷凝，冷凝后的 $CO_2$ 液体进入提馏塔中上部喷向填料层，在严格控制回流比的情况下，达到进一步分离沸点低于 $CO_2$ 的氮、甲烷、乙烷及其他微量杂质的作用。经提馏塔分离出的带有大量 $CO_2$ 的氮、甲烷、乙烷等不凝气由塔顶送至提馏塔顶塔冷凝器被蒸发的液氨冷凝，$CO_2$ 冷凝液大部分回流入提馏塔塔顶作喷淋液（约 1/4 $CO_2$ 冷凝回流液送至低温提馏塔塔顶冷凝器作冷媒用），塔釜得到 98% 以上的成品 $CO_2$ 液体，经提馏塔中间罐送至压注站 $CO_2$ 贮罐。极微量不凝性氮、甲烷等气体在贮罐中将进一步释放，时间愈长释放愈充分，将富集在贮罐顶部带有 $CO_2$ 的气体送回 $CO_2$ 混合器与原料气混合，进入下一轮压缩、冷却、蒸馏、冷凝、提馏的再循环。

（3）超低温提馏。

提馏塔顶塔冷凝器未被冷凝带有氮、甲烷、乙烷的 $CO_2$ 尾气，引入低温提馏塔中上部填料层，在严格控制温度和回流比的情况下，达到进一步分离沸点低于 $CO_2$ 的氮、甲烷、乙烷及其他微量杂质的作用。经低温提馏塔分离出的带有大量的甲烷、氮、乙烷等不凝气体的 $CO_2$ 气，由塔顶送至低温提馏塔顶塔冷凝器被蒸发的作冷媒用液态 $CO_2$（$-54.7°C$）冷凝，$-44°C$ 条件下的液态 $CO_2$ 冷凝液回流至低温提馏塔塔顶，作为喷淋液用于洗涤甲烷、氮气、乙烷等不凝气体，除去的是液体 $CO_2$ 将留在塔釜作成品，该成品液体 $CO_2$ 和提馏塔中间罐出来成品液体 $CO_2$ 汇合，送至压注站 $CO_2$ 贮罐。

低温提馏塔塔顶排放的尾气中的 $CO_2$ 气体，经低温提馏塔塔顶冷凝器被蒸发的作冷媒用液态 $CO_2$（$-54.7°C$）冷凝，尾气中 $CO_2$ 通过冷凝分离，尾气中不凝性气体甲烷、乙烷浓度提高到 60%，而 $CO_2$ 浓度降低到 25%，经尾气换热器回收冷量，含烷烃的尾气送去锅炉房作燃料焚烧。低温提馏塔塔顶冷凝器被蒸发的作冷媒用液态 $CO_2$（$-54.7°C$），$CO_2$ 送回 $CO_2$ 压缩机进口混合器与原料气混合，塔釜得到浓度 98% 以上的成品 $CO_2$ 液体经提馏塔中间罐送至压注站成品贮罐。极微量不凝性氮、甲烷等气体在贮罐中将进一步释放，时间愈长释放愈充分，将富集在贮罐顶部带有 $CO_2$ 的气体送回 $CO_2$ 混合器与原料气混合，进入下一轮压缩、蒸馏、冷却、冷凝、提馏再循环。

精馏和低温提馏耦合法的工艺流程采用三塔设备（图 5-32），装置庞大，只适合固定安装。同时，该工艺未设置干燥单元，完全依靠压缩冷却和蒸馏分离水，需要精细操作。

2）橇装式液相分离回注工艺

目前，草舍油田 $CO_2$ 驱油产出气回收装置整体运行情况良好，但是在运行过程中也暴露出一些不足：该装置为固定式产出气回收装置，是将油田内所有采油井的产出气收集汇总后统一处理，对于分散的单井或小井组 $CO_2$ 驱油不适用或需要敷设较长管道。而单井或小井组的产出气具有气量小、产气周期短、难以建设管网集中处理等特点，建设橇装式回收装置是单井或小井组的最佳解决方案。

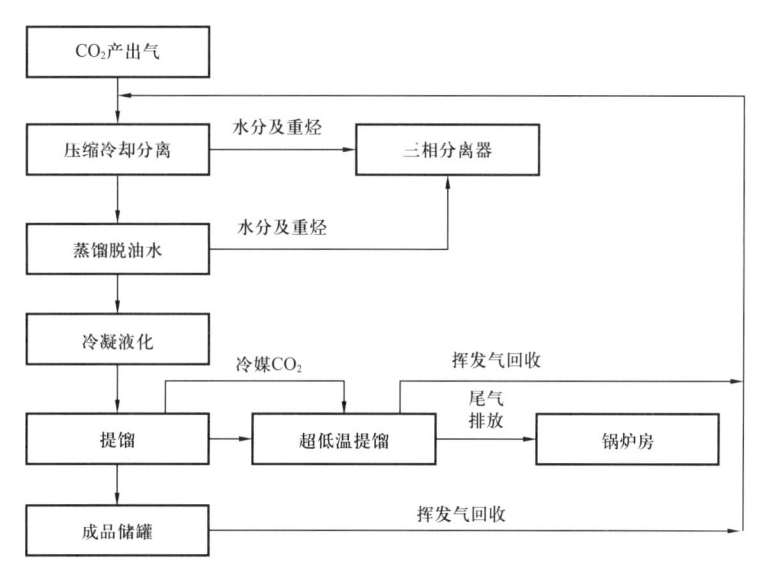

图 5-32 蒸馏与低温提馏耦合工艺流程简图

以张家垛油田小井组为例,基于目标区块产出气特征分析,通过优选"闪蒸分离提纯+烃类低温萃取"技术,优化气体预处理、压缩机增压、脱水等辅助工艺技术,进行产出气低温分离液相回注关键工艺流程的设计;同时通过工艺流程模型,优化主要工艺参数,形成深冷变压分离注入工艺。基于该工艺技术,优化设备选型,研制模块化、橇装式产出气液相回收装置,实现快速搬迁,适应于边远环境$CO_2$驱产出气的回收。

(1) 目标区块产出气特征分析。

张家垛油田尾气主要来自三相分离器的驱油产出气,以张家垛油田驱油产出气成分为例,产出气主要为$CO_2$以及一定比例的轻烃组分,其中甲烷含量较高,有可回收利用价值。具体成分及含量见表5-9。

表 5-9　张家垛油田驱油产出气主要组分　　　　　　　　　　单位:%

| 成分 | 张1-1井 | 张3-2HF井 | 张3-3HF井 | 张3斜1井 | 四井平均值 |
|---|---|---|---|---|---|
| 甲烷 | 12.39 | 16.84 | 19.73 | 8.61 | 14.39 |
| 乙烷 | 2.94 | 2.52 | 2.79 | 1.01 | 2.32 |
| 丙烷 | 5.84 | 2.66 | 3.30 | 1.10 | 3.22 |
| 正丁烷 | 1.02 | 0.43 | 0.54 | 0.19 | 0.54 |
| 异丁烷 | 2.68 | 1.01 | 1.24 | 0.44 | 1.34 |
| 正戊烷 | 0.65 | 0.11 | 0.35 | 0.12 | 0.31 |
| 异戊烷 | 0.28 | 0.31 | 0.13 | 0.12 | 0.21 |
| $CO_2$ | 74.21 | 76.11 | 71.92 | 88.41 | 77.66 |

从张家垛油田产出气组分分析结果来看,四井的平均$CO_2$含量已经超过77%,然而随着驱油工作的深入,产出气中$CO_2$含量将增加,但油田$CO_2$驱油产出气总量不足

10000Nm³/d。

（2）产出气液相回注工艺设计。

驱油用 $CO_2$ 的质量要求。驱油用的 $CO_2$ 产品质量，目前尚无国家标准，总体来说对于影响油田混相驱油压力的甲烷、氮气含量只要低于 5%，硫化氢含量低于 $100\times10^{-6}$ 即可。张家垛驱油产出气中甲烷含量高达 14%，如不加以分离必然影响油田混相驱油压力，同时还会影响 $CO_2$ 的液化温度。

工艺流程如图 5-33 所示。原料气先通过三相分离器后进入橇装回收装置的缓冲器，经过水和油的分离处理后，通过压缩机增压冷却（压力 3.8MPa、湿度 20℃），再通过气液分离器进行进一步分离。随后，分离出的气体经过干燥塔干燥，进入 $CO_2$ 冷凝器进行部分液化。液化后的 $CO_2$ 在提馏塔中约 80% 得到分离，液体 $CO_2$ 从塔底流出，塔顶则排出 $CH_4$ 等气体。之后，液态 $CO_2$ 依次进入集液罐和过冷器，经压注泵送至油井用于驱油；提馏塔顶部得到的 $CH_4$ 浓度可达 65% 以上，经减压至 0.3MPa 和 -68℃ 后，冷能可用于油区作为燃气。冷却器和过冷器的冷媒源自液态 $CO_2$ 的蒸发潜热（气体在 3.0MPa、-45℃ 条件下冷凝分离）。橇装回收装置结合了精馏与低温提馏的工艺理念，并在以下方面进行了优化：（1）串联干燥单元；（2）使用氟利昂作为制冷剂；（3）采取 $CO_2$ 部分液化的方式，避免极低温区，同时有效利用 $CO_2$ 蒸发潜热以浓缩和回收 $CH_4$ 等轻烃组分。

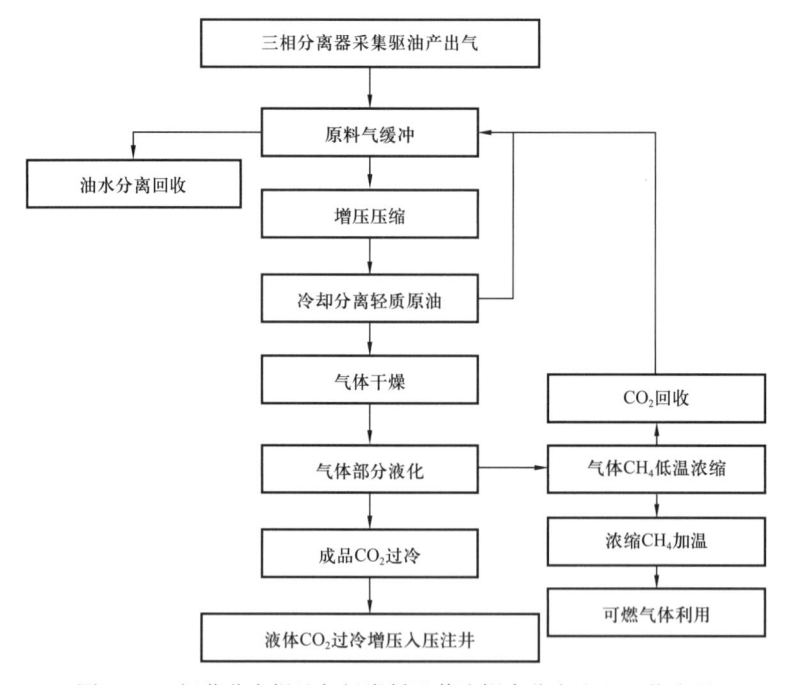

图 5-33 闪蒸分离提纯与烃类低温萃取耦合分离注入工艺流程

工艺技术特点：

① 绿色环保。

设备设计能力：$0.5\times10^4$t/a，橇装驱油产出气 $CO_2$ 回收设备。产品液体 $CO_2$ 直接回注循环利用。副产含轻质原油污水 280t/a，回油田三相分离器集中处理，可回收轻质原油

165t；含甲烷的尾气（含31.9%$CO_2$、65.2%$CH_4$）全部回收利用（830t/a），送油田锅炉房作燃料烧掉，除开停车有少量$CO_2$气体排放外，无污物排放。生产装置全封闭循环、无污染零排放。

② 橇装式、模块化。

回收设备设计为小型橇装集成，实现模块化、橇块式安装，安装现场实现不动火快速组装，制冷系统采用氟利昂为制冷剂，避免使用氨制冷带来的安全风险，从而解决$CO_2$驱单井产出气的回收利用问题。

③ 节能降耗。

生产装置由压缩、干燥、冷凝液化、提馏、超低温冷凝分离、压注及氟利昂制冷系统等单元组成，具有流程短、投资省、能耗低的特点。冷热流能量利用合理交换，如需要冷却的原料气作提馏塔热源，其自身得到了冷却；又如用排放的尾气来冷却原料气，冷量得到了充分利用。两种冷媒和标准工况、超低温工况两种工况合理配置相得益彰，提高了产品质量，提高了$CO_2$、甲烷、乙烷回收率，降低能耗。

④ 设备先进。

该工艺采用了效率高、体积小的板翅式换热器和螺旋管式换热器，与此同时设计还采用PLC自动控制系统，自动记录、存储、生成报表，同时可以设置提示和警报，加强了$CO_2$回收过程控制，确保了产品质量和生产安全。

（3）工艺参数优化。

① 增压压力。

根据橇装式回收装置工艺系统的工作压力来设计压缩机的排气压力，因为这一压力会直接影响$CO_2$的液化温度。如果排气压力较高，$CO_2$的冷凝温度会较高，液化过程较容易，但压缩机的负荷也会相应增大；如果排气压力较低，则$CO_2$的冷凝温度较低，制冷机的负荷较大，且效率较低。张家垛油田的驱油气中$CO_2$含量仅为77%，因此工艺气体的相包络线与纯$CO_2$的相包络线差异较大（图5-34）。

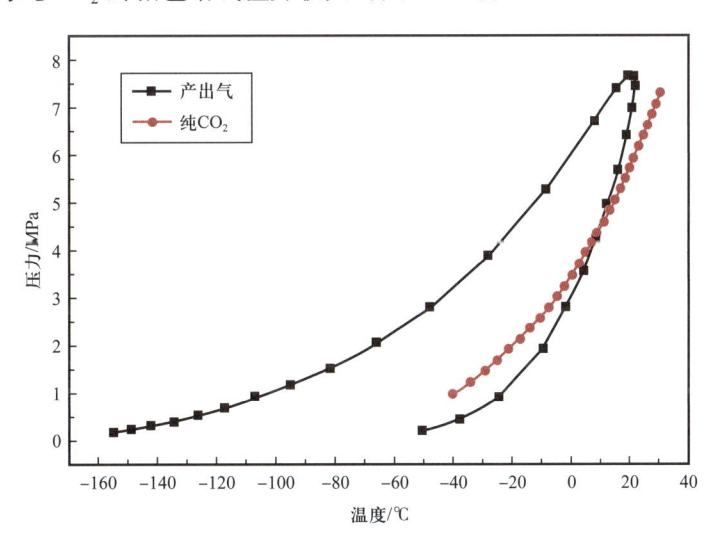

图5-34 产出气相包络线示意

从图 5-35 可以看出，在相同压力条件下，产出气的液化温度远低于纯 $CO_2$ 的液化温度。基于实际生产经验，对压缩机排气压力在 3.6～4.4MPa 范围内不同工艺方案的模拟结果见表 5-10。

表 5-10 不同工作压力下的工艺方案模拟

| 压缩机排气压力 / MPa | 液化温度 /℃ | 压缩机轴功率 / kW·h | 制冷机轴功率 / kW·h | 吨产品能耗 / kW | $CO_2$ 收率 / % | $CH_4$ 收率 / % |
|---|---|---|---|---|---|---|
| 3.6 | −19.19 | 46.08 | 29.73 | 107.36 | 96.78 | 42.27 |
| 3.8 | −17.29 | 47.67 | 27.90 | 106.44 | 97.18 | 39.16 |
| 4.0 | −15.51 | 49.25 | 26.31 | 107.00 | 97.53 | 35.85 |
| 4.2 | −13.85 | 50.81 | 24.80 | 105.33 | 97.87 | 32.22 |
| 4.4 | −12.30 | 52.37 | 23.43 | 105.02 | 98.82 | 28.81 |

综合评估液化温度、能耗、产品收率等，并结合单级氟利昂制冷机在夏季运行时适宜的蒸发温度，最终确定压缩机的排气压力为 3.8MPa。

② 预冷温度。

在压缩气体进入干燥塔之前，冷却温度越低，气体中的饱和含水量和轻质原油含量就越少，前端轻质原油和高碳烃类的回收率越高，后续干燥塔的脱水负荷也会降低。然而，当温度进一步降低时，$CO_2$ 可能部分液化，并与游离水和轻质原油形成混溶相。当液相中 $CO_2$ 含量较高时，排放至原料气缓冲器时易引发管道冰堵。模拟结果表明，当气体冷却至 20℃以下时，管道中容易产生冰堵。鉴于该橇装回收装置中轻质原油的回收率并非主要考核指标，控制气体进入干燥塔前的冷却温度在 20℃较为适宜。

③ $CO_2$ 液化比例。

当压缩机排气压力设定为 3.8MPa 时，将 $CO_2$ 完全液化的温度为 −28.87℃，这一液化温度较低，且液态中 $CH_4$ 含量较高。采用 $CO_2$ 部分液化的方法可以提高液化温度，同时增加液态 $CO_2$ 的纯度。对不同 $CO_2$ 液化比例下的参数进行了软件模拟，具体结果见表 5-11。

表 5-11 不同 $CO_2$ 液化比例下的工艺方案模拟计算结果

| $CO_2$ 液化比例 /% | 液化温度 /℃ | 吨产品能耗 / kW | $CO_2$ 收率 /% | $CH_4$ 收率 /% | $CO_2$ 纯度 /% (摩尔分数) | $CO_2$ 液化比例 /% | 液化温度 /℃ |
|---|---|---|---|---|---|---|---|
| 76 | −15.95 | 108.23 | 96.87 | 43.26 | 82.52 | 76 | −15.95 |
| 78 | −16.59 | 107.36 | 97.01 | 41.29 | 82.28 | 78 | −16.59 |
| 80 | −17.29 | 106.44 | 97.18 | 39.16 | 82.02 | 80 | −17.29 |
| 82 | −18.05 | 106.03 | 97.33 | 36.81 | 81.74 | 82 | −18.05 |
| 84 | −18.87 | 105.40 | 97.52 | 34.24 | 81.43 | 84 | −18.87 |

（4）研制橇装式产出气液相回收装置。

系统中所有设备均采用橇装方式，分为三个独立的橇装模块：一个用于油水分离与压缩系统，另一个为制冷机，最后一个包含外部设备容器和压注泵。每个橇的尺寸（长×宽×高）为8m×2.4m×2.8m（长度可根据具体设备布置情况调节，但最长不得超过10m），适合10t货车运输。

该橇装系统采用冷箱保温方式，各橇之间的物料管线使用金属软管和快速接头连接，电气仪表线路则通过防爆快速接头连接，以确保安全和快速安装。

## 2. 直接回注工艺

目前，$CO_2$以液态注入为主，$CO_2$驱油需经过$CO_2$净化、提纯、液化工艺，然后利用液相压注技术，经压注泵将液态$CO_2$注入井口。由于液相$CO_2$一般通过槽车、槽船运输，而气相$CO_2$多通过管线输送，且只需去除回收所得$CO_2$中的杂质，通过气相压注工艺流程将其注入地层即可。当压注量较大时，选择气相直接回注工艺可降低运输成本。因此考虑到适用性、工艺流程和经济成本，会选择气相直接回注的方式。

1）目标区块产出气特征分析

在未进行$CO_2$驱油时，油田伴生气组分以饱和烃类为主，密度低于空气，具有一定的腐蚀性。随着水驱后期油田产油量的下降，$CO_2$提高原油采收率技术被用以进一步提高油藏原油产量，注入的$CO_2$大部分封存于地层中，剩余的$CO_2$则随着原油的开采产出。在没有气窜现象发生的情况下，$CO_2$驱油生产过程伴生气中$CO_2$浓度的变化主要可以分为三个时期：$CO_2$驱油注入初期，伴生气产出气量小，伴生气中$CO_2$含量低，主要成分为甲烷、乙烷和丙烷等饱和烃，还可能含有水分、硫化氢等微量组分；$CO_2$注入驱油中期，伴生气产出量和$CO_2$含量开始增加，伴生气中的主要成分为甲烷和$CO_2$；$CO_2$注入驱油后期，伴生气产出量和其中的$CO_2$含量均保持在较高的水平，伴生气中$CO_2$占主要成分。由于油藏的非均质性以及$CO_2$良好的流动性和其在储层中的渗透性，$CO_2$注入驱油的早期也可能发生气窜，使得驱油效率大大降低，产出井中伴生气的产气量和$CO_2$含量将急剧增加。

以沙垛1井实施$CO_2$驱后产出气为例，2022年11月11日沙垛1井启注，月注入$CO_2$ 17000t，实现了国内首次页岩油单井大规模$CO_2$压吞试验，整个试验过程中装置运行平稳，压力扩散到稳定阶段后进行放喷，通过对沙垛1井产出气的连续监测发现：产出气$CO_2$含量较高，气量中等，但波动幅度较大，具体组分以及气量如表5-12及图5-35所示。

由表5-12、图5-35可以看出，沙垛1井产出气主要由$CO_2$、$CH_4$组成，$CO_2$含量均在80%以上，同时产出气中$C_2$—$C_5$及其以上烃组分的含量随时间增加。$CO_2$驱产出气日产气量随着放喷时间先升后降，最高达到25640m³/d。

针对沙垛1井产出气以及原油全烃组成，根据沙垛1井地面处置温度压力要求，分别绘制纯$CO_2$以及产出气密度和质量热容图版，为产出气处置的地面工艺设计提供数据支撑。图5-36、图5-37分别为产出气不同处理温度下的密度和质量热容变化图。

表 5-12 沙垜 1 井产出气组分表　　　　　　　　　　　　　　　　单位：%

| 组成 | 2月3日 | 2月24日 | 3月10日 | 3月20日 | 3月25日 |
|---|---|---|---|---|---|
| $CO_2$ | 94.76 | 88.59 | 87.04 | 84.39 | 82.21 |
| $N_2$ | 0.29 | 0.12 | 0.14 | 0.18 | 0.25 |
| $CH_4$ | 4.04 | 7.99 | 8.87 | 10.50 | 12.56 |
| $C_2H_6$ | 0.6 | 1.2 | 1.45 | 1.75 | 1.91 |
| $C_3H_8$ | 0.29 | 0.99 | 1.22 | 1.51 | 1.6 |
| $iC_4H_{10}$ | 0.03 | 0.16 | 0.19 | 0.24 | 0.26 |
| $nC_4H_{10}$ | 0.07 | 0.44 | 0.52 | 0.66 | 0.68 |
| $iC_5H_{12}$ | 0.01 | 0.14 | 0.16 | 0.20 | 0.20 |
| $nC_5H_{12}$ | 0.01 | 0.18 | 0.20 | 0.26 | 0.24 |
| $\sum C_6$ |  | 0.22 | 0.21 | 0.30 | 0.09 |

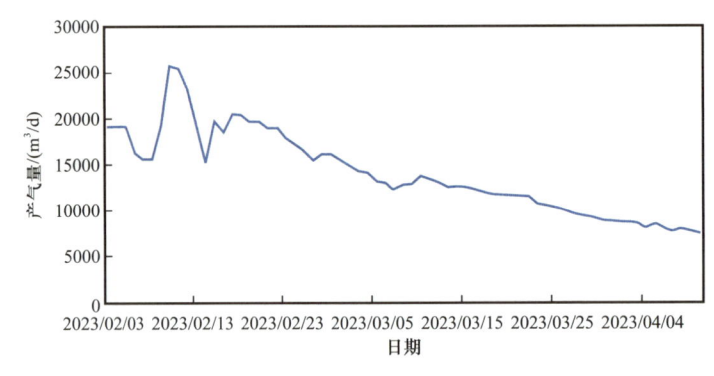

图 5-35　沙垜 1 井 $CO_2$—EOR 伴生气产量情况

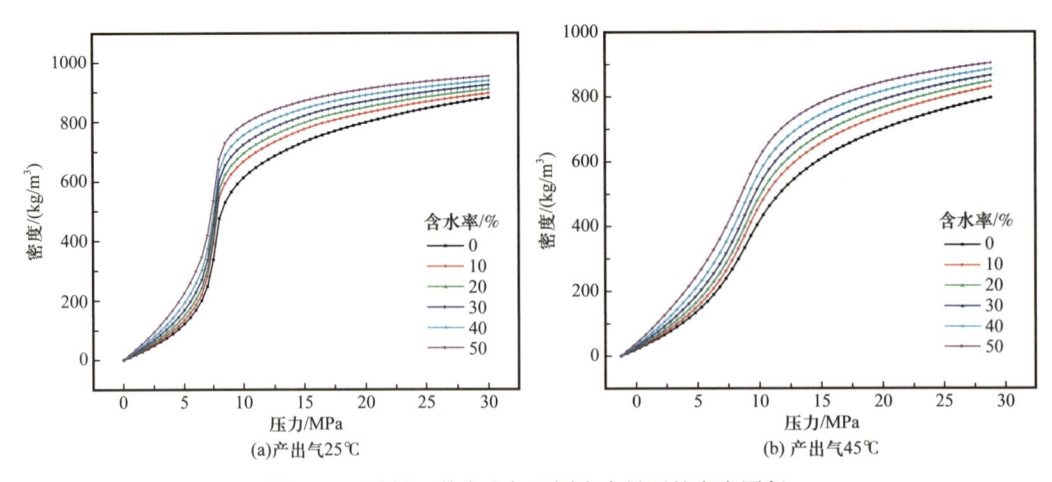

图 5-36　沙垜 1 井产出气不同含水量下的密度图版

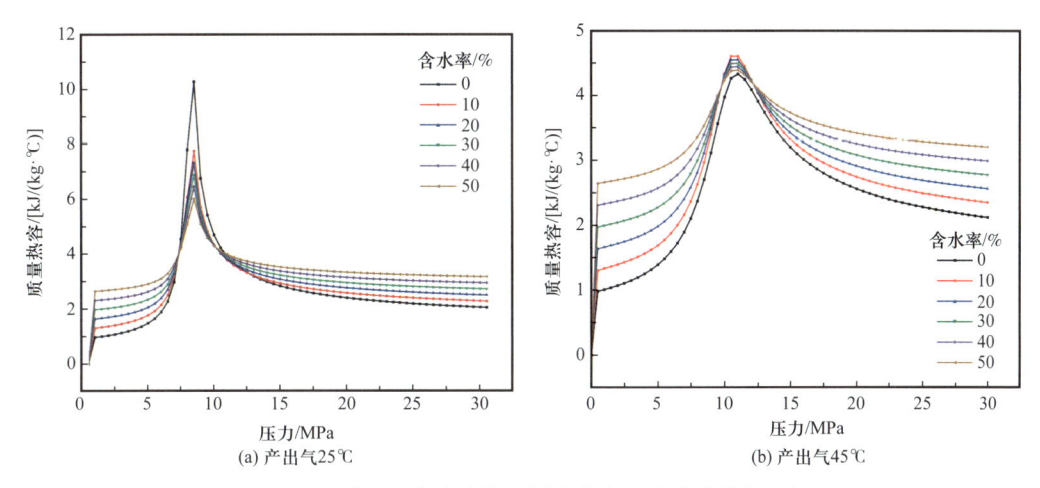

图 5-37　沙垄 1 井产出气不同含水率下的质量热容图版

根据研究表明，注入气体中 $CO_2$ 摩尔分数越高，驱油效率就越高。当注入气体中 $CO_2$ 摩尔分数为 19.86% 时，驱油效率为 79.86%；当注入气中 $CO_2$ 摩尔分数为 82.53% 时，驱油效率高达 90.1%，仅比纯 $CO_2$ 混相驱的驱油效率低 1.43 个百分点（图 5-38）。此后，随着 $CO_2$ 摩尔分数的进一步增加，驱油效率的增幅非常有限，说明注入气中 $CO_2$ 的摩尔分数为 82.53% 时，已经完全达到了 $CO_2$ 混相驱的效果。而纯天然气驱的最终驱油效率为 75.28%，远低于 $CO_2$ 混相驱的驱油效果，说明纯天然气驱在此实验压力下为非混相驱。以上结果表明，油井产出气中 $CO_2$ 的摩尔分数越高，回注时驱油效率也越高。通常情况下，产出气中 $CO_2$ 摩尔分数高，其中间烃和重烃的组分也越多，回注更易实现混相。

$CO_2$ 对地层的原油中的中间烃和重烃组分具有强烈的蒸发作用，在地层中 $CO_2$ 与原油形成混相后，混相带流动过程中，更多的 $CO_2$ 溶解在混相带中，当混相带到达产出井被采出后，会出现压力骤降，这会导致混相带中溶解的 $CO_2$ 大量析出，而 $CO_2$ 与原油是互溶的，两者互为溶剂、互为溶质，在较低的压力下，无法实现混相，当一相减少时另一相就会快速析出，$CO_2$ 在析出过程会伴随有大量的中间烃和重烃组分的蒸发，形成的伴生气极易与地层原油形成混相。所以，当产出气中 $CO_2$ 摩尔分数达到 80% 以上时，在沙垄 1 井实施产出气直接气相回注是完全可行的。

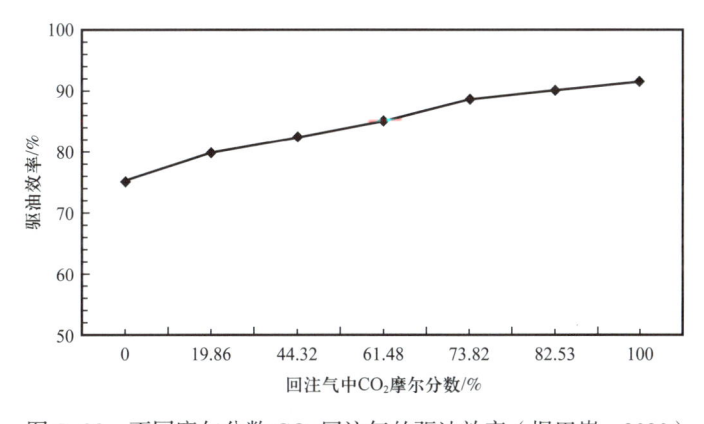

图 5-38　不同摩尔分数 $CO_2$ 回注气的驱油效率（据田巍，2020）

2）产出气气相回注工艺设计

针对类似于沙垛1井的单井或小井组，$CO_2$吞吐产气量不高但$CO_2$含量较高的特征，优选"游离态油水预处理技术+分子筛精脱水"技术，并采用气相直注方式对产出气进行回收。

产出气气相直注工艺具体流程如图5-39所示，油井产出的气体经过分离器将$CO_2$、水、油分离，减压至0.15~0.2MPa后接入邻区常规油气驱区块，随后进入分子筛有效去除全部轻烃组分和残留游离水，将含水率脱至$20\times10^{-6}$（露点≤-55℃）后，进入压缩机橇将其升压至注气井井口压力再进入注气井。这种方式可以实现产出气的直接回收利用，避免了液态处理和液体储存的复杂性，并实现了全过程的零排放。

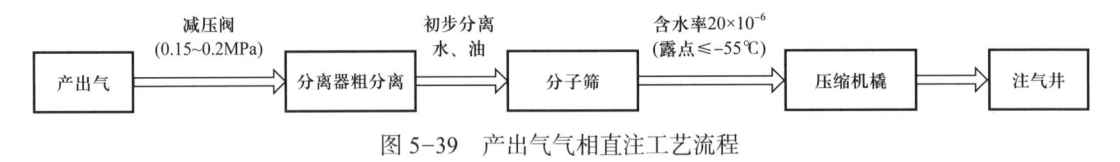

图5-39 产出气气相直注工艺流程

（1）干燥单元工艺设计。

$CO_2$驱采出气中含有一定量的水，对高压设备、管线存在碳酸腐蚀，不能直接压缩回注，因此采用分子筛精脱水技术将产出气经分离、过滤、干燥处理后，含水率降至$20\times10^{-6}$（露点≤-55℃），达到压缩机注气要求，有效避免了压缩机设备、注入管线和井筒的腐蚀。

干燥除水模块由分子筛组成，设有两套流程：一为干燥流程，当来气进入干燥器后，温度略高于环境温度，压力0.15MPa。首先在前置过滤器中进行过滤，然后通过阀门的控制，进入塔1内，来气中的饱和水被塔内分子筛吸附成为干燥的成品气，由后置过滤器精滤后由管道排入下一个流程，实现干燥功能。二为再生流程，在塔1进行干燥的同时，在阀体的控制下，加热器、压缩机、塔2、风冷、分离过滤器形成闭式回路。回路中气体由压缩机加压后至加热器，在加热器的作用下，气体温度迅速升高至170~180℃，进入塔2，此时饱和的分子筛在高温作用下，水分挥发，被气体带走至风冷，温度急速降低至40℃左右，其中水汽凝结成水，由分离器分离，从排污阀排出（图5-40）。

（2）压缩单元工艺设计。

油藏$CO_2$驱注入井注气压力较高但产出气压力较低，要实现气体回注，必须进行增压。但$CO_2$气体在压缩过程中由于压力升高、温度升高，在临界压力、临界温度时（7.38MPa，31.06℃）有可能发生液化，必须防止$CO_2$气体在压缩过程中液化，杜绝压缩机发生设备事故。因此，通过对压缩机各级排气温度设计理论计算，分析压缩机不同压缩等级下压缩机各级压力比、排气温度以及产出气的相态变化，合理设计压缩机橇。

压缩机两级压缩排气温度计算结果（表5-13）显示，排气温度太高，已超出润滑油的最高允许温度200℃，同时压力比过大，压缩机已无法正常工作。

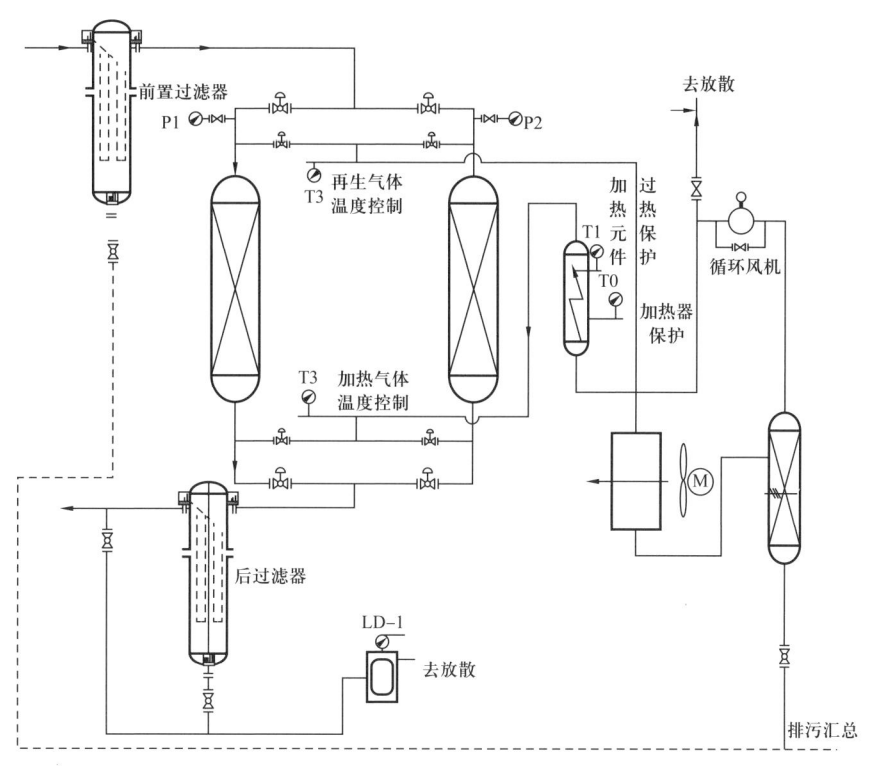

图 5-40 干燥单元工艺流程

表 5-13 两级压缩排气温度计算

| 序号 | 参数 | 两级压缩 ||
|---|---|---|---|
| | | 第一级 | 第二级 |
| 1 | 各级进气温度（$t_1$）/℃ | 40 | 50 |
| 2 | 各级进气温度（$T_1$）/K | 313 | 323 |
| 3 | 绝热指数（$k$） | 1.3 | 1.3 |
| 4 | 各级进气压力（$p_1$）/MPa | 0.15 | 1.94 |
| 5 | 各级排气压力（$p_2$）/MPa | 1.94 | 25 |
| 6 | 各级压力比（$\varepsilon$） | 12.91 | 12.91 |
| 7 | 各级排气温度（$t_2$）/℃ | 310.7 | 335.1 |
| 8 | 相态 | 气相 | 气相 |

压缩机三级压缩排气温度计算结果（表 5-14）显示，排气温度和各级压力比较高，机组的可靠性和易损件寿命大大降低。另外，随着机组的运行磨损、泄漏，排气温度进一步升高，机组使用过程中安全性较差。

压缩机四级压缩排气温度计算结果（表 5-15）显示，排气温度和各级压力比适中，机组的可靠性和易损件寿命大大提高，机组使用过程中安全性得到可靠保证。

表 5-14 三级压缩排气温度计算

| 序号 | 参数 | 两级压缩 | | |
|---|---|---|---|---|
| | | 第一级 | 第二级 | 第三级 |
| 1 | 各级进气温度（$t_1$）/℃ | 40 | 50 | 50 |
| 2 | 各级进气温度（$T_1$）/K | 313 | 323 | 323 |
| 3 | 绝热指数（$k$） | 1.3 | 1.3 | 1.3 |
| 4 | 各级进气压力（$p_1$）/MPa | 0.15 | 0.825 | 4.54 |
| 5 | 各级排气压力（$p_2$）/MPa | 0.825 | 4.54 | 25 |
| 6 | 各级压力比（$\varepsilon$） | 5.5 | 5.5 | 5.5 |
| 7 | 各级排气温度（$t_2$）/℃ | 212.6 | 228.1 | 253.7 |
| 8 | 相态 | 气相 | 气相 | 气相 |

表 5-15 四级压缩排气温度计算

| 序号 | 参数 | 两级压缩 | | | |
|---|---|---|---|---|---|
| | | 第一级 | 第二级 | 第三级 | 第四级 |
| 1 | 各级进气温度（$t_1$）/℃ | 40 | 50 | 50 | 50 |
| 2 | 各级进气温度（$T_1$）/K | 313 | 323 | 323 | 323 |
| 3 | 绝热指数（$k$） | 1.3 | 1.3 | 1.3 | 1.3 |
| 4 | 各级进气压力（$p_1$）/MPa | 0.15 | 0.54 | 1.94 | 6.98 |
| 5 | 各级排气压力（$p_2$）/MPa | 0.54 | 1.94 | 6.98 | 25 |
| 6 | 各级压力比（$\varepsilon$） | 3.6 | 3.6 | 3.6 | 3.6 |
| 7 | 各级排气温度（$t_2$）/℃ | 166 | 179.6 | 182.8 | 172.7 |
| 8 | 压缩机功率/kW | 70.17 | 71.02 | 66.83 | 52.43 |
| 9 | 相态 | 气相 | 气相 | 气相 | 气相 |

通过二级压缩、三级压缩、四级压缩排气温度计算结果分析比对（表 5-13 至表 5-15）可知，采用四级压缩减小了各级压力比，使各级排气温度相对较低，有利于设备的安全运行，确保设备工作可靠性。通过仿真模拟，确定压缩机采用四级压缩增压技术，排气压力可以达到 25MPa。

在此基础上，新建了一套额定排量 860Nm³/h、额定压力 25MPa 的橇装式产出气气相直注装置（图 5-41）。

与传统产出气液相回注工艺相比，气相直注工艺简单，减少了员工操作强度、降低了安全风险。同时，它也减少了净化提纯及液化装置的使用，从而降低设备投资成本和回收总能耗。对比产出气液相回收工艺技术，回注成本约为 220 元/t，而使用产出气气相直注技术，注入成本仅约110元/t，这显著降低了产出气回收的成本，为企业提高了经济效益。

图 5-41 橇装式产出气气相直注装置

# 参 考 文 献

蔡清峰，顾锋，印新华，等，2018.橇装式$CO_2$驱产出气回收装置工艺技术研究［J］.石油规划设计，29（5）：21-25.

曹蕊，2021.气体深冷分离技术探讨［J］.云南化工，48（12）：97-99.

陈兴明，2021.分散式$CO_2$-EOR项目数字化管理转型探索与实践［J］.油气藏评价与开发，11（4）：635-642，658.

陈兴明，何志山，2024.模块化橇装化$CO_2$回收技术研究与应用［J］.油气藏评价与开发，14（1）：64-69.

陈泽国，2020.炼化生产过程空分装置的建模及热耦合技术应用的节能优化研究［D］.杭州：浙江大学.

陈祖华，2020.苏北盆地注$CO_2$提高采收率技术面临的挑战和对策［J］.油气藏评价与开发，10（3）：60-67.

程百利，钱卫明，2012.$CO_2$驱油注入管柱的研制与应用试验［J］.油气藏评价与开发，2（2）：58-60，75.

丁成扬，2011.$CO_2$低温储运技术与安全［J］.科技传播，（15）：2.

方宏萍，王洪飞，宋彩霞，等，2024.$CO_2$捕集技术应用研究进展［J］.山东化工，53（10）：128-130，134.

谷俊男，邢心语，李磊，等，2023.膜法脱除烟气中$CO_2$的工艺技术进展［J］.现代化工，43（S1）：81-84.

顾锋，2022.江苏地区液相$CO_2$注入工艺及经济可行性评价［J］.石化技术，29（5）：66，67.

关笑坤，2014.$CO_2$在土壤包气带中的运移规律及对环境影响研究［D］.西安：长安大学.

韩波，2024.$CO_2$驱过程中混相动态及伴生气回注方案研究［D］.青岛：中国石油大学（华东）.

胡道成，王睿，赵瑞，等，2023.$CO_2$捕集技术及适用场景分析［J］.发电技术，44（4）：502-513.

贾津耀，陈锋，刘俊，等，2024.$CO_2$物性计算方法研究［J］.仪器仪表标准化与计量，（3）：20-23.

姜鑫，金文龙，铁宇，2023.$CO_2$捕集技术发展现状［J］.煤气与热力，43（6）：42-46.

刘瑛，王香增，杨红，等，2023.$CO_2$驱油与封存安全监测体系的构建及实践——以黄土塬地区特低渗透油藏为例［J］.油气地质与采收率，30（2）：144-152.

马鹏飞, 韩波, 张亮, 等, 2017. 油田 $CO_2$ 驱产出气处置方案及 $CO_2$ 捕集回注工艺 [J]. 化工进展, 36 (B11): 533-539.

任柏璋, 2020. 张家垛油田阜三段油藏 $CO_2$ 驱油机理分析 [J]. 石化技术, 27 (4): 97-98.

史丽江, 2021. 一种 $CO_2$ 捕集技术的应用 [J]. 化工管理, (13): 79, 80.

孙晓, 张春威, 胡耀强, 等, 2021. 某油田 $CO_2$ 驱伴生气杂质对回注条件的影响 [J]. 天然气化工: C1 化学与化工, (2): 65-70.

汤沭成, 2020. 黄土塬地区 $CO_2$ 驱油与封存泄漏地表监测体系研究 [D]. 北京: 华北电力大学 (北京).

王成达, 尹志福, 李建东, 等, 2013. $CO_2$ 驱油环境中典型管柱材料的腐蚀行为与特征 [J]. 腐蚀与防护, 34 (4): 307-313.

王昊, 林千果, 郭军红, 等, 2021. 黄土塬地区 $CO_2$ 驱油与封存泄漏地下水监测体系研究 [J]. 环境工程, 39 (8): 217-226.

王珂, 张永强, 尹志福, 等, 2015. N80 和 3Cr 油管钢在 $CO_2$ 驱油环境中的腐蚀行为 [J]. 腐蚀与防护, 36 (8): 706-710.

王全德, 2018. 超临界 $CO_2$ 管道输送研究现状 [J]. 云南化工, 45 (12): 120, 121.

王世杰, 2014. 二次压缩 Y445 型封隔器的研制 [J]. 石油机械, 42 (11): 163-165.

王维波, 汤瑞佳, 江绍静, 等, 2021. 延长石油煤化工 $CO_2$ 捕集、利用与封存 (CCUS) 工程实践 [J]. 非常规油气, 8 (2): 1-7.

王展鹏, 刘琦, 叶航, 等, 2023. $CO_2$ 地质封存泄漏监测技术研究进展 [J]. 环境工程, 41 (10): 69-81.

魏鹍鹏, 2023. 膜材料在气体分离中的应用 [J]. 中国新技术新产品, (5): 45-47.

薛璐, 马俊杰, 王浩璠, 等, 2024. 鄂尔多斯盆地 CCS-EOR 项目 $CO_2$ 泄漏环境风险评估 [J]. 环境监测管理与术, 36 (2): 64-68.

于笑丹, 王万福, 庄亮亮, 2013. 溶剂吸收法 $CO_2$ 捕集技术简述 [J]. 油气田环境保护, 23 (1): 53, 54, 62.

喻西崇, 李志军, 潘鑫鑫, 等, 2009. $CO_2$ 超临界态输送技术研究 [J]. 天然气工业, 29 (12): 83-86.

张墨翰, 2017. $CO_2$ 捕集、运输与储存技术进展及趋势 [J]. 当代化工, 46 (9): 1883-1886.

张瑞霞, 刘建新, 王继飞, 等, 2014. $CO_2$ 驱免压井作业注气管柱研究及应用 [J]. 钻采工艺, 37 (1): 78-80.

张双蕾, 张继川, 陈凤, 等, 2014. $CO_2$ 管道输送技术研究 [J]. 天然气与石油, 32 (6): 17-20.

张志升, 吴向阳, 吴倩, 等, 2024. $CO_2$ 驱油与封存泄漏风险管理系统及应用研究 [J]. 油气藏评价与开发, 14 (1): 91-101.

赵与越, 陈小伟, 李轶鹏, 等, 2024. $CO_2$ 输送管道技术研究进展 [J]. 焊管, 47 (6): 1-6, 16.

郑岚, 陈开勋, 2012. 超临界 $CO_2$ 技术的应用和发展新动向 [J]. 石油化工, 41 (5): 501-509.

朱锰飞, 2019. 智能化高效压缩设备及其在 $CO_2$ 驱产出气回注中的应用 [J]. 化工管理, (19): 146, 151.

朱前林, 范智涵, 王闯, 等, 2018. $CO_2$ 封存泄漏大气扩散规律及监测方案——以延长油田 $CO_2$-EOR 工程为例 [J]. 安全与环境学报, 18 (4): 1432-1439.

# 第六章 $CO_2$ 驱油技术在华东地区的应用效果及发展前景

华东地区是我国经济最发达的地区之一，华东地区巨大的经济产值伴随着大量的 $CO_2$ 排放，如何处置这部分 $CO_2$ 是减排的关键。$CO_2$ 驱油技术作为实现碳中和的兜底技术，在降碳的同时实现效益驱油，具有广阔的应用前景。本章节从矿场效果、经济效益、管网规划、减碳前景四个方面介绍华东地区 $CO_2$ 驱油应用效果以及发展前景。

## 第一节 $CO_2$ 驱油与封存应用效果

1989 年 11 月在张家垛油田低渗油藏苏 88 井开展吞吐试验，至此拉开了探索 $CO_2$ 驱油的序幕，三十多年的时光里通过不断地探索与实践，在 $CO_2$ 混相驱、非混相驱、吞吐等方面均取得了较好的开发效果。截至 2023 年 12 月，已对 17 个单元进行了 $CO_2$ 驱开发，覆盖了特低渗、低渗、中高渗、稠油油藏，油藏类型多样，动用地质储量 $2056.38 \times 10^4 t$，油藏累计注气 $128.81 \times 10^4 t$，累计增油 $29.97 \times 10^4 t$，换油率 0.23t 油 /t $CO_2$，存碳率 85.6%。累计进行了 65 井次 $CO_2$ 吞吐，累计注入 $CO_2$ $4.03 \times 10^4 t$，累计增油 $2.44 \times 10^4 t$，换油率 0.6t 油 /t $CO_2$。

经过多年的 $CO_2$ 驱（吞吐）矿场实践，不同类型的油藏在不同的开发阶段采用不同开发模式，取得了较好的应用效果。

### 一、低渗中高含水油藏 $CO_2$ 混相驱应用效果

草舍油田泰州组油藏平均孔隙度为 13.2%，平均渗透率为 24.77mD，非均质性强，属低孔低渗储层。该油藏地质储量为 $142 \times 10^4 t$，经过前期的水驱已进入高含水阶段，气驱前采出程度 18%，综合含水率 76%，2005 年开始边部低渗区域试注，2008 年 2 月主体部位开始注入，同时低渗区域加密调整，缩小注采井距，高渗区域构造顶部加密挖掘剩余油，完善注采井网。至 2012 年底，大部分油井气窜严重，地层压力下降，转为注水开发，一次注 $CO_2$ 驱结束。2017 年下半年开始二次注 $CO_2$。气水交替过后，地层压力有效提升，后期调整井草中 1-15 井实现自喷产油，截至 2023 年 12 月，气驱控制储量 $106 \times 10^4 t$，累计注气量 $32.52 \times 10^4 t$，注气累计增油 $13.38 \times 10^4 t$，换油率 0.41t 油 /t $CO_2$，阶段采收率提高 17.99 个百分点。

### 二、中高渗特高含水油藏"2C"复合驱应用效果

洲城油田垛一段油藏地质储量 $178 \times 10^4 t$，1992 年 10 月投入开发，开采主力层位为垛一段 1~6 砂组，油藏岩心平均渗透率达 960mD。2016 年 3 月开始 $CO_2$+ 洗油剂开发，

试验前油藏采出程度37.8%，综合含水率95%，典型的"三高"油藏（高渗透性、高采出程度、高含水）。在洲18井组建成1注2采的$CO_2$复合驱井网，项目实施效果较好，州20井含水率由98%降至75%，试验井组累计增油2270t。

2018年推广$CO_2$复合驱，重新建立注采井网，通过补层和转注，建成3注7采的驱替井网，小段塞交替注入，防气窜，最大限度发挥$CO_2$的膨胀、萃取、降黏作用，增油效果显著，日产油由10t最高上升至32t，综合含水率从96%下降至91%，累计增油$1.03×10^4$t，区块累计注气$3.09×10^4$t，换油率0.42t油/t $CO_2$，阶段采收率提高0.73个百分点。

### 三、特低渗大倾角油藏顶部驱应用效果

张家垛油田阜三段油藏位于地层较陡（35°~40°）的鼻状构造内，油藏埋深2500~3800m，地质储量$215.25×10^4$t，平均孔隙度17.8%，平均渗透率5.6mD，均属于中孔特低渗储层。

该油藏2010年投入开发，初期采用大斜度仿水平井天然能量开发，产量递减快，2013年开始试注水开发，注水开发压力高，储量动用程度差。2014年1月开始顶部试注气开发，同年5月油井受效，日增油6t。随着注气量的增加，张3斜1井气窜，2016年开始气水交替驱油，2017年6月油井二次受效，日增油8t。2019年继续扩大$CO_2$驱范围，完善张3块注采井网，转注低效井张3-4HF井，建成4注6采的注气井网，截至2023年12月底，区块注气井网内6口油井全部见效，其中注入井张3B井对应油井张3斜1井实现自喷产油，保持7t以上高产超过4年，累计产油突破$4×10^4$t，混相驱油取得较好效果，累计注气$19.06×10^4$t，累计增油$6.34×10^4$t，阶段换油率0.33t油/t $CO_2$，采收率提高5.5个百分点。

### 四、极小复杂断块异步吞吐应用效果

金南油田Ⅰ号区块阜二段油藏为层状弹性驱动的断鼻油藏，含油面积2.1km$^2$，地质储量$66.78×10^4$t，可采储量$13.36×10^4$t，平均孔隙度12.15%，平均渗透率8.32mD，储层致密。

针对该油藏层多而薄的特征，2012—2013年部署多口水平井，多级分段压裂后投产，初期产量高，产量递减快，月递减率8%~15%，2013年12月试注水开发，JK-1井注水，井网与裂缝分布规律及方向不适应，沿注入水主流线方向的油井水窜严重，金页-1HF井4个月后水淹，金1-1HF井6个月后水淹，水驱开发效果差。

2014年开展水平井井组吞吐试验，首先在低部位金2-2HF井进行试验，14天完成注入，累计注入$CO_2$气870t，"一井吞吐、两井见效"，注入井有效期269天，受效井有效期400天，两井合计增油1681t。之后在金1-1HF井组推广，累计注入$CO_2$气2036t，三井合计增油4176t。

2015年在金2-2HF井组进行多轮次的吞吐试验，高部位金2-1HF井注入，注入$CO_2$ 1500t，焖井10天，阶段增油1681t，2017年4月换金2-2HF注入，注入$CO_2$气

300t，焖井 20 天，阶段增油 293t。2017 年在金 1-1HF 井组进行多轮次的吞吐试验，金 1-1HF 井二轮次 $CO_2$ 吞吐注入 $CO_2$ 气 1800t，阶段增油 640t，换油率 0.35t 油 /t $CO_2$。

注 $CO_2$ 以来，累计注入 $CO_2$ 气 10982t，累计受效增油 9556t，累计换油率 0.87t 油 /t $CO_2$，采收率提高 3.85 个百分点。

## 第二节　$CO_2$ 管网建设

### 一、$CO_2$ 管网规划

$CO_2$ 驱油项目以车、船方式运输液态 $CO_2$ 为主，为减少燃油消耗和降低运输成本，推动 EOR 的规模化应用，规划建设黄桥—张家垛 $CO_2$ 输送管线，将黄桥气田高浓度 $CO_2$ 管道运输至华东油气田，满足当地的 $CO_2$ 驱油和封存的需要。

黄桥 $CO_2$ 气源浓度 99.5%，温度 3~5℃，压力 4MPa。该管道起点位于泰兴市黄桥站，终点位于海安市张家垛站，沿线设置元竹阀室和大伦阀室，线路长度约 42.4km，远期考虑输送至华东油气田的草舍、帅垛等区块驱油需要，管道输送规模为 $23.2×10^4$t/a。黄桥—张家垛 $CO_2$ 长输管道走向如图 6-1 所示，管道沿线各站场用气量分配方案见表 6-1。

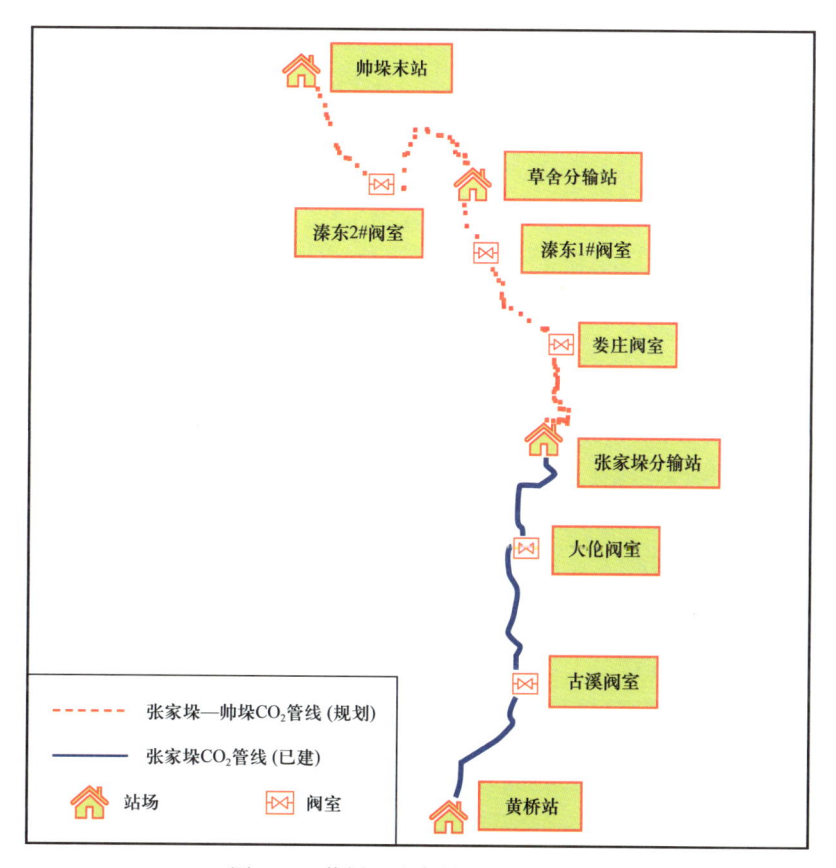

图 6-1　黄桥—张家垛 $CO_2$ 长输管道

表 6-1  $CO_2$ 配送方案

| 沿线分输站场、阀室 | 间距 /km | $CO_2$ 配送量 / ($10^4$t/a) |
|---|---|---|
| 黄桥首站 | 0 | 0 |
| 张家垛分输站 | 42.4 | 2.7 |
| 草舍分输站 | 36.8 | 3.3 |
| 帅垛末站 | 10.1 | 17.2 |
| 合计 | 89.3 | 23.2 |

## 二、$CO_2$ 管网设计

1. 管输相态比选

1）气相输送

相比于其他输送相态，气相输送对管材要求和耐压等级不高，但由于气相 $CO_2$ 密度较低，同一输量条件下所需管道尺寸较大，该方法适用于短距离、小输量 $CO_2$ 输送（图 6-2）。考虑到管道沿程温降，气态 $CO_2$ 存在液化的可能性，需要在管道外壁敷设管道保温层。此外，对于气态 $CO_2$ 管输，终端 $CO_2$ 注入成本较高：一是气态 $CO_2$ 注入泵尚未国产，进口设备价格昂贵；二是如果液化以后注入，液化设备成本高。

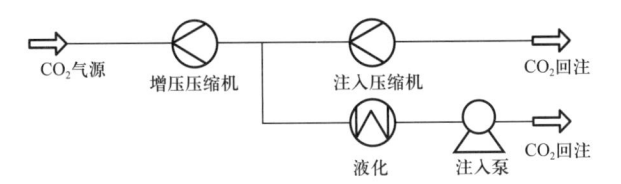

图 6-2  气态 $CO_2$ 管输工艺流程

2）一般液相输送

一般液相 $CO_2$ 输送对温度要求较为严格，当环境温度高时 $CO_2$ 极易发生汽化，出现气液两相段塞流，对管道的输送能力和安全性能都极为不利。黄桥 $CO_2$ 液化成品温度为 3~5℃，压力为 4.0MPa，属于一般液态范畴。若采用一般液态输送，考虑到管输过程温度升高（地层温度 10~15℃）（图 6-3），为避免 $CO_2$ 发生气化，管道沿线需要设置制冷站或进行保冷，投资较高。

图 6-3  一般液相 $CO_2$ 管输工艺流程

3）密相输送

密相输送过程中要求管道压力高于临界压力（7.38MPa），温度低于临界温度（31.4℃）。黄桥 $CO_2$（3~5℃，4.0MPa）由一般液态经首站增压后达到密相液态（压力

9.26MPa，温度8℃），输送过程中当管道温度升至环境温度（10~15℃）后，压力损失1.8MPa，可保证$CO_2$始终处在密相范围内，不会发生相态变化。终端可采用常规液态$CO_2$压注泵注入，设备成本低，技术成熟（图6-4）。

图6-4 密相$CO_2$管输工艺流程

4）超临界输送

超临界输送需要始终保证管道内压力和温度高于临界压力和临界温度，超临界$CO_2$密度大，黏度小，具有大输量、能耗低的优势。目前北美$CO_2$长输管道气源大部分为电厂、化工厂的高温烟气（150~200℃），首站增压后即为超临界态，管线沿途设置增压站，使管内$CO_2$流体一直保持超临界输送，经济性较强。黄桥$CO_2$（3~5℃，4.0MPa）如果采用超临界输送，则需要在首站增压、换热后，达到超临界态，管线沿途还需设置增温增压站，实施难度大，工艺复杂，投资和运行成本较高（图6-5）。

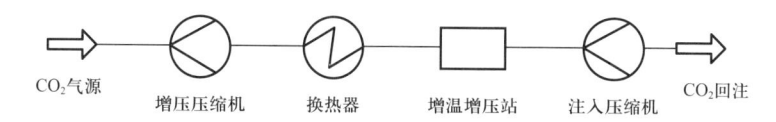

图6-5 超临界$CO_2$管输工艺流程

$CO_2$长距离管输应根据$CO_2$气源情况、$CO_2$输量、终端利用方式等因素，进行适应性及经济性综合分析，确定最优管输相态。表6-2为不同$CO_2$管输相态优缺点对比表。

表6-2 不同$CO_2$管输相态优缺点对比表

| 输送相态 | 优点 | 缺点 |
| --- | --- | --- |
| 气态 | （1）黏度低，摩阻小；<br>（2）运行压力较低、操作安全性高 | （1）密度低，输量小；<br>（2）$CO_2$经过华东液碳处理后为液相，如果采用气相输送，要先气化后外输，到各分输站后需要再次液化、压注，能耗高，投资大 |
| 一般液态 | （1）密度大；<br>（2）运行压力低，操作安全性高 | 输送温度难以控制，容易气化，长距离输送时需要增加制冷站，实施难度大、成本高 |
| 密相液态 | （1）密度大，黏度适中；<br>（2）输送过程中管道温度达到环境温度后，仍处于密相态温度范围内，不会发生相态变化；<br>（3）可充分利用现有压注设施，节约投资 | 输送过程中对压力要求较高，需要始终保证压力在临界压力之上 |
| 超临界态 | 密度、黏度适中 | 输送过程中随管道温度的降低会发生相态的转变，为保证管道始终处于超临界状态输送，在管道沿线需设置相应的加热站 |

黄桥—帅垛$CO_2$长输管道气源温度3~5℃，压力4.0MPa，结合$CO_2$相态及输送相态对比情况，推荐采用密相输送方式，将黄桥首站$CO_2$由一般液态增压至密相液态（8℃，9.26MPa）输送，常规液态$CO_2$压注泵能够满足注入要求，工艺简单成熟，投资较低。

结合黄桥气田现有设施情况，按照$23.2×10^4$t/a输量，输送密相液态$CO_2$至张家垛分输站，管道沿线压力不低于8.5MPa，对本工程管道选取DN150、DN200、DN250三种不同管径方案进行比选，在满足输送规模和输送压力的条件下，D150管道投资最低，因此确定最优管径为DN150。不同管径方案下工艺计算结果见表6-3。

表6-3 水力、热力计算表

| 参数 | 单位 | 方案一：DN150 | 方案二：DN200 | 方案三：DN250 |
| --- | --- | --- | --- | --- |
| 输量 | $10^4$t/a | 23.2 | 23.2 | 23.2 |
| 黄桥首站压力 | MPa | 9.26 | 8.72 | 8.6 |
| 张家垛分输站压力 | MPa | 8.54 | 8.54 | 8.54 |
| 草舍分输站压力 | MPa | 8.51 | 8.51 | 8.51 |
| 帅垛末站压力 | MPa | 8.5 | 8.5 | 8.5 |
| 是否满足压力要求 | — | 是 | 是 | 是 |
| 最大输送能力 | $10^4$t/a | 26.6 | 49.9 | 76.4 |
| 管道投资 | 万元 | 884.85 | 1402.89 | 2001.2 |

## 2. 不同输送工况适应性分析

在不同季节下按照管道沿线压力不低于8.5MPa对管道进行适应性分析，经计算，夏季和冬季黄桥首站出站压力分别为9.29MPa和9.26MPa。表6-4和表6-5分别为不同季节工况计算结果。按照黄桥站最高外输压力9.52MPa（管道最大允许操作压力），管道沿线最低压力不低于8.5MPa，计算得出管道最大输送量为32291kg/h（合计$26.6×10^4$t/a）。

表6-4 夏季适应性分析

| 站场 | 流量/（kg/h） | 夏季工况 压力/MPa | 夏季工况 温度/℃ | 备注 |
| --- | --- | --- | --- | --- |
| 黄桥首站 | 29000 | 9.29 | 8 | 出站量 |
| 张家垛分输站 | 3375 | 8.54 | 18.4 | 分输量 |
| 草舍分输站 | 4125 | 8.51 | 21.3 | 分输量 |
| 帅垛末站 | 21500 | 8.5 | 21.7 | 分输量 |

表 6-5 冬季适应性分析

| 站场 | 流量 /（kg/h） | 夏季工况 压力 /MPa | 夏季工况 温度 /℃ | 备注 |
|---|---|---|---|---|
| 黄桥首站 | 29000 | 9.26 | 8 | 出站量 |
| 张家垛分输站 | 3375 | 8.54 | 9.1 | 分输量 |
| 草舍分输站 | 4125 | 8.51 | 9.6 | 分输量 |
| 帅垛末站 | 21500 | 8.50 | 9.6 | 分输量 |

# 第三节 $CO_2$ 驱油与封存经济效益评价

$CO_2$ 驱油技术目前在国内各大油气田均有应用，但经济效益是主要制约因素。完整的 $CO_2$ 驱油项目涉及捕集压缩、运输、驱油、回收等多个环节。高投入、高风险是 $CO_2$ 驱油项目的普遍特征，能否顺利实施不仅取决于技术能力，更多的是出于经济考量，经济性直接影响项目投资热情及产业可持续发展。

国外早期对 $CO_2$ 驱油与封存经济性的研究主要借助传统的净现值（NPV）方法对其进行静态分析，而后大量研究开始考虑 $CO_2$ 驱油与封存技术的不确定性、碳价格的不确定性以及政府补贴政策的不确定性等条件。2015 年，Hasan 等提出了一种优化 CCUS 供应链网络的多尺度框架，以最大限度地降低成本，同时为减少排放量，设计了一种 CCUS 网络，通过利用 $CO_2$ 增强原油采收率来实现经济利益。

与世界发达国家相比，我国的 $CO_2$ 驱油与封存经济研究起步较晚，但近年来随着国际社会应对气候变化与 $CO_2$ 减排技术的发展，我国 $CO_2$ 驱油项目经济评价相关研究也有了重大进展。2012 年，李健和许楠希构建了基于捕集、运输、封存利用全过程的成本估算和收益估算模型；2014 年，孟新和罗东坤把 $CO_2$ 来源分为工厂废气、天然气藏和购买 3 种，构建了经济评价模型，并将社会效益量化列入项目收益中；2018 年，汪航和李小春主编的《$CO_2$ 驱油与封存项目成本核算方法与融资》结合 $CO_2$ 驱油与封存工程技术实际，界定了技术的成本核算边界、核算指标体系、技术不确定性处理方法及相应的核算假设。

## 一、经济评价原则

油田企业投资项目具有投入资金大、占用时间长、实施有风险、影响不可逆等特点。截至 2020 年，80% 以上的碳封存项目集中于 $CO_2$ 驱油提高采收率项目，$CO_2$ 提高采收率技术已经较为成熟，但项目的经济性一直是制约产业发展的主要因素。经济评价是工程项目可行性研究工作的重要内容，也是最终可行性研究报告的重要组成部分，其目的在于最大限度地提高投资效益，有效管控初期投资规模，将未来风险减少到最低程度，保障终投资收益达到预期水平。当今国际形势下，油价在短时间内高位与低位之间来回震荡是大概率事件，油田企业在追求高质量发展历程中需要统筹兼顾原油产量与经营效益，抓牢投资项目源头管控及成本费用量价管控，保持低成本的核心竞争力。

经济评价要遵照国家现行财税制度和行业或企业建设项目的经济评价规定，结合产业发展趋势及企业自身特点，遵循先进性、效益性、合规性、可比性、谨慎性和全面性原则，应贯穿项目全生命周期中的决策、建设及运营三个阶段。

## 二、经济评价方法

常用经济评价方法主要分类两大类：一类是静态评价法，一类是动态评价法。两类评价法的核心区别在于是否考虑资金的时间价值，静态评价不考虑资金的时间价值，动态评价要充分考虑资金的时间价值。

动态评价采用复利计算方法，把不同时间点的效益流入和费用流出折算为同一时间点的等值价值，为项目和方案的技术经济比较确立相同的时间基础，并能反映未来时期的发展变化趋势。动态评价主要用于项目最后决策前的可行性研究阶段，是目前石油行业经济效益评价的主要评价方法。

目前，石油业内通行的做法是根据$CO_2$驱油项目属于新建还是老区调整选择不同的评价方法：

新建油田$CO_2$驱油开发项目即油藏开发初期即拟采用$CO_2$驱的产建项目，经济评价采用"全投资+全成本"对应"全收益"，以"现金流量法"计算项目范围内的财务效益与费用，判断项目在经济上是否可行。

老油田开发调整项目即油藏开发中后期以剩余油挖潜为目的单井、单井组$CO_2$吞吐项目采用"有无对比法"进行经济评价，也就是"有项目"与"无项目"进行对比，"有项目"是指$CO_2$驱油开发方案，"无项目"是指原有基础井网继续沿用原有开发方案（水驱、天然能量等）。$CO_2$驱油投资项目的经济效益用"增量效益"指标来衡量，重点测算措施有效期期内该措施方案的总工作量、总成本费用、新增产油量、新增收入、净现金流量等参数，确保方案整体现金正流入，产出大于投入。

$CO_2$驱油项目经济评价和常规油开发项目在评价方法上并无不同，支出上主要区别在于气驱项目的成本构成与取值标准，收益上区别在于除了原油增产收入外是否考虑碳减排的收益。

## 三、经济效益评价

### 1.评价参数选取依据

新建$CO_2$驱油项目即从产建开始就采用$CO_2$驱油方式开发的项目，该类项目实施周期时间长，资金投入大，需采用动态评价法。评价方法及参数选择按照中国石油化工股份有限公司企业标准《中国石油化工股份有限公司油气田开发项目经济评价方法与参数》执行，一般以给定油价下内部收益率（或给定内部收益率条件下的平衡油价）作为评价标准，目前中国石化规定的提高采收率项目最低税后内部收益率为8%。

## 2. $CO_2$ 驱油全流程成本构成体系及取值标准

### 1）全流程成本构成体系

按流程划分，$CO_2$ 驱油包括捕集（业内通常将压缩并入捕集作为一个环节）、运输、驱油、回注等多个环节。$CO_2$ 驱油项目全成本主要包括捕集成本、运输成本和驱油成本（回注并入驱油环节）。

将 $CO_2$ 驱油全流程项目视为一个整体，基于整体项目的现金流量进行投入产出核算。在建设期现金流入为筹集到的资金，现金流出包括土建及设备投资、管理及其他费用和财务费用（贷款利息）。在运营期现金流入包括驱油增油收入、其他业务收入和核证减排收入三部分，现金流出包括设备维护费、运营成本、管理费和其他费用、财务费用（贷款利息）、偿还贷款、融资租赁费用、营业税金及附加、所得税等。

通过梳理各流程节点相关技术经济参数，利用综合估算法和分项详细估算法建立各环节的成本取值体系，确定各参数取值标准。即不考虑 $CO_2$ 驱油项目实施前的采油井、注入井的尚未折旧完的资产，只考虑 $CO_2$ 捕集、运输、注入过程中的增量部分。

### 2）$CO_2$ 驱油项目成本取值

（1）成本取值遵循成本动因理论。

油气生产成本是油气生产状况的直接体现，采用成本动因识别对油气生产的成本构成进行科学分类，有助于合理分析油气生产成本产生的原因，对有效控制生产成本有重要的现实意义。成本动因的识别必须遵循尊重生产实际、代表性、同质性和独立性的原则。

（2）不同运行阶段，项目成本成分差异化取值。

$CO_2$ 驱油项目成本按照各环节成本发生的事件情况，进行成本归集并落实取值依据，从技术经济学角度划分类别，制定适应不同类型产能项目并能体现个体差异的取值体系。通过分析影响各成本项单耗或者标耗的因素，分类制定相应的取值标准，单个项目取值时，可根据项目本身特点去量身定制。例如在实施 $CO_2$ 驱油过程，注气、井下作业等作为专业化队伍提供的市场化服务，取费参照内部劳务价格定额标准执行。对于与增量项目间接相关的成本项，研究与增量项目的关联程度（如动力费、材料费等），无关的成本项不再计取（如人工成本、测井试井费等），有一定关联度的成本项，在分公司层面按照总量统一进行分摊计取。

（3）以增存量划分成本界限，建立成本取值客观标准。

存量成本：以目前未开展 $CO_2$ 驱油项目区块为存量成本分析基础，由于未开展 $CO_2$ 驱油，生产过程仅包括油气提升—驱油物注入—油气处理—运输等几个过程，以区块历年实际生产经营成本为基础，分过程结合成本要素分析存量成本，大部分成本项可参照历史生产经营数据，建立与油水井产油量、产液量等关联关系。

增量成本：与存量成本相比，在生产过程上相对增加了 $CO_2$ 捕集过程和 $CO_2$ 运输过程，油气提升过程中相对增加了 $CO_2$ 注入过程及穿透气回收过程，同时考虑由于保障生产寿命需要提高管柱防腐标准，油气处理过程需增加处理费用等，具体增量成本分析如下：

① 捕集增量成本。

捕集增量成本是指实施捕集的单位在进行改造时所增加的所有成本，分为初始投资增量成本和年运行费用增量成本。其中一次性投入增量成本包括设备增加成本、原有设备改造成本、土建成本。持续投入增量成本包括新增设备年运行维护成本、新增年人工成本、每年消耗的能源成本（电耗、气耗或其他能耗）、其他新增成本等。

② 运输增量成本。

运输增量成本分为一次性投入成本和持续投入成本。一次性投入成本包括压缩机组、制冷水机、槽船、槽车等设备新增购买及安装费用，以及建设输送装置所需要的土地成本、建筑成本、修路成本等。持续投入成本包括压缩装置、干燥装置、制冷装置等设备年运行维护成本，新增年人工成本、能源消耗、冷却水消耗及其他能源消耗等。

③ 驱油增量成本。

驱油增量成本主要是在实施 $CO_2$ 驱油后，带来的原油生产过程中的实际消耗的直接材料、直接工资、直接其他支出、其他开采费用等生产成本的变化。财务成本核算方式有生产要素法和生产过程法两种。经济评价成本参数取值以要素法为基础，按照生产过程进行估算。根据油公司体制，采油、注气、集输属于核心业务，油气提升费、注水费、油气处理费、污水处理费按照核心业务进行成本取值；注气、井下作业、测井试井等按照行业化、市场化提供服务进行成本取值。各成本参数取值时有定额的按照定额取值，没有定额的按照成本项要素构成分别测算进行取值。

在实际操作中，一般需要结合 $CO_2$ 驱/吞吐开发单元现状，在相关生产数据、财务数据及其他数据支撑基础上，将按照核心业务进行成本取值的材料费、燃料费、动力费、注水费、油气处理费、污水处理费等，分区块或按照单井结算水平进行工作量与成本总量的核算，厘清成本动因并给定单位成本，作为 $CO_2$ 驱油后增量成本。

（4）$CO_2$ 驱油项目与水驱项目成本取值比较。

对于 $CO_2$ 驱油项目，其异于常规油气开发项目主要体现在成本核算、收入核算两个方面。成本核算方面，主要决策焦点在于需要考虑 $CO_2$ 捕集、运输、注入全成本口径的核算；收入核算方面，主要是考虑外在驱动力量，即需要根据国家相关政策核证碳减排收入。

通过统计分析历史财务数据及 $CO_2$ 驱过程生产特点，横向对比同类型油藏水驱与 $CO_2$ 驱之间实际发生成本之间的差异，纵向对比同一个油藏水驱与 $CO_2$ 驱开发期间的实际成本，聚类关联分析出常规水驱与 $CO_2$ 驱之间成本的异同，可得出结论：与常规水驱项目相比较，$CO_2$ 驱油项目会增加环境监测相关成本，受注气后产出液密度下降影响，动力费会有所下降，因腐蚀提高油管等材料等级，材料费和井下作业费均增加。由于只改变开发方式，未增加新工作量，老区增量项目无须考虑与人工相关的成本。

3. 基准平衡分析

基准平衡分析是反算（目标寻求）项目的财务内部收益率等于基准收益率时产品的价格、产量、投资和经营成本，它是以动态方法，即以现金流量模型的财务内部收益率表达式反算求得：

$$\sum_{t=1}^{n}(CI-CO)_t(1+FIRR)^{-t}=0 \qquad (6-1)$$

式中 FIRR——财务内部收益率；

CI——现金流入量（销售收入）；

CO——现金流出量（投资和成本）；

（CI-CO）$_t$——第 $t$ 年的净现金流量；

$t$——项目计算期。

令 FIRR=$I_c$（行业基准收益率），按现金流量表中现金流入与现金流出的各构成项目将表达式展开，可分别得到基准平衡价格或基准平衡产量或基准平衡投资或基准平衡成本的计算公式。也就是说，在油气相关项目经济极限分析过程中，可以从完全意义上的投资估算、成本估算和销售收入估算出发，通过基准平衡分析求取相应的技术经济极限值。

以经济极限产量为目标的基准平衡分析流程如下：

产量模型预测→设定油价、成本条件下计算现金流量→计算 IRR、NPV 指标→设定油价、成本条件下经济极限产量→不同油价、成本条件下经济极限产量。

因此，对于某一 $CO_2$ 驱油项目，采用现金流法，在大量模型基础上不断循环试算，寻找效益刚好能够达到基准收益率模型的过程，其计算结果可作为决策控制指标。通过不同条件下的基准平衡分析，形成主要影响因素的对照关系表，能够直观、快速地辅助项目决策。

## 第四节 $CO_2$ 驱油与封存推广应用前景

国内外 $CO_2$ 驱油与封存技术总体处于工业示范阶段，大气 $CO_2$ 直接捕集与封存（direct air capture with carbon storage，DACCS）和生物质能利用 $CO_2$ 捕集与封存（bioenergy with carbon capture and storage，BECCS）等前瞻方向尚处于试验研究阶段，$CO_2$ 驱油项目是目前主要的封存减碳方式。根据国际能源署（IEA）的预测，全球利用 $CO_2$ 驱油与封存/CCS 减碳将在 2030 年、2035 年、2050 年分别达 $16\times10^8$t、$40\times10^8$t 和 $76\times10^8$t，分别占 2020 年全球碳排放总量的 4.7%、11.8% 和 22.4%。

2016 年 9 月，在 G20 峰会上，中国率先签署应对气候变化的"巴黎协定"。据 IEA 发布的历年 $CO_2$ 排放报告，2019 年我国碳排放量超 11.3Gt，约为美国的两倍、欧盟的三倍多，约占全球 30%；2022 年排放量为 11.48Gt，占全世界排放总量的 28.7%，实现碳中和所需的碳排放减量远高于其他经济体。党的十九大报告提出"积极参与全球环境治理，落实减排承诺"；2020 年 9 月 22 日，习近平主席在第七十五届联合国大会一般性辩论上表示："中国将提高国家自主贡献力度，采取更加有力的政策和措施，二氧化碳排放力争于 2030 年前达到峰值，努力争取在 2060 年前实现碳中和"。$CO_2$ 减排已成为中国重点发展战略，国务院及各部委相继出台了一系列落实减排的政策。

国外已投运和在建多例百万吨级 $CO_2$ 驱油与封存项目，我国 $CO_2$ 驱油与封存示范工程发展迅速，已具备开展百万吨级 $CO_2$ 地质封存示范工程的技术储备与能力，已投运的大规模（$\geq 100\times 10^4$t/a）示范工程 1 例，即中国石油化工集团有限公司的齐鲁石化—胜利油田百万吨/年 $CO_2$ 驱油与封存示范工程。预计到 2035 年，我国 $CO_2$ 驱油项目年注入量将达到三千万吨级，年产油达到千万吨级，相当于新建一个大型油田，并可以消纳减排 20 余个大型炼化企业的年碳排放量；到 2050 年，$CO_2$ 驱油驱油封存和咸水层封存协同，预计 $CO_2$ 年注入量将达到亿吨级，同时将形成多个千万吨级大型 $CO_2$ 驱油与封存产业基地和产业集群，经济规模将达到万亿元级，前景十分广阔。

据中国碳核算数据库统计，江苏省 2021 年碳排放量为 $8.17\times 10^8$t，减碳压力巨大。江苏地区 $CO_2$ 固定排放源具备较好的实施 $CO_2$ 捕集的条件，通过调研江苏地区火电厂、钢铁厂、水泥厂、合成氨四类企业 227 个固定排放源，可以看出火电与钢铁是江苏 $CO_2$ 主要固定排放源。169 个火电厂中，具备实施 $CO_2$ 捕集潜力（排放量大于 $10\times 10^4$t/a）的火电厂排放量 $3.57\times 10^8$t/a，占总火电厂 $CO_2$ 排放量的 99.33%。其中，中国石化江苏地区满足 $CO_2$ 驱油与封存实施要求的碳源有五家（扬子石化、扬巴公司、仪征化纤、金陵石化、南化公司），$CO_2$ 年排放总量约 $1910\times 10^4$t。其中，高浓度 $375\times 10^4$t（浓度$\geq 80\%$，主要来源于煤化工和乙二醇装置），低浓度 $1554\times 10^4$t（浓度$\leq 15\%$，主要来源于燃煤电厂烟气）。

苏北盆地的封存资源丰富、类型多样，封存场址点多、分散、规模小。主要封存介质包含油藏、气藏及咸水层三种类型，其中油藏作为封存目标，对其开展驱油封存潜力研究，其封存潜力 $0.56\times 10^8$t。黄桥 $CO_2$ 气藏作为封存调节，其封存潜力 $0.12\times 10^8$t。利用苏北盆地地下深部存在体积巨大的咸水层作为封存介质，仅溱潼凹陷戴南组理论封存量就达到 $66\times 10^8$t。

截至 2023 年底，华东油气田累计捕集化工尾气 $CO_2$ $51.2\times 10^4$t，2023 年底捕集能力达到 $35\times 10^4$t/a，年输送能力 $100\times 10^4$t，其中固定输送管道年运输能力达 $80\times 10^4$t，$CO_2$ 年注入能力达 $100\times 10^4$t。累计注入 $CO_2$ $151.5\times 10^4$t，其中封存 $136\times 10^4$t，回收再利用 $15.5\times 10^4$t，相当于新增森林面积约 $4150$hm$^2$。

2022 年底，华东油气田建成全国首个 CCUS 调峰中心，拥有 $35\times 10^4$t/a 工业优级净化提纯装置并建设内河 $CO_2$ 装卸码头。调峰中心的落成使黄桥气田将担任起大规模 $CO_2$ 捕集、驱油、封存、调峰等作用，连接贯通长三角碳源市场与华东油气田苏北盆地两端，既可采出气应用于油田驱油，又可永久封存 $CO_2$ 于地下，形成"可调节储气库"。

要实现 $CO_2$ 驱油产业规模发展，必须同时推进全产业链相关企业协同发展，加强油气田企业和炼化、钢铁、煤化工、火电等大型碳排放企业的合作，以实现优势互补，同时加强气藏开发利用、生物及化工利用，为实现"双碳"目标提供强有力的技术支撑。从政策层面来看，国外发达国家对碳捕集利用都有一系列激励政策，例如美国在 $CO_2$ 驱油与封存方面有着全球力度最大的政府激励措施，通过 Trade Commission、Energy Independence and Security Act、Bipartisan Budget Act 等法律法规，对注 $CO_2$ 提高采收率项目提供一定数量的货币激励,如所捕集的$CO_2$注入油气层中储存,政府提供税务抵免。我国$CO_2$驱油与封存正处于工业化示范阶段,国家已出台一系列政策来推动我国$CO_2$驱油与封存产业的发展。长期来看,$CO_2$驱油是碳中和重要的支撑技术,并且是目前少有的能够获得经济效益的技术,具有非常广阔的发展前景。

## 参 考 文 献

陈兴明,2021.低油价条件下CCUS的经济适用性评价[J].广州化工,49(14):149-151,243.

陈祖华,2014.ZJD油田阜宁组大倾角油藏注$CO_2$方式探讨[J].西南石油大学学报(自然科学版),36(6):83-87.

丛轶颖,2023.$CO_2$管道输送技术研究[J].当代石油石化,31(10):35-39.

付迪,唐国强,赵连增,等,2022.CCUS全流程经济效益分析[J].油气与新能源,34(5):7.

韩超,2023.2C复合驱提高采收率技术在ZC油田的应用[J].石化技术,30(6):67-69.

李健,许楠希,2012.碳捕集与碳封存项目的经济性评价[J].科技管理研究,32(8):203-206.

李阳,2020.低渗透油藏$CO_2$驱提高采收率技术进展及展望[J].油气地质与采收率,27(1):1-10.

李阳,2023.绿色低碳油气开发工程技术的发展思考[J].石油钻探技术,51(4):12-19.

李忠诚,陈果,项东,等,2024.CCUS-EOR项目经济系统评价方法及其应用[J].大庆石油地质与开发,43(1):168-174.

孟新,2023.中国CCUS-EOR项目经济效果及其提升手段研究[J].油气地质与采收率,30(2):181-186.

孟新,罗东坤,2014.$CO_2$驱油提高采收率项目的经济评价方法[J].技术经济,33(12):98-102.

牛皓,杜琼,许川东,等,2023.美国对$CO_2$强化采油应用情况及对中国CCUS应用的启示[J].环境影响评价,45(3):50-55.

孙宏,韩秀林,孙志刚,等,2024.$CO_2$管道输送技术进展[J].钢管,53(2):9-16.

唐人选,吴公益,陈菊,等,2020.苏北复杂断块油藏$CO_2$吞吐效果影响因素分析及认识[J].中外能源,25(12):32-38.

汪航,李小春,2018.CCUS项目成本核算方法与融资[M].北京:科学出版社.

王全德,2018.超临界$CO_2$管道输送研究现状[J].云南化工,45(12):120,121.

吴公益,蒋永平,赵梓平,等,2016.$CO_2$复合开发技术在低渗透油藏中的应用[J].油气藏评价与开发,6(6):27-31.

吴忠宝,甘俊奇,曾倩,2012.低渗透油藏$CO_2$混相驱油机理数值模拟[J].油气地质与采收率,19(3):67-70,115.

徐强,2024.苏北油区CCUS-EOR项目全成本经济评价体系研究[J].化工环保,44(2):265-270.

许国晨,王锐,卓龙成,等,2017.底水稠油油藏水平井$CO_2$吞吐研究[J].特种油气藏,24(3):155-159.

张春威,柳亭,2013.$CO_2$管道密相输送工艺适用性分析[J].内蒙古石油化工,39(4):51,52.

张贤,李阳,马乔,等,2021.我国碳捕集利用与封存技术发展研究[J].中国工程科学,23(6):70-80.

钟林发,林千果,王香增,等,2016.碳捕集与封存—提高石油采收率全流程经济性评价模型[J].现代化工,36(11):7-10.

朱前林,龚懿杰,陈浮,等,2022.江苏省固定$CO_2$排放源空间分布及排放量特征分析[J].能源与环保,44(10):133-138.

Hasan M M F, First E L, Boukouvala F, et al, 2015. A multi-scale framework for $CO_2$ capture, utilization, and sequestration: CCUS and CCUM [J]. Computers & Chemical Engineering: An International Journal of Computer Applications in Chemical Engineering, 81: 2-21.

IEA, 2020. Energy technology perspectives 2020: Special report on carbon capture, utilization and storage [R]. Paris: IEA.